高等职业教育电气自动化专业“双证课程”培养方案规划教材

The Projected Teaching Materials of “Double-Certificate Curriculum” Training for Electrical Automation Discipline in Higher Vocational Education

模拟电子技术

汤伟芳 主编

Technology of Analogue Electronics

人民邮电出版社

北京

图书在版编目（CIP）数据

模拟电子技术 / 汤伟芳主编. -- 北京 : 人民邮电出版社, 2010.8
高等职业教育电气自动化专业“双证课程”培养方案规划教材
ISBN 978-7-115-22499-6

Ⅰ. ①模… Ⅱ. ①汤… Ⅲ. ①模拟电路－电子技术－高等学校：技术学校－教材 Ⅳ. ①TN710

中国版本图书馆CIP数据核字(2010)第064875号

内 容 提 要

本书根据高等职业院校培养应用型人才的目标，从工程技术的角度出发编写而成。全书共 8 章，内容包括集成稳压电源、放大电路、多级负反馈放大电路、低频功率放大器、集成运放电路、信号产生电路、晶闸管及其应用等。

本书适合作为高等职业院校和民办高校电气、机电、自动控制等专业电子技术课程的教材，也可供相关工程技术人员参考。

高等职业教育电气自动化专业“双证课程”培养方案规划教材

模拟电子技术

◆ 主　　编　汤伟芳
　责任编辑　潘新文

◆ 人民邮电出版社出版发行　　北京市崇文区夕照寺街 14 号
　邮编　100061　　电子函件　315@ptpress.com.cn
　网址　http://www.ptpress.com.cn
　三河市海波印务有限公司印刷

◆ 开本：787×1092　1/16
　印张：11.25　　　　2010 年 8 月第 1 版
　字数：273 千字　　　2010 年 8 月河北第 1 次印刷

ISBN 978-7-115-22499-6

定价：22.00 元

读者服务热线：(010)67170985　印装质量热线：(010)67129223
反盗版热线：(010)67171154

前　言

模拟电子技术是高职高专电气和机电类专业的一门重要的专业基础课，本书在继承传统教材的基础上，结合现阶段高职高专教育教学改革的精神，总结作者几年来在模拟电子技术课程教学改革方面取得的成功经验，遵循“精选内容、培养能力、突出应用和注重实践”的原则，由教学经验丰富的几位老师精心编写而成。全书内容深入浅出、简单明了。书中对常用的基本电路，如反馈放大电路、集成运放电路、信号产生电路、晶闸管及其应用电路和集成稳压电路等，简化了理论分析，主要采取定性分析的方法讲述，避免了烦琐的公式推导，对器件的检测操作等实用性强的内容给予重点介绍。考虑到以往好多学生在学习完本课程后只能看单元电路原理图而读不懂工程电路状态图的情况，本书精心挑选了一些工程实用电路，使学生循序渐进地学习，逐步掌握综合分析电路的能力。全书每章后均有相应的习题，使学生巩固所学知识。

本书的参考学时为 72 学时，其中实践环节为 20～24 学时，各章的参考学时参见下面的学时分配表。

章	课程内容	学时分配	
		讲　授	实　训
第 1 章	集成稳压电源	10	2
第 2 章	放大电路	8	4
第 3 章	多级负反馈放大电路	6	2
第 4 章	低频功率放大器	4	2
第 5 章	集成运放电路的应用	8	4
第 6 章	信号产生电路	6	2
第 7 章	晶闸管及其应用	6	2
第 8 章	综合读图练习	12	
课时总计		60	18

本书由苏州经贸职业技术学院汤伟芳任主编，山东水利技术学院王金花任主审。其中第 1 章由吴振磊编写，第 2、3、4、7 章由许新丰编写，第 5、6 章由俞梁英编写。第 8 章和附录由汤伟芳编写。本书在编写过程中得到了兄弟学校的大力支持，在此表示诚挚的感谢！

由于时间仓促，加之编者水平有限，书中难免存在错误和不妥之处，敬请广大读者批评指正。

编　者

目录

第1章 集成稳压电源

在电子电路及设备中，一般都需要由稳定的直流电源供电，而我们最方便能获得的电能是220V、50Hz 的单相交流电。直流稳压电路能够将电网提供的交流电经过变压、整流、滤波和稳压后转变为电压稳定的直流电，常见的集成稳压电路可分为固定输出和可调输出两种。本章首先介绍半导体以及二极管的基本知识，然后介绍整流、滤波电路的组成和工作原理，最后介绍固定输出和可调输出的集成稳压电源，并附加了可调输出集成稳压电源制作的实训内容。

1.1 直流稳压电源

直流稳压电源一般由变压、整流、滤波和稳压四部分组成，如图 1.1 所示。220V、50Hz 的交流电经过电源变压器降到一定的大小后，通过整流电路将其输出的交流电转变为脉动的直流电，然后经过滤波电路将脉动的直流电再转变为平滑的直流电，最后通过稳压电路将平滑的直流电转变为稳定的直流输出。

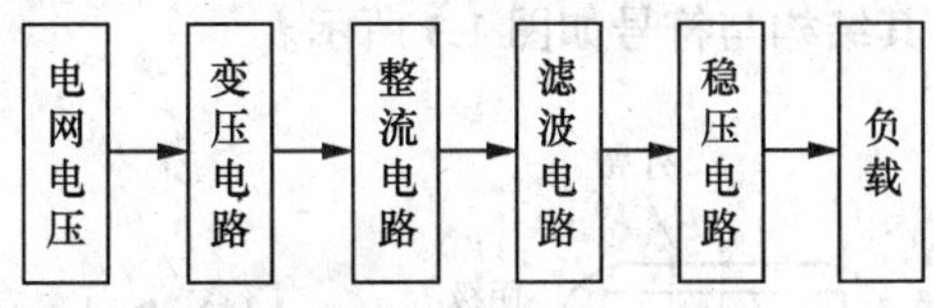

图 1.1 直流稳压电源组成框图

变压电路将电网的交流电压转换为适当大小的交流电，一般采用降压变压器电路。

整流电路将交流电转变为脉动的直流电，常采用二极管整流电路。

滤波电路将脉动的直流电转变为平滑的直流电，常采用电容、电感及其组合电路。

稳压电路将平滑的直流电转变为稳定的直流电，可采用集成三端稳压器等电路。

1.1.1 半导体及二极管

1. 半导体材料

自然界中的物质按其导电能力的强弱可以分为三大类：导体、绝缘体和半导体。导体内部的物质结构决定了其导电能力较强，如一般的金属和电解液等都是导体；绝缘体由于内部结构的稳定性决定了其几乎不导电，如橡胶和胶木等都是绝缘体；导电能力介于导体与绝缘体之间的物质称为半导体，如硅（Si）、锗（Ge）及砷化镓（GaAs）等。

纯度极高的半导体晶体（即本征半导体）导电能力很差，但只需在其中掺入少量杂质（如砷或硼等）便可大大提高其导电性能，并且根据加入杂质的不同，可分为N型半导体和P型半导体。N型半导体的多数载流子是电子，P型半导体的多数载流子是空穴，如图1.2所示。

2. 二极管的基本结构

在一块完整的晶片上，通过掺杂工艺使晶片的一边为P型半导体，一边为N型半导体，则在这两种半导体的交界处形成一个具有特殊物理性质的带点薄层，称为PN结。

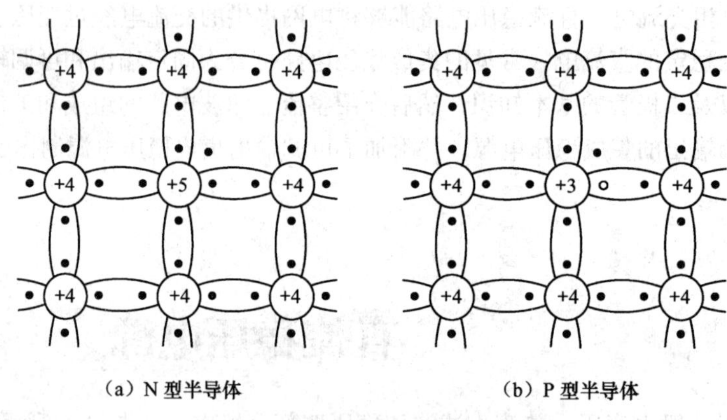

（a）N型半导体　　（b）P型半导体

图1.2　N型半导体和P型半导体

将PN结封装起来，并加上电极引线就构成了半导体二极管，简称二极管，常用符号“VD”来表示。从P区引出的电极为阳极（正极），用符号“A”来表示；从N区引出的电极为阴极（负极），用符号“K”来表示。其结构与符号如图1.3所示。

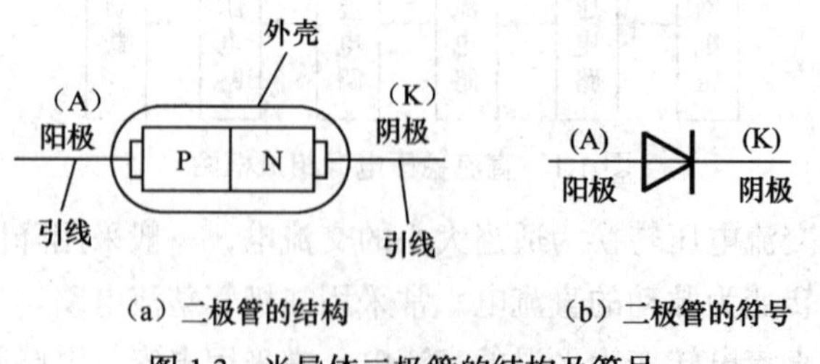

（a）二极管的结构　　（b）二极管的符号

图1.3　半导体二极管的结构及符号

二极管种类很多，按结构分可分为点接触型、面接触型和平面接触型三类，如图1.4所示。点接触型二极管适宜在高频（几百兆赫）电路中工作，主要用于高频检波和开关电路；面接触型二极管适宜工作在低频，主要用于整流电路；平面接触型二极管，结面积较大时适用于大功率整流，结面积较小时则适宜作数字电路的开关管。按制造材料分，常用的有硅二极管和锗二极管，其中硅二极管的热稳定性比锗二极管好得多。按用途分，常用的有普通二极管、整流二极管、稳压二极管和发光二极管等。部分二极管的产品外形如图1.5所示。

（a）点接触型　（b）面接触型　（c）平面接触型

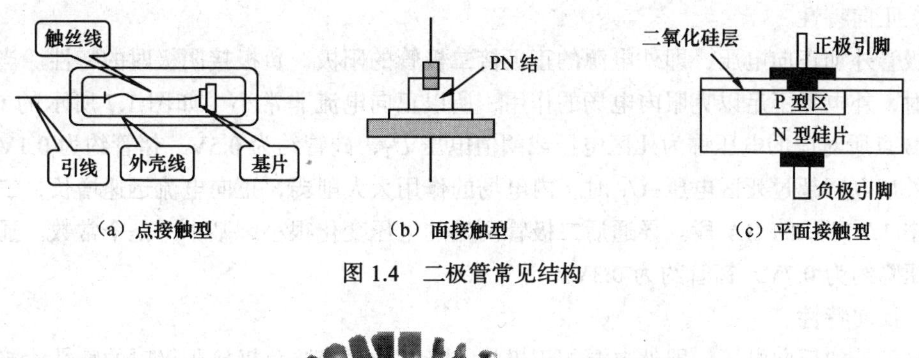

图 1.4　二极管常见结构

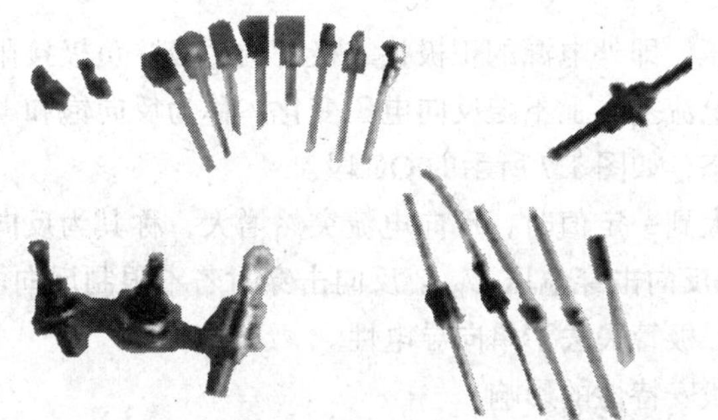

图 1.5　部分二极管产品实物图

3. 二极管的基本特性

首先我们可以用电源、灯泡和二极管构成的回路来测试二极管的工作特性。

当二极管正极接低电位，负极接高电位，此时灯泡不发光，如图 1.6（a）所示。这是因为此时二极管两端施加的是反向电压，二极管处于反向偏置状态，简称反偏。二极管反偏时，内部呈现很大的电阻值，几乎没有电流通过。

当二极管正极接高电位，负极接低电位，此时灯泡能够正常发光，如图 1.6（b）所示。此时二极管两端施加的是正向电压，二极管处于正向偏置状态，简称正偏。二极管正偏时，当正向电压大于某一数值（开启电压）时就会使二极管导通，导通后二极管内部电阻值变得很小，二极管两端的正向电压成为正向压降。一般硅二极管的正向压降约为 0.7V，锗二极管的正向压降约为 0.3V。

通过上述分析，可进一步分析得出二极管的伏安特性曲线，其正向特性和反向特性如图 1.7 所示。

（a）反向偏置截止　（b）正向偏置导通

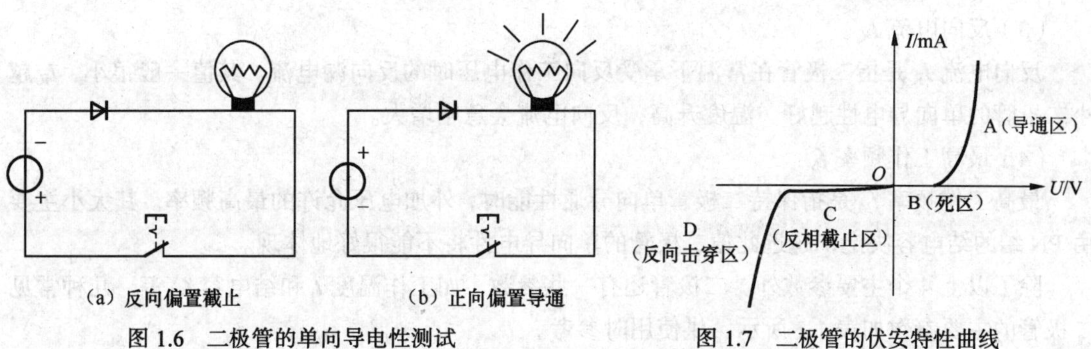

图 1.6　二极管的单向导电性测试

图 1.7　二极管的伏安特性曲线

（1）正向特性

二极管外加正向电压，即外电源的正极接二极管的阳极，负极接阴极时的特性。当正向电压较小时，外电场不足以克服内电场的作用，所以正向电流非常小，如图 1.7 所示的 OB 段，通常将 B 点所对应的电压称为死区电压或阈值电压 U_T，硅管约为 0.5V，锗管约为 0.1V。

当外加电压超过死区电压 U_T 时，内电场的作用大大削弱，正向电流迅速增长，二极管导通，如图 1.7 所示的 BA 段。导通后二极管两端的电压变化很小，基本上是个常数。通常硅管的正向压降约为 0.7V，锗管约为 0.3V。

（2）反向特性

二极管外加反向电压，即外电源的正极接二极管的阴极，负极接阳极时的特性。当反向电压在一定范围内，反向电流基本上不随反向电压变化，称为反向饱和电流 I_R，此时二极管因反向电流极小而呈截止状态，如图 1.7 所示的 OC 段。

当外加反向电压增大到一定值时，反向电流突然增大，称其为反向击穿，如图 1.7 所示的 CD 段，这时的电压称为反向击穿电压 U_{BR}。反向击穿时若不限制反向电流，二极管的 PN 结会因功耗太大而烧毁，使二极管失去了单向导电性。

（3）温度对二极管伏安特性的影响

二极管的伏安特性对温度很敏感，温度升高时反向电流呈指数规律增大。研究表明：硅二极管的温度每增加 8℃，反向电流将增加 1 倍；锗二极管的温度每增加 12℃，反向电流大约增加 1 倍。另外，温度升高时二极管的正向压降减小，每增加 1℃，正向压降大约减小 2mV。

其实，二极管本质就是一个 PN 结，具有单向导电性。

4. 二极管的主要参数

二极管的参数是反映其性能质量的指标，也是正确选择和合理使用二极管的依据。二极管有以下几个主要参数。

（1）最大整流电流 I_F

最大整流电流 I_F 是指二极管长期工作时允许通过的最大正向平均电流，由 PN 结的结面积和散热条件决定。实际应用时，二极管的平均电流不能超过此值，并需要满足散热条件，否则会烧坏二极管。

（2）最大反向工作电压 U_R

最大反向工作电压 U_R 是指二极管使用时所允许加的最大反向电压，超过此值二极管就有发生反向击穿的危险。通常取反向击穿电压的一半作为 U_R 值，以确保二极管安全工作。

（3）反向电流 I_R

反向电流 I_R 是指二极管在常温下承受反向工作电压时的反向漏电流。其值一般很小，I_R 越小二极管的单向导电性越好。温度升高，反向电流会急剧增大。

（4）最高工作频率 f_M

最高工作频率 f_M 是指保持二极管单向导通性能时，外加电压允许的最高频率。其大小主要由 PN 结的结电容决定，超过此值二极管的单向导电性将不能很好地体现。

除了以上 4 个主要参数外，二极管还有一些参数，如工作温度 t_j 和结电容 C_j 等。几种常见二极管的主要参数如表 1.1 所示，供使用时参考。

表 1.1 几种常见二极管的主要参数

参数 / 型号	最大反向工作电压 U_R/V	最大整流电流 I_F/A(25℃)	反向电流 I_R/μA(25℃)	反向电流 I_R/μA(125℃)	最高工作频率 f_M/kHz	工作温度 t_j/℃
2CZ56B	50	3	20	1 000	3	140
2CZ56C	100	3	20	1 000	3	140
2CZ56D	200	3	20	1 000	3	140
2CZ56F	400	3	20	1 000	3	140
2CZ56K	800	3	20	1 000	3	140
2CZ57B	50	5	20	1 000	3	140
2CZ57D	200	5	20	1 000	3	140
2CZ57F	400	5	20	1 000	3	140
2CZ57K	800	5	20	1 000	3	140
2CZ82A	25	100	5	100	3	130
2CZ82D	200	100	5	100	3	130
2CZ82H	600	100	5	100	3	130
2CZ83D	200	300	5	100	3	130
1N4001	50	1	10	50		175
1N4004A	400	1	10	50		175
1N4007A	1 000	1	10	50		175

5. 其他常用二极管

（1）稳压二极管

稳压二极管又叫齐纳二极管，简称稳压管，图形符号如图 1.8（a）所示。它是用特殊工艺制造的一种特殊的面接触型半导体硅二极管，与普通二极管不同之处在于它正常工作于反向击穿区，当外加反向电压撤出后，二极管仍能恢复正常状态，这种性能叫做可逆反向击穿，正是由于这种特性使其具有稳定电压的功能。稳压管的正向特性曲线与普通二极管相似，而反向特性曲线比较陡峭，稳压管正是工作在特性曲线的击穿区域。当反向电压较小时，反向电流几乎为 0，当反向电压增加到某一数值（即稳定工作电压 U_Z）时，反向电流会急剧增加，稳压管反向击穿。由于这种击穿不是破坏性的，可以通过在制造过程中的工艺措施和使用时限制反向电流的大小（例如在电路中串联一个大小适当的限流电阻）来保证稳压管在反向击穿状态下不会因过热而损坏。当反向电流在较大范围变化时，击穿电压基本不变，具有恒压特性，稳压管正是利用这种特性来实现稳压的。

（2）变容二极管

由于二极管结电容的大小除了与本身结构和工艺有关，还与外加电压有关。结电容随着反向电压的增加而减小，且效应显著的二极管称为变容二极管，它同样是工作在反向偏置状态，其电容随反向电压增大而减小，在电路中可作为可变电容器使用。变容二极管在高频技术中应用较多，其图形符号如图 1.8（b）所示。

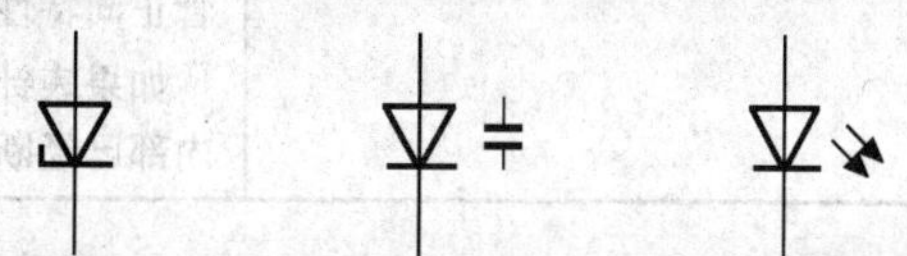

（a）稳压二极管　（b）变容二极管　（c）发光二极管

图 1.8　其他常见二极管的图形符号

（3）发光二极管

发光二极管是一种将电能转换成光能的特殊二极管，简写为 LED，其图形符号如图 1.8（c）所示。发光二极管正向偏置并达到一定电流时就会发光，通常工作电流为 10～30mA 时，正向压降大约为2～3V。发光二极管的发光颜色有红色、绿色和黄色等，主要用作显示器件，可以单个使用，也可以制成七段数码显示器和矩阵式显示器。

6. 二极管器件检测操作

（1）二极管的极性识别

由于二极管具有单相导电性，在使用时一定不能接反，这就需要我们在组装时对二极管的极性加以识别。一般来说，二极管的正、负极都会在外壳上标注出来，常用图形符号、色点和标志环等表示，色点表示正极，标志环表示负极。如果没有标识或外壳磨损辨识不清时，也可以借助万用表来进行测试判别，具体方法如下：

将万用表量程置于“×1k”或“×100”挡，对两表笔短接进行调零；

将万用表的红表笔和黑表笔分别与二极管的两个引脚相接，记下万用表的电阻读数；

交换红表笔与黑表笔再与二极管的两个引脚相接，同样记下万用表的电阻读数；

比较两次读数，以电阻值较小的一次为准，与黑表笔相接的二极管引脚是正极，与红表笔相接的引脚为负极。

实际上，这种方法正是利用了二极管的单向导电性，当二极管正向偏置时电阻较小，反向偏置时电阻较大。

（2）二极管性能的检测

检测同样需要借助万用表判别极性的方法，在记下两次万用表电阻读数后进行比较。若两次读数相差很大，说明二极管的单相导电性很好；若两次结果均很大或很小，说明二极管已损坏。通过检测时表针所处的位置，可以进一步判断已损坏的二极管内部是断路或短路的情况，如表1.2所示。

表1.2　二极管性能检测

项　目	正向电阻	反向电阻
测试方法	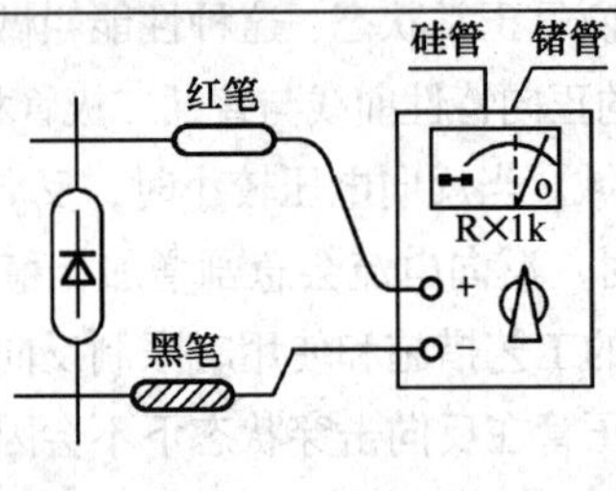 硅管　锗管　红笔　R×1k　黑笔	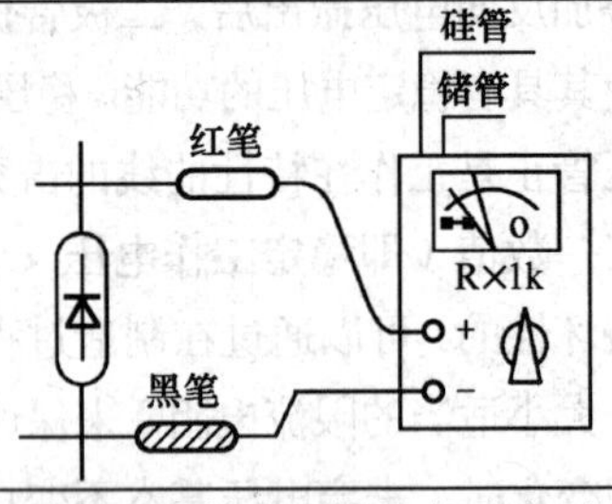 硅管　锗管　红笔　R×1k　黑笔
测试情况	硅管：表针指示位置在中间或中间偏右一点 锗管：表针指示在右端靠近满刻度的地方（如上图表示）表明二极管正向特性是好的 如果表针在左端不动，则二极管内部已经断路	硅管：表针在左端基本不动，极靠近OO位置 锗管：表针从左端起动一点，但不应超过满刻度的1/4（如上图所示），则表明反向特性是好的 如果表针指在0位，则二极管内部已短路

1.1.2　整 流 电 路

整流电路可以把交流电变成直流电，主要是利用了二极管或其他整流元件的单向导电特性。

常见的整流电路形式有单相半波整流电路、单相全波整流电路和单相桥式整流电路。

1. 单相半波整流电路

（1）电路的组成

单相半波整流电路的基本组成如图 1.9 所示，由变压器 T_1、整流二极管 VD_1 及负载电阻 R_L 组成。

（2）电路的工作原理

为了简化分析，将二极管视为理想二极管，即二极管正向导通时作短路处理；反向截止时作开路处理。

通过变压器 T_1，可将市电 u_1 变换成所需要的交流电压 u_2。设 u_2 为

$$u_2 = \sqrt{2}U_2 \sin \omega t \tag{1.1}$$

当 u_2 在正半周时，变压器二次电压的瞬时极性是上正下负。因此二极管 VD_1 正向导通，回路中有电流并自上而下通过负载电阻 R_L，则 $u_{VD1}=0$，$u_o=u_2$。当 u_2 在负半周时，变压器二次电压的瞬时极性是上负下正。因此二极管反向截止，回路中没有电流通过，则 $u_{VD1}=0$，$u_o=u_2$。

输入输出的电压电流波形如图 1.10 所示，电路利用了二极管的单向导电原理，在输入交流电压的一个周期内，使负载电阻 R_L 上得到了一个单方向的脉动直流电压，即流过负载电阻的电流和负载电阻两端的电压只是半个周期的正弦波，故被称作半波整流电路。

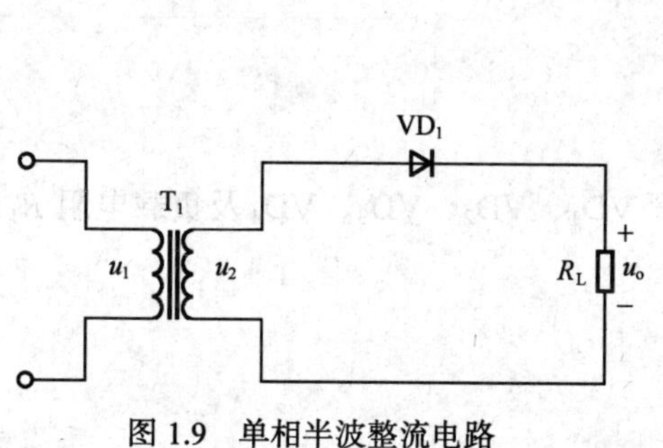

图 1.9 单相半波整流电路

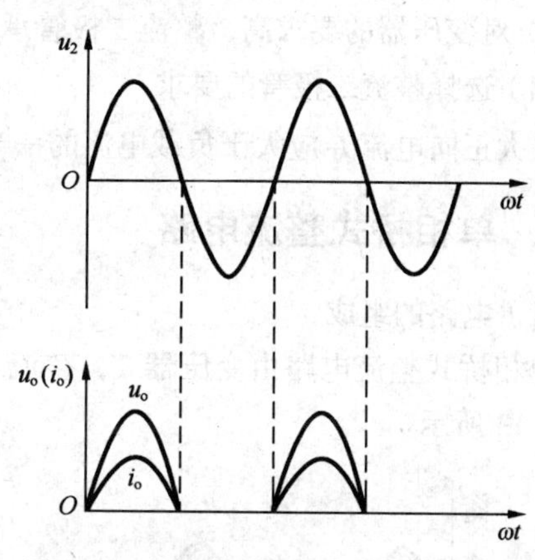

图 1.10 半波整流电路输入输出波形图

在半波整流电路中负载上的直流电压和直流电流分别为

$$U_o = 0.45U_2 \tag{1.2}$$

$$I_o = 0.45U_2 / R_L \tag{1.3}$$

（3）电路特点

① 电路简单，元件数量少，成本低。

② 输出电压低，脉动大，整流效率低。

（4）选择整流二极管的要求

选择最大正向电流 I_F 应大于负载电流，最高反向工作电压 U_R 应大于 $\sqrt{2}U_2$。

2. 单相全波整流电路

（1）电路的组成

单相全波整流电路的基本组成如图 1.11 所示，由变压器 T，整流二极管 VD_1、VD_2 及负载电阻 R_1 组成，其中变压器的二次绕组必须是匝数相等的对称双绕组，以变压器的中心抽头为基准可以得到两个幅度相等、相位相反的交流电压输出。

（2）电路的工作原理

当变压器二次电压 u_2 在正半周时，变压器二次绕组上的电动势均为上正下负，此时 VD_1 正向导通，VD_2 反向截止，电流自右向左流过负载电阻 R_1，两端电压为 u_{R1}。

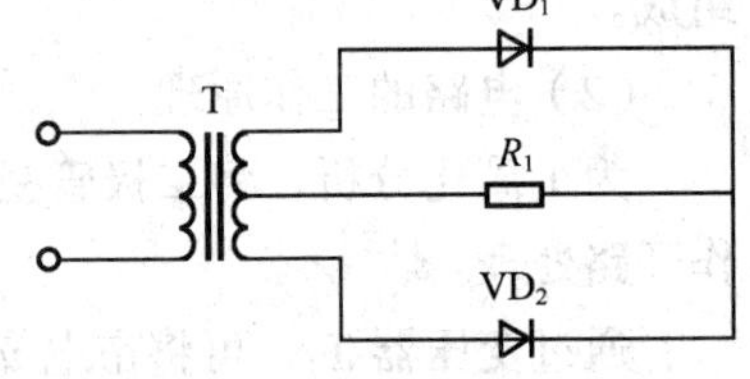

图 1.11　单相全波整流电路

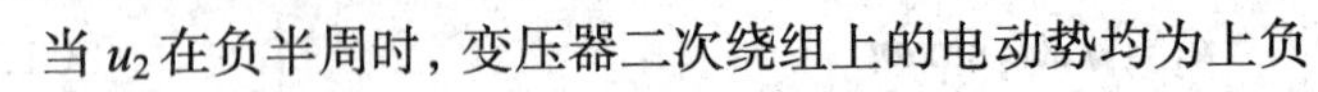

当 u_2 在负半周时，变压器二次绕组上的电动势均为上负下正，此时 VD_1 反向截止，VD_2 正向导通，电流自右向左流过负载电阻 R_1，两端电压为 u_{R1}。

这样，在交流电源的正、负半个周期里，负载电阻 R_1 都有电流通过，且方向不变，这就称为全波整流电路，它实际上是两个半波整流电路输出的叠加，其输入输出波形如图 1.12 所示。

在全波整流电路中负载上的直流电压和直流电流分别为

$$U_o = 0.9U_2 \tag{1.4}$$

$$I_o = 0.9U_2 / R_L \tag{1.5}$$

（3）特点

① 整流效率高，输出脉动小。

② 对变压器的要求高，整流二极管承受的反向工作电压高。

（4）选择整流二极管的要求

最大正向电流 I_F 应大于负载电流的一半，最高反向工作电压 U_R 应大于 $2\sqrt{2}U_2$。

3. 单相桥式整流电路

（1）电路的组成

单相桥式整流电路由变压器 T，整流二极管 VD_1、VD_2、VD_3、VD_4 及负载电阻 R_1 组成，如图 1.13 所示。

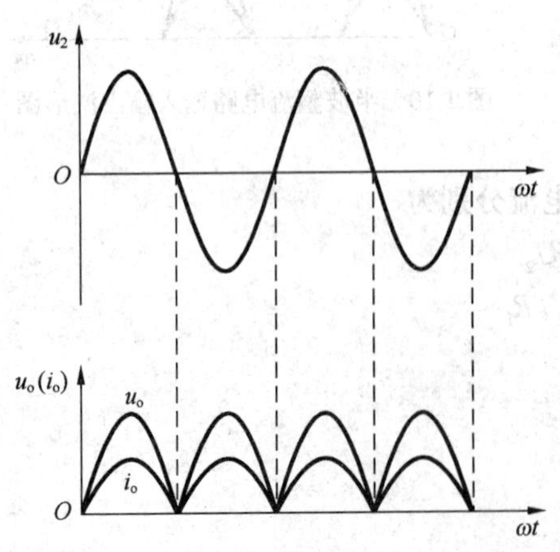

图 1.12　全波整流电路输入输出波形图

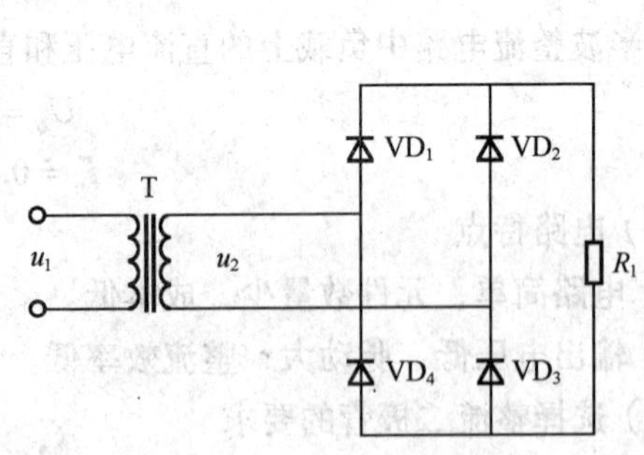

图 1.13　单相桥式整流电路

（2）电路的工作原理

当变压器二次电压 u_2 为正半周时，变压器二次绕组的电动势为上正下负，此时 VD_1、VD_3 正向导通，VD_2、VD_4 反向截止，电流自上而下流过负载电阻 R_1，R_1 两端电压为 u_{R1}。

当变压器二次电压 u_2 为负半周时，变压器二次绕组的电动势为上负下正，此时 VD_2、VD_4 正向导通，VD_1、VD_3 反向截止，电流自上而下流过负载电阻 R_1，R_1 两端电压为 u_{R1}。

由此可见，整流电路由 4 个二极管连接成电桥的形式，故称桥式整流电路，简称为桥式整流。桥式整流为全波整流，由于两个二极管承担输入电压，所以它是整流电路中比较好的电路，其输入输出波形如图 1.14 所示。

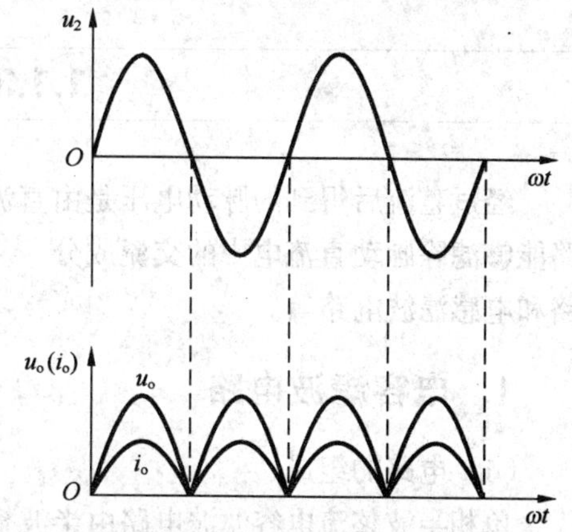

图 1.14　桥式整流电路输入输出波形图

在桥式整流电路中负载上的直流电压和直流电流分别为

$$U_o = 0.9U_2 \tag{1.6}$$

$$I_o = 0.9U_2 / R_L \tag{1.7}$$

（3）特点

① 整流效率高，变压器结构简单（不需中心抽头），输出脉动小。

② 整流二极管数量多，电源内阻大。

（4）选择整流二极管的要求

最大正向电流 I_F 应大于负载电流的一半，最高反向工作电压 U_R 应大于 $\sqrt{2}U_2$。

4. 整流实例

下面通过一个实例说明整流电路的设计步骤。

例　已知变压器输出交流电如有效值为 45V，负载电阻为 20Ω，需直流供电，要求设计整流电路。

设计步骤如下。

第一步：选择整流电路类型，根据前面的讨论可选择半波整流电路、全波整流电路或桥式整流电路。一般情况下，如无线路板体积、成本等要求时应选用桥式整流电路，如图 1.14 所示。

第二步：根据设计要求计算流过整流二极管的平均电流和二极管所经受的最高反向电压。

根据桥式整流电路，求得输出直流电压为

$$U_o = 0.9U_2 = 0.9 \times 45 = 40.5\text{ V}$$

负载电阻为 20Ω，由此求得负载电流为

$$I_o = \frac{U_o}{20} = \frac{40.5}{20} = 2.25\text{ A}$$

则流过整流二极管的平均电流和最高反向电压分别为

$$I = \frac{1}{2}I_o = \frac{1}{2} \times 2.25 = 1.125\text{ A}$$

$$U_R = \sqrt{2}U_2 = 1.414\,2 \times 45 = 63.3\text{ V}$$

第三步：根据上面计算所得的平均电流和最高反向电压，从表 1.1 中选择合适的整流二极管型号为 2CZ56C。

1.1.3 滤波电路

经过整流后得到的脉动电压是由直流分量和许多不同频率的交流分量叠加而成的，滤波电路能够滤除脉动直流电中的交流成分，从而得到较平滑的电压。常见的滤波电路有电容滤波电路和电感滤波电路等。

1. 电容滤波电路

（1）电路的组成

单相半波整流电容滤波电路由半波整流电路和滤波电容 C 构成，如图 1.15 所示。

（2）电路的工作原理

当变压器二次电压 u_2 为正半周时，若 $u_2>u_C$，整流二极管 VD_1 正向导通，u_2 通过 VD_1 向电容 C 进行充电，由于充电回路电阻很小，因而充电很快，u_C 基本和 u_2 同步变化。当 $t=\pi/2$ 时，u_2 达到峰值，电容器 C 两端的电压也近似达到最大值。

当 u_2 由峰值开始下降，使得 $u_2<u_C$，整流二极管 VD_1 反向截止，此时电容器 C 向负载电阻器 R_1 放电，由于放电回路电阻较大，放电时间常数相对较大，导致放电速度较慢，输出电压缓慢下降。

当 u_2 进入负半周后，整流二极管 VD_1 仍处于反向截止状态，电容器 C 继续放电，输出电压仍然缓慢下降。

当 u_2 的第二个周期的正半周到来时，电容器 C 仍在放电，直到 $u_2>u_C$，VD_1 正偏再次导通，电容器 C 再次迅速充电，如此不断重复。整个过程负载上的电压波形如图 1.16 所示。

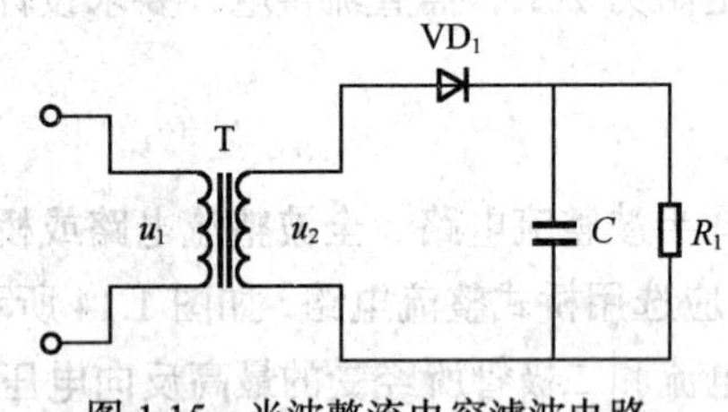

图 1.15　半波整流电容滤波电路

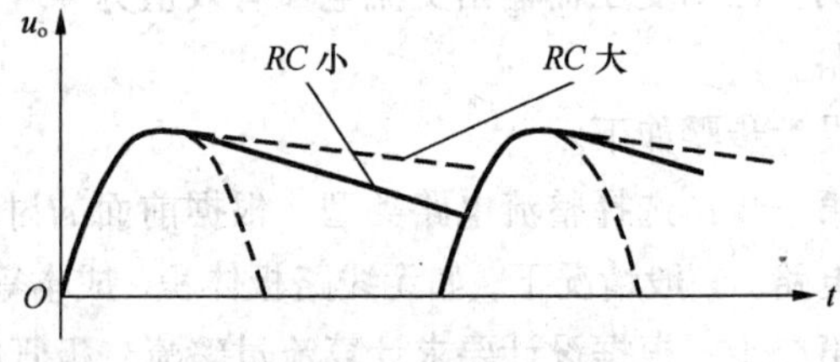

图 1.16　半波整流电容滤波电路输出图形

将带滤波和不带滤波的整流电路输出电压波形相比较，可以发现接入滤波电路后，输出电压变得比较平滑，而且滤波电容器的容量越大，负载 R_1 电阻值越大，电容器放电越缓慢，输出波形越平滑。

在全波整流和桥式整流电路中接入电容器后进行滤波与半波整流滤波电路的工作原理是相同的，区别在于 u_2 在一个周期内，电路实现了两次导通，所以 u_2 可以对电容器 C 进行两次充电，使得放电时间变短，电压下降幅度变小，使得输出电压更加平滑其电路及波形如图 1.17 和图 1.18 所示。

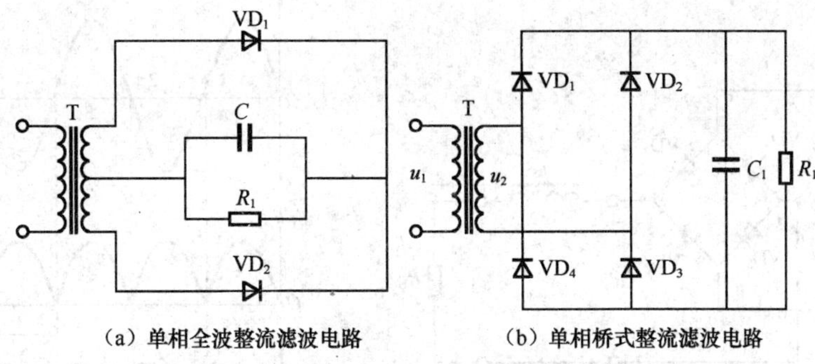

（a）单相全波整流滤波电路　　（b）单相桥式整流滤波电路

图 1.17　全波整流滤波电路和桥式整流滤波电路

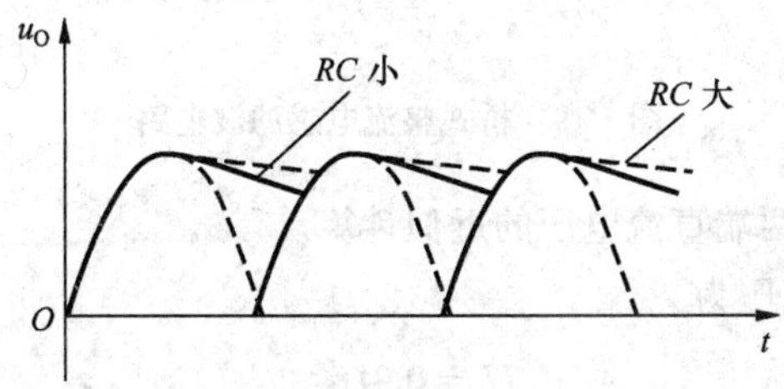

图 1.18　桥式整流电容滤波电路输出图形

（3）电容滤波电路负载两端直流电压的近似计算

半波整流电路：$U_{R1} \approx (1 \sim 1.1)U_2$

全波、桥式整流电路：$U_{R1} \approx 1.2U_2$

（4）电容滤波电路的特点

① 元件少，成本低。

② 输出电压高，脉动小。

③ 带负载能力较差。

2. 其他滤波电路

（1）电感滤波电路

利用储能元件电感器 L 的电流不能突变的特点，在整流电路的负载回路中串联一个电感，使输出电流波形较为平滑。因为电感对直流的阻抗小，对交流的阻抗大，因此能够得到较好的滤波效果而直流损失小。

① 电路的组成。

以桥式整流电路为例，在负载电阻 R_L 上串联一个电感线圈 L，即构成桥式整流电感滤波电路，如图 1.19 所示。

② 电路的工作原理。

根据电感的特点，当输出电流发生变化时，L 中将感应出一个反电势，使整流管的导电角增大，其方向将阻止电流发生变化。在桥式整流电路中，当 u_2 正半周时，VD_1、VD_3 导电，电感中的电流将滞后 u_2 不到 90°。当 u_2 超过 90°后开始下降，电感上的反电势有助于 VD_1、VD_3 继续导电。当 u_2 处于负半周时，DV_2、VD_4 导电，变压器二次电压全部加到 VD_1、VD_3 两端，致使 VD_1、VD_3 反偏而截止，此时电感中的电流将经由 VD_2、VD_4 提供。

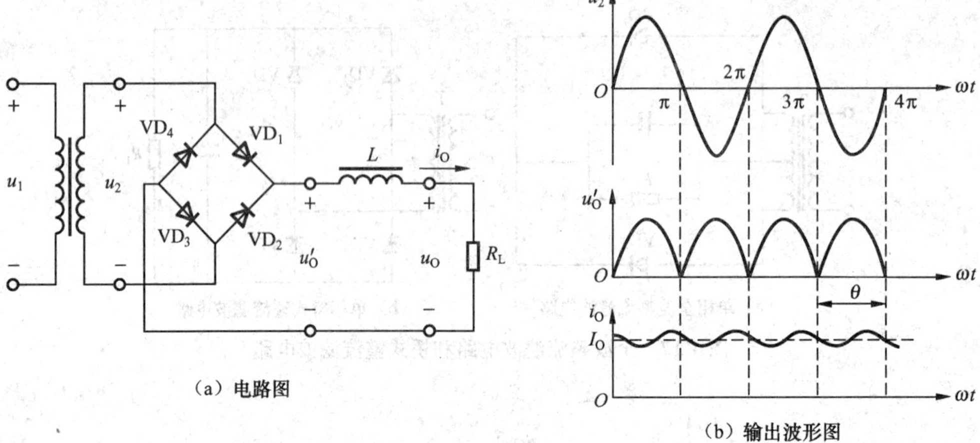

（a）电路图

（b）输出波形图

图 1.19　桥式整流电感滤波电路

③ 电感滤波电路负载两端直流电压的近似计算。

电感滤波电路的输出电压为

$$U_o = 0.9U_2$$

④ 电感滤波电路的特点。

电感滤波电路适用于负载电流较大且经常变化的电路中，其缺点是电感量大、体积大且成本高。

（2）复式滤波电路

由电容和电感等可构成复式滤波器，常见的有 LC 型、LC-π 型和 RC-π 型，如图 1.20 所示。

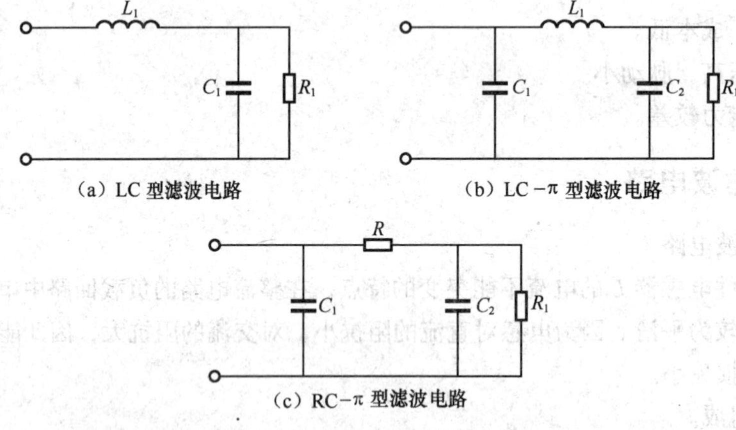

（a）LC 型滤波电路

（b）LC −π 型滤波电路

（c）RC−π 型滤波电路

图 1.20　常见的复式滤波电路

① LC 型滤波电路。

带负载能力较强，在负载变化时输出电压比较稳定，又由于滤波电容接在电感器之后，使整流二极管所受冲击电流大大减小。但电感线圈体积大，电路成本较高，适用于负载变动大、负载电流较大的场合。

② LC-π 型滤波电路。

输出电压较高，滤波效果好。但带负载能力较差，整流二极管所受冲击电流较大，适用于负载电流较小、输出要求稳定的场合。

③ RC-π 型滤波电路。

输出电压较高，滤波效果好，结构简单。但带负载能力较差，输出电流较小，适用于负载电流小的场合。

3. 电容器的检测操作

（1）固定电容器的检测

固定电容器的检测可用万用表置“R×100”或“R×lk”挡，先将电容器短路放电，然后用红、黑表笔同时接在电容器两端。对于 1μF 以上的电容器，若表针迅速摆动然后逐渐退回原处，对调表笔再次测量，表针摆动幅度更大然后复原，说明电容器是好的；若表针起动后不再回转，说明电容器已经击穿。如果测量电解电容时表针不动，说明该电解电容器已经开路。对耐压值比较大的电容器，可以用“R×10k”挡来检测。根据表针的摆动幅度还可以根据经验判断电容器容量的大小。根据表针复原时停的位置可以判断电容漏电流的大小，电阻值越大，漏电流越小。对于不能用欧姆挡进行估测的小容量电容器，只能用专门仪器进行检测。

（2）电解电容器的检测

有极性铝电解电容器外壳上的塑料封套上通常都有“+”（正极）和“–”（负极）。未剪脚的电解电容器，长引脚为正极，短引脚为负极。

因为电解电容的容量较一般固定电容大得多,所以测量时应针对不同容量选用合适的量程。一般情况下，1～47μF 间的电容可用“R×1k”挡测量，大于 47μF 的电容可用“R×100”挡测量。将万用表红表笔接负极，黑表笔接正极，在刚接触的瞬间万用表指针即向右偏转较大幅度（对于同一电阻挡，容量越大摆幅越大），接着逐渐向左回转，直到停在某一位置。此时的阻值便是电解电容的正向漏电阻，此值略大于反向漏电阻。实际使用经验表明，电解电容的漏电阻一般应在几百千欧以上，否则将不能正常工作。在测试中若正向、反向均无充电的现象，即表针不动，则说明容量消失或内部断路；如果所测阻值很小或为 0，说明电容漏电大或已击穿损坏，不能再使用。

对于标志不清的电解电容器，可以根据电解电容器反向漏电流比正向漏电流大这一特性，通过用万用表“R×10k”挡测量电容器两端的正、反向电阻值来判别。当表针稳定时，比较两次所测电阻值读数的大小。在阻值较大的一次测量中，黑表笔所接的是电容器的正极，红表笔接的是电容器的负极。

使用万用表电阻挡，采用给电解电容进行正、反向充电的方法，根据指针向右摆动幅度的大小，可估测出电解电容的容量。

（3）可变电容器的检测

① 用手轻轻旋动转轴，应感觉十分平滑，不应感觉时松时紧甚至卡滞的现象。将转轴向前、后、上、下、左、右等各个方向推动时转轴不应有松动的现象。

② 用一只手旋动转轴，另一只手轻摸动片组的外缘，不应感觉有任何松脱现象。转轴与动片之间接触不良的可变电容器是不能再继续使用的。

③ 将万用表置于“R×10k”挡，一只手将两个表笔分别接可变电容器的动片和定片的引出端，另一只手将转轴缓缓旋动几个来回，万用表指针都应在无穷大位置不动。在旋动转轴的过程中，如果指针有时指向 0，说明动片和定片之间存在短路点；如果碰到某一角度，万用表读数不为无穷大而是出现一定阻值，说明可变电容器动片与定片之间存在漏电现象。

1.2 集成稳压电源

交流电压经过整流滤波电路所获得的直流电压，往往会因为电网电压的波动或负载电流的变化而发生变化，这就需要经过稳压电路稳定后再提供给负载，使其正常工作。稳压电路是利用电路内部的自动调节功能使输出电压基本保持稳定。

常用的稳压电路有硅稳压电路、串联型稳压电路和集成稳压电路。由于集成稳压电路具有稳压精度高、工作稳定可靠、外围电路简单、体积小和重量轻等显著优点，因此它在各种电源电路中得到了普遍的应用。

1.2.1 固定输出集成稳压器件

1. 外形和引脚

固定输出集成稳压器是目前应用最普遍的小功率稳压器，有78××系列（正电压输出）和79××系列（负电压输出）两种系列。它们的内部都含有限流保护、过热保护和过压保护电路，采用了噪声低，温度漂移小的基准源，工作稳定可靠。

78××系列集成稳压器为三端器件：1 脚为输入端，2 脚为公共端，3 脚为输出端，如图 1.21 所示。而 79××系列集成稳压器的 1 脚为接地端，2 脚为输入端，3 脚为输出端，如图 1.22 所示。请注意两者的引脚排列不同，使用时注意不要接错。

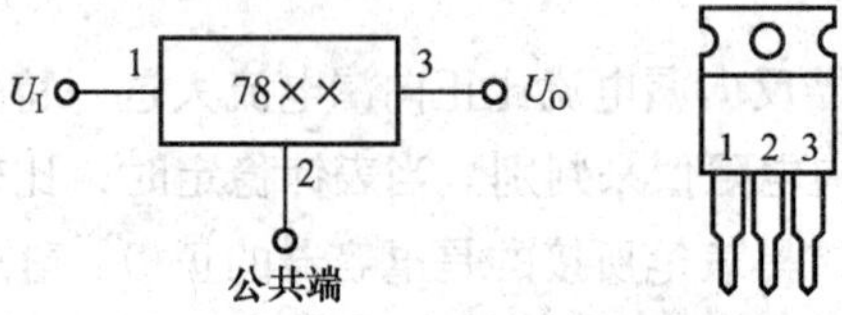

图 1.21　78××系列管脚功能图

1—输入端　2—公共端　3—输出端

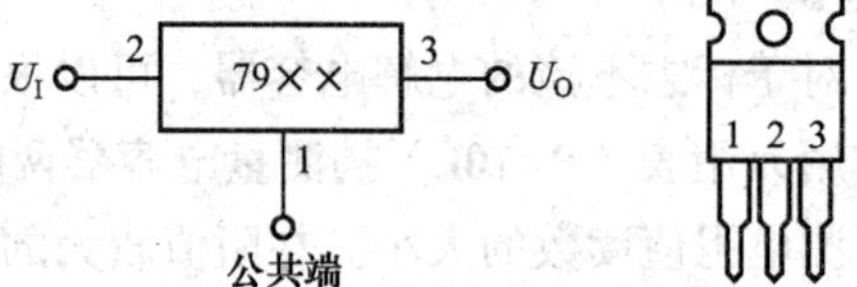

图 1.22　79××系列管脚功能图

1—公共端　2—输入端　3—输出端

2. 主要技术指标

（1）特性指标

两种系列的输出电压有 5V、6V、9V、12V、15V、18V、24V 七个挡，型号后面的两位数字表示输出电压值。输出电流分为 5A（78/79P××）、1A（78/79××）、0.5A（(78/79M××）和 0.1A（78/79L××）四个挡。例如：7805 表示输出电压为 5V 正电压，最大输出电流为 1.5A；79M09 表示输出电压为 9V 的负电压，最大输出电流为 0.5A。

（2）质量指标

① 电压调整率 S_V。在负载电流和环境温度保持不变的情况下，输入电压变化时输出电压

维持不变的能力即为稳压电路的电压调整率。不同子系列的稳压电路，电压调整率会各有不同，同一子系列的电路，其输出电压不同时电压调整率也略有不同。

② 电流调整率 S_I。在温度环境不变的情况下，除了输入电压的变化会引起输出电压变化之外，负载电流的变化也会引起输出电压发生变化。稳压电路在环境温度和输入电压保持不变的情况下，衡量其在负载电流变化时仍能维持输出电压稳定的能力常用电流调整率来表示，也称负载调整系数。

③ 输出电阻 R_O。反映电路带负载的能力，其定义为：在输入电压、输入电流和环境温度不变的情况下，负载变化时输出直流电压变化量和输出电流变化量的比值。

④ 输出电压温度系数 S_T。反映电压随温度变化的情况，又叫输出电压的温漂，其定义为：在稳压电路的工作温度范围内，在输入电压和输出电流都保持不变的情况下，单位温度变化引起的输出电压相对变化量称为输出电压温度系数。

⑤ 输出噪声电压 U_n。稳压电路内部的噪声电压主要是热噪声，频率在 10Hz～100kHz 范围内。输出噪声电压的定义为：在规定的环境温度及额定输入电压下，稳压电路输出端噪声电压的均方根值称为噪声电压 U_n。

1.2.2 固定输出集成稳压电路

1. 固定集成稳压器典型接法

固定输出集成稳压器的典型接法如图 1.23 所示。

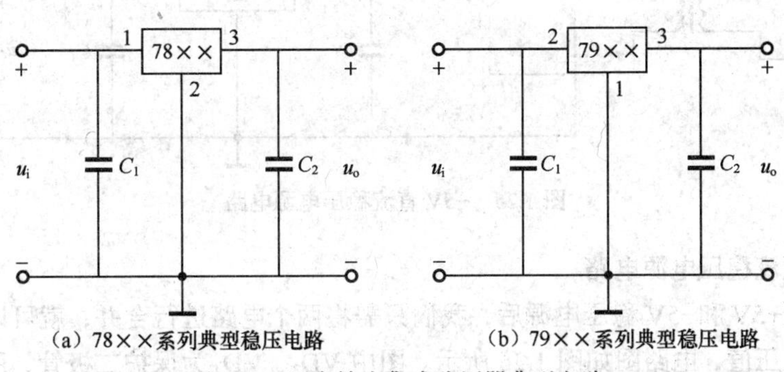

（a）78××系列典型稳压电路　　（b）79××系列典型稳压电路

图 1.23　固定输出集成稳压器典型电路

（1）电容 C_1 作为输入端滤波电容，用于滤除电源中高频噪声和干扰脉冲。

（2）电容 C_2 作为输出端滤波电容，用于改善负载的瞬态响应，并消除来自负载的高频噪声。

（3）负载电流较大时，集成稳压器应加装散热片。否则，集成稳压器将因温度太高而进入输出限流状态。

2. ±5V 直流稳压电源电路

（1）+5V 直流稳压电源电路

结合前述的整流和滤波电路，构建电路如图 1.24 所示。

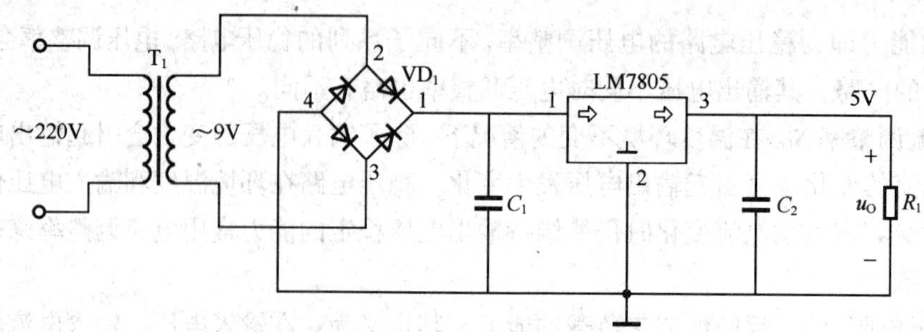

图 1.24　+5V 直流稳压电源电路

电网电压输出的 220V 交流电压首先经过变压器 T_1，在变压器的二次绕组上得到 9V 的交流电压；9V 的交流电压经过由 4 个整流二极管构成的桥式整流器 VD_1 后，得到脉动直流电压；电容 C_1 起到了整流后滤波的作用，同时滤除了输入端的高频噪声，电路中选用的是 0.33μF 的电容；为了得到+5V 的输出电压，选用了 LM7805 集成芯片，在接入时注意引脚的接法，1 为输入端，2 为公共端，3 为输出端，经过 LM7805 稳压后得到了+5V 的输出电压，并加载到负载 R_1 两端；电容 C_2 的作用是输出端滤波电容，这里选用的是 0.1μF 的电容。

（2）−5V 直流稳压电源电路

整个电路结构基本相同，只是为了得到负电压，选用了 LM7905 芯片。在接入时注意引脚的接法和 LM7805 不同，其他元器件的选用不变，电路如图 1.25 所示。

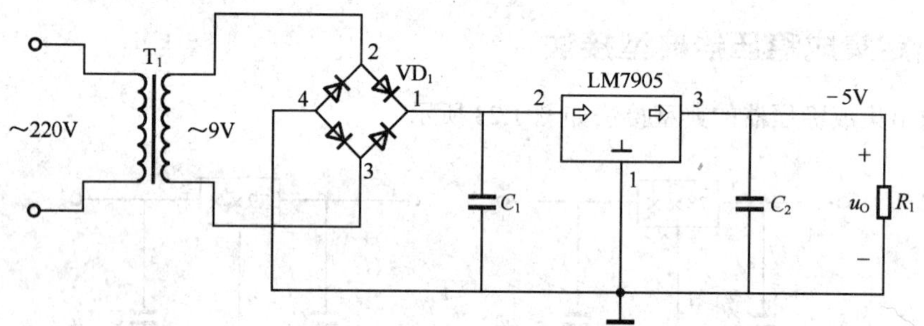

图 1.25　−5V 直流稳压电源电路

（3）±5V 直流稳压电源电路

在分别得到+5V 和−5V 稳压电源后，我们只需将两个电路进行合并，就可以在输出端得到±5V 两个输出电压值，电路图如图 1.26 所示。图中 VD_3、VD_4 为保护二极管，用以防止输入电压一路未接入时损坏集成稳压器。

1.2.3　可调输出集成稳压器件

三端固定电压式集成稳压器的产生使得电源的设计和制作工作极大简化，因此 7800 系列和 7900 系列稳压器得到了广泛的应用。但是固定电压集成稳压器的输出电压是一固定值，若系统需要的电源为非标准输出电压时，虽然它们也可以接成非标准输出电压，但要增加外围元器件，同时其性能指标将大大降低。为此，美国国家半导体公司首创了三端可调式集成正稳压器 LM117 和负稳压器 LM137。由于它的输出电压可调成任意值且使用简单，同时其稳压精度更高，因此它作为一路来接入种通用的集成稳压器得到了广泛的应用。

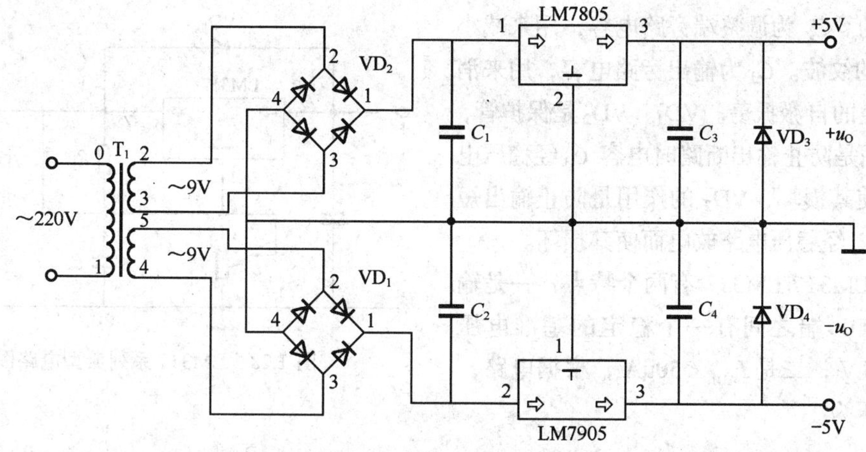

图 1.26　±5V 直流稳压电源电路

可调输出集成稳压器的输出电压可调，稳压精度高，输出纹波小，比较典型的产品有 LM317、LM337 和 CW317、CW337 等，以下将以 LM317 和 LM337 为例进行介绍。

LM317 为可调正电压输出稳压器，LM337 为可调负电压输出稳压器，它们的输出电压分别为±1.2～37V 连续可调，其外形与引脚配置如图 1.27 所示。这种集成稳压器有 3 个引出端，即电压输入端 U_i、电压输出端 U_o 和调节端 ADJ，没有公共接地端，接地端往往通过接电阻再到地。使用时还需注意 LM317 和 LM337 的引脚排列不同，使用时注意不要接错。

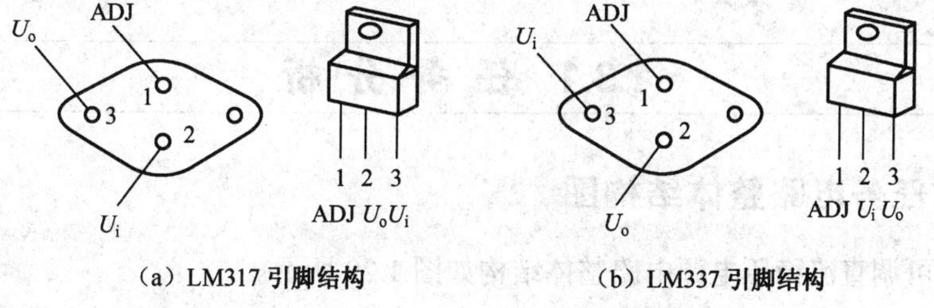

（a）LM317 引脚结构　（b）LM337 引脚结构

图 1.27　LM317 和 LM337 引脚结构图

每一类中按其输出电流又分为 0.1A，0.5A，1A 和 1.5A 等，表示方法基本可以参照固定输出集成稳压器的表示方法。例如，LM317L 输出电压 1.2～37V，输出电流 0.1A；LM337 输出电压-1.2～-37V，输出电流为 1.5A。

LM317、LM337 的主要特点如下。

（1）使用方便，只需外接两个电阻就可以在一定范围内确定输出电压。

（2）各项性能指标都优于三端固定电压集成稳压器。

（3）具有全过载保护功能，包括限电流、过热和安全区域的保护。即使调节端悬空，所有的保护电路仍然有效。

1.2.4　可调集成稳压电路

以 LM317 为例，可调输出集成稳压电路的典型应用电路如图 1.28 所示。图中 C_1 为输入旁路电容，用来消除输入长线引起的自激振荡，当集成稳压电路离整流滤波电容 10cm 以上时，它是必不可少的。C_2 为调整端旁路电容，用来减小 R_P、R_1 上的纹波。C_3 为输出旁路电容，用来消除可能产生的自激振荡。VD_1、VD_2 是保护管，VD_1 的作用是防止输出断路时电容 C_3 经稳压电路放电而使其损坏，VD_2 的作用是防止输出短路时电容 C_2 经稳压电路放电而使其损坏。

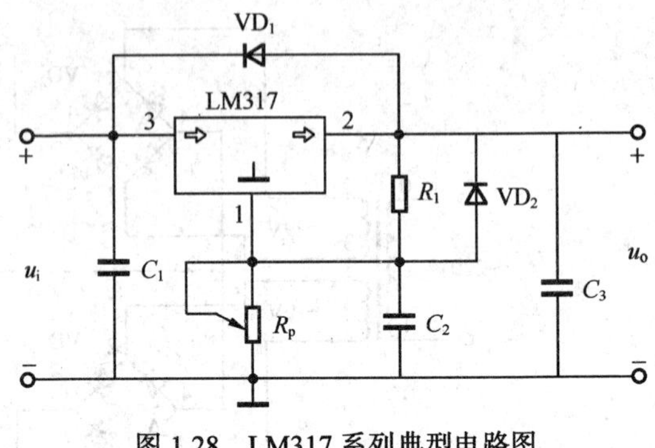

图 1.28　LM317 系列典型电路图

由于 LM317/LM337 有两个特点：一是输出端与 ADJ 端之间有一个稳定的基准电压 $U_{REF}=1.25\text{V}$，二是 $I_{ADJ}<50\mu\text{A}$，根据电路，则输出电压为

$$U_O=I_1R_1+(I_1+I_{ADJ})R_P\approx I_1(R_1+R_P)=\frac{U_{REF}}{R_1}(R_1+R_P)=(1+\frac{R_P}{R_1})U_{REF}=1.25\times(1+\frac{R_P}{R_1})$$

上式表明，输出电压 U_O 取决于 R_P 与 R_1 的比值，调节 R_P 可以改变输出电压的大小。

1.3 1.5～30V 可调直流稳压电源的制作

1.3.1 任务分析

1. 工作任务电路整体结构图

1.5～30V 可调直流稳压电源电路整体结构如图 1.29 所示。

2. 电路分析

（1）电源输入电路

如图 1.29 所示电路中，带插头电源线 CT、电源开关 S 以及熔断器 F_1 构成电源输入电路，完成将市电 u_i（220V/50Hz）引入变压器 T 的一次绕组。

（2）变压、整流电路

如图 1.29 所示电路中，变压器 T 构成变压电路，将市电 u_i（220V/50Hz）变换为一对大小相等的低压交流电压 u_2（26V）。二极管 VD_1、VD_2 与变压器 T 的二次绕组一起构成单相全波整流电路，将变压器 T 二次绕组产生的一对大小相等的交流电压 u_2（26V）变换成全波脉冲直流电压。

（3）滤波、稳压电路

如图 1.29 所示电路中，电容 C_3、C_4 构成电容滤波电路，将脉动直流电转换为波动较小的平滑直流电；电容 C_5、C_6 构成稳压电路，将平滑直流电转换为稳定的恒稳直流电，其中，集成电路 IC（LM317）起稳定输出电压的作用；电阻 R_2、电位器 R_p 起调整输出电压大小的作用；二极管 VD_5、VD_4 起保护集成电路 IC 的作用；电容 C_5、C_6 起进一步稳定输出电压的作用。

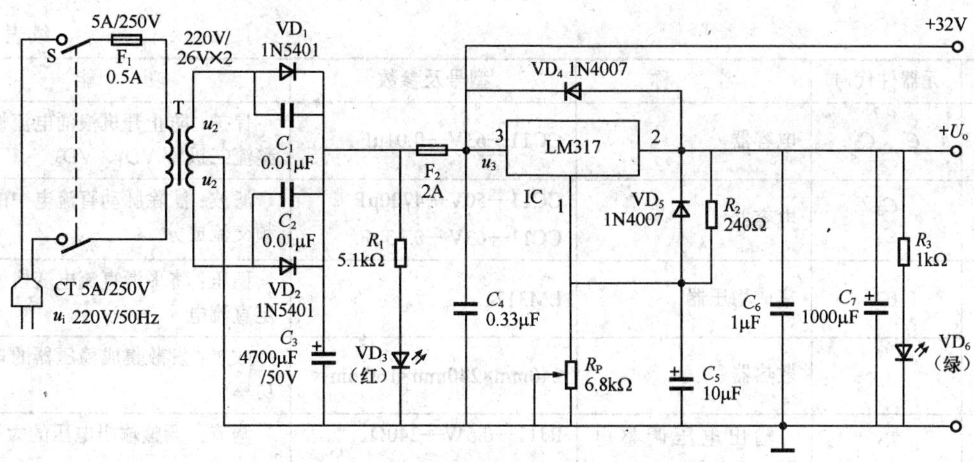

图 1.29　1.5～30V 可调直流稳压电源电路整体结构图

（4）电路状态指示电路

如图 1.29 所示电路中，电阻 R_1、发光二极管 VD_3 与电阻 R_3、发光二极管 VD_6 构成电路状态指示电路，其中，电阻 R_1、发光二极管 VD_3 指示电路整流、滤波后平滑直流电的状态情况；发光二极管 VD_6 指示平滑直流电稳压后输出恒稳直流电的状态情况。

（5）保护电路

如图 1.29 所示电路中，熔断器 F_1、F_2 分别构成电路交流过流与直流过流保护电路。

3. 电路主要技术参数与要求

（1）特性指标

输入电压：220V±10%/50Hz

输出电压：1.5～30V

输出电流：1.5A

（2）质量指标

纹波电压：不大于 5mV

稳压系数：不小于 1 000

输出电阻：不大于 0.5Ω

4. 电路元器件参数及功能

1.5～30V 可调直流稳压电源电路元器件参数及功能如表 1.3 所示。

表 1.3　　1.5～30V 可调直流稳压电源电路元器件参数及功能

序号	元器件代号	名　　称	型号及参数	功　　能
1	CT	电源输入线	5A/250V	220V 电源输入
2	S	电源开关	5A/250V	开关：控制输入电源通断
3	F_1、F_2	熔断器	0.5A、2A	起保护作用
4	T	变压器	DB—40—26 220V/26V×2	变压：将 220V/50Hz 交流电压变换为两路 26V/50Hz 交流电压
5	VD_1、VD_2	二极管	1N5401	整流：将 6V/50Hz 交流电变换为脉动直流电

续表

序号	元器件代号	名　　称	型号及参数	功　　能
6	C_1、C_2	电容器	CC11—63V—0.01μF	保护：防止开机浪涌电流烧坏整流二极管 VD_1、VD_2
7	C_3 C_4	电容器	CC11—50V—4700μF CC11—63V—0.33μF	滤波：滤除脉动直流电中的高频交流成分
8	IC	集成稳压器	LM317	稳压：将平滑直流电变换为稳定直流电
9		散热器	240mm×240mm×160mm	散热：发散集成稳压器的耗损功率
10	R_2 R_p	输出电压调整电阻、电位器	RJ11—0.5W—240Ω WS—1W—6.8kΩ	调节：调整输出电压的大小
11	C_5	电容器	CD11—50V—10μF	滤波：减小 IC 调整端电压的波动
12	C_6 C_7	电容器	CBB1—63V—1μF CD11—50V—1 000μF	滤波：减小输出电压的波动
13	VD_4、VD_5	二极管	1N4007	保护：分别防止由于输出端电压高于输入端电压和调整端电压高于输出电压而导致 IC 内部电路损坏的情况出现
14	R_1 VD_3 R_3 VD_6	显示电路中的电阻与发光二极管	RJ11—0.25W—5.1kΩ LED—ϕ3—红 RJ11—0.25W—5.1kΩ LED—ϕ3—绿	R_1、R_3 限流：限制流过 VD_3 和 VD_6 电流的大小； VD_3、VD_6 显示：将电流信号转变为光信号

1.3.2 电路装配准备

1. 制作工具与仪器设备

电路焊接工具：电烙铁（20～35V）、烙铁架、焊锡丝和松香。

机加工工具：剪刀、剥线钳、尖嘴钳、平口钳、螺丝刀、套筒扳手、镊子和电钻。

测试仪器仪表：万用表和示波器。

2. 元器件成形与加工

（1）电阻、二极管

可利用元器件自动成形机或尖嘴钳等工具手工成形的方法对经检验合格的电阻、二极管进行成形加工，成形的电阻、二极管形状如图 1.30 所示。

要求：元器件体端距对应转折线中心长度大于 1.5mm 且左右对称。同时根据元器件类型，调节元器件自动成形机，使两转折线中心距离符合安装要求。

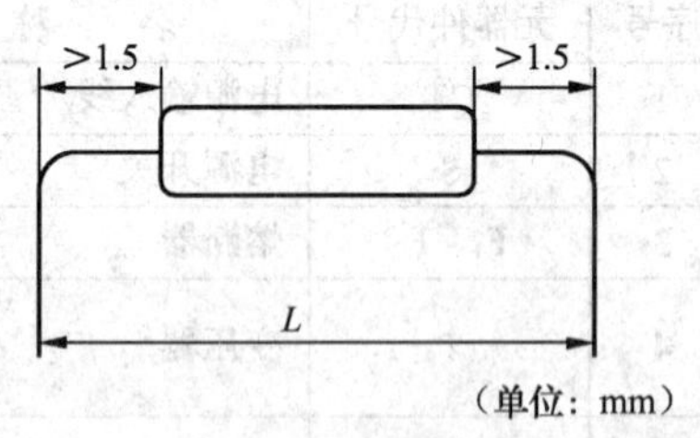

图 1.30　简单元件的加工图

（2）稳压器加装散热器

将稳压器用螺钉紧固在散热器上，如图 1.31 所示。

要求：稳压器与散热器之间的接触面要平整，以增大接触面积和减小散热热阻。而且稳压器与散热器之间的紧固件要拧紧，使元器件外壳紧贴散热器，以保证有良好的接触。稳压器与散热器之间加入适量传热硅胶效果更好。

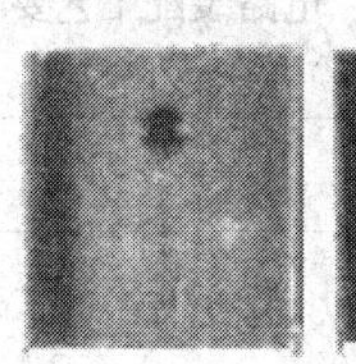

（a）散热器

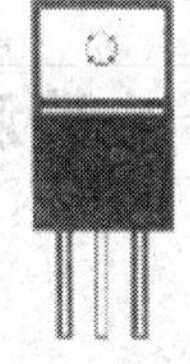

（b）塑封稳压器

（c）加装散热器的稳压器

图 1.31　稳压器加装散热器

3．导线加工与处理

按规定要求确定相应导线长度后，进行剥线、捻线和浸锡。捻线紧度：45°± 5°；浸锡量：均匀，距胶皮 2mm ± 1mm。

（1）电源输入线

剥外护套层长度：50mm ± 5mm；内导线剥线长度：5mm ± 1mm；捻线紧度：适中；浸锡量：均匀，距胶皮 2mm ± 1mm。

（2）变压器线端处理

① 一次侧输入线端。导线剩余长度：65mm ± 5mm；剥线长度：5mm ± 1mm；捻线紧度：稍紧；浸锡量：均匀，距胶皮 2mm ± 1mm。

② 二次侧输入线端。导线剩余长度：85mm ± 5mm；剥线长度：5mm ± 1mm；捻线紧度：稍紧；浸锡量：均匀，距胶皮 2mm ± 1mm；压焊金属插针，插入连接线插座内。

（3）电源输出线

导线剩余长度：导线剩余长度 105mm ± 5mm；剥线长度：5mm ± 1mm；捻线紧度：稍紧；浸锡量：均匀，距胶皮 2mm ± 1mm；压焊金属插针，插入连接线插座内。

1.3.3　电 路 装 配

1．电路板装配步骤

电路板装配应遵循“先低后高、先内后外”的原则，先安装电阻 R_1、R_2、R_3 与二极管 VD_4、VD_5，后安装二极管 VD_1、VD_2、熔断器座 F、无极性电容器 C_1、C_2、C_4、C_6、发光二极管 VD_3、VD_6，再安装插头 CT—IN、电解电容器 C_5、C_7、C_3、集成电路 IC 及散热器，最后装接电源输出线 CT—OUT。

2. 电路装配工艺要求

将电路所有元器件（零部件）正确装入印制电路板相应位置上，采用单面焊接方法，无错焊、漏焊和虚焊。元器件（零部件）距印制电路板高度 H：0～1mm，如图 1.32 所示。

元件面相应元器件（零部件）高度平整、一致。

图 1.32　电路装配工艺要求示意图

1.3.4　电路测试与调整

1. 电路测试与调整步骤

先测试变压器输出电压 U_2，再测试整流、滤波后电压 U_3，最后测试、稳压输出电压 U_O。

2. 电路测试与调整方法

（1）仔细检查、核对电路与元器件，确认无误后加入规定的交流电压 u_i：220V±10%/50Hz。

（2）拔出变压器二次侧输出线与电路板连接插头，用万用表交流电挡测量变压器二次侧输出电压 U_2 并将数值填入测试数据记录表 1.4。

（3）如变压器二次侧输出电压 U_2 正常，则在先拔出直流熔断器 F_2 切断后续稳压调整电路的情况下，再连接好变压器二次侧输出线与电路板插头，此时，发光二极管 VD_3 应正常发光。用万用表直流电压挡测量整流、滤波后电压 U_3 并将数值填入测试数据记录表 1.4。

在空载的情况下，U_3 与 U_2 的正常数值关系为：$U_3 \approx 1.4U_2$

（4）如整流、滤波后电压 U_3 正常，则可连接好直流熔断器 F_2，若调整电位器 R_p，发光二极管 VD_6 应发光且发光亮度随电位器调整变化。用万用表直流电压挡测量稳压后输出电压 U_O 并将数值变化范围填入测试数据记录表 1.4。

正常时，U_O 的调整范围为：1.5～30V。

（5）用示波器观测 U_2、U_3 和 U_O 的波形，并将观测的波形填入表 1.4。

（6）总结直流稳压电源的作用。

1.3.5　故障分析与排除

1. 实验电路关键点正常电压数据

（1）变压器二次交流电压：$U_{21} \approx 26V$、$U_{22} \approx 26V$（或变压器二次标称电压 U_2）。

（2）整流滤波后直流电压：$U_3 \approx 32V$（或按公式 U_3=（1.2～1.4）U_2 计算）。

（3）稳压后输出直流电压：U_O=1.5～30V。

表 1.4　电路测试数据记录表

变压器二次电压 U_2（万用表交流电压挡）		整流、滤波后电压 U_3（万用表直流电压挡）		稳压后输出电压 U_O		总结
大小	波形	大小	波形	大小	波形	

2. 故障检修技巧

（1）U_2数据不正常的故障分析与排除

U_2测量数据不正常除了与电源输入电路、变压器有关，还与测量用万用表的测量挡位和后续电路有关，测量 U_2的万用表使用挡位为交流电压测量挡。

在确认测量挡位正确的前提下，若测得 U_2仍不正常（为 0 或过大、过小、两组电压不对称），则按如下检修步骤：首先拔出电源输入插头，若 U_2恢复正常，则应检查后续的整流、滤波和稳压电路；若拔出电源输入插头后 U_2仍不正常，则进一步检测插头两端的电阻，正常情况下电源开关打开电阻为几百欧，闭合时为无穷大。电阻情况正常则问题多出在输入电压及变压器上，电阻不正常则检查电源线 CT，电源开关 S，熔断器 F_1与熔断器座。

（2）U_3数据不正常的故障分析与排除

在 U_2测量数据正常的前提下，U_3测量数据不正常除了与整流、滤波电路有关，还与后续稳压电路有关，检测步骤为：首先断开熔断器 F_2，U_3恢复正常则检查稳压电路及负载电路；若仍不正常则检查输入电源线，整流二极管 VD_1、VD_2、保护电容 C_1、C_2和滤波电容 C_3。

（3）U_O数据不正常的故障分析与排除

在 U_2、U_3测量数据正常的前提下，U_O测量数据不正常除了与稳压电路有关，还与后续负载电路有关，检测步骤为：首先断开负载，若 U_O恢复正常，则检查负载电路；若仍不正常，则检查二极管 VD_4、VD_5、稳压器、电阻 R_2、电位器 R_P、电容 C_4、C_5、C_6、C_7。

（4）电路状态指示电路不正常的故障分析与排除

电路状态指示电路不正常与指示电路本身以及相应电路电压（U_3、U_O）有关。在电路电压（U_3、U_O）正常的前提下，电路状态指示电路不正常主要检查限流电阻（R_1、R_3）阻值的大小及发光二极管（VD_3、VD_6）的装配极性和装配质量。

本章小结

纯度极高的半导体晶体称为本征半导体，其导电性能很差，通过掺入杂质可大大提高其导电性能。掺入不同杂质可形成 N 型半导体和 P 型半导体，两种杂质半导体制作在同一晶片上，在交界处形成 PN 结。一个 PN 结经封装并引入电极后就构成二极管，二极管具有单向导电性，即正向导通和反向截止。

直流稳压电源一般由变压、整流、滤波和稳压四部分组成。变压电路将电网交流电转换为适当大小的交流电，整流电路将交流电转变为脉动的直流电，滤波电路将脉动的直流电转变为平滑的直流电，稳压电路将平滑的直流电转变为稳定的直流电。

整流电路有半波整流和全波整流两种，最常用的是单向桥式整流电路。分析整流电路时，应分别判断在变压器二次电压正、负半周两种情况下二极管的工作状态（导通或截止），从而得到负载两端电压、二极管端电压及其电流波形，并由此得到输出电压和电流的平均值，以及二极管的最大整流电流和所承受的最大反向工作电压。

滤波电路通常有电容滤波、电感滤波和复式滤波，本章重点介绍了电容滤波电路。

稳压电路主要包括集成稳压器电路和分立元件稳压电路，集成稳压器仅有输入端、输出端和公共端（或调整端）3 个引出端，因此又被称为三端稳压器，其使用方便且稳压性能好。集成稳压器又可分为固定输出和可调输出两类，本章介绍了 78（79）系列固定输出稳压器及 317（337）系列的可调输出稳压器，并加入了利用 LM317 制作 1.5～30V 可调直流稳压电源的实践内容，以便进行实验实训教学。

习题

1. 在本征半导体中加入_______价元素可形成 N 型半导体，加入_______价元素可形成 P 型半导体。

2. 二极管最主要的特性是_______。

3. 用一只万用表不同的欧姆挡测得某个二极管的电阻分别为 250Ω 和 1.8kΩ。

（1）产生这种现象的原因是____。

（2）两个电阻值对应的二极管偏置条件是：250Ω 为_______偏，1.8kΩ 为_______偏。

4. 小功率直流稳压电源由_______、_______、_______、_______四部分组成。

5. 如图 1.33 所示电路中，二极管的导通电压为 0.7V，试求出输出电压值。

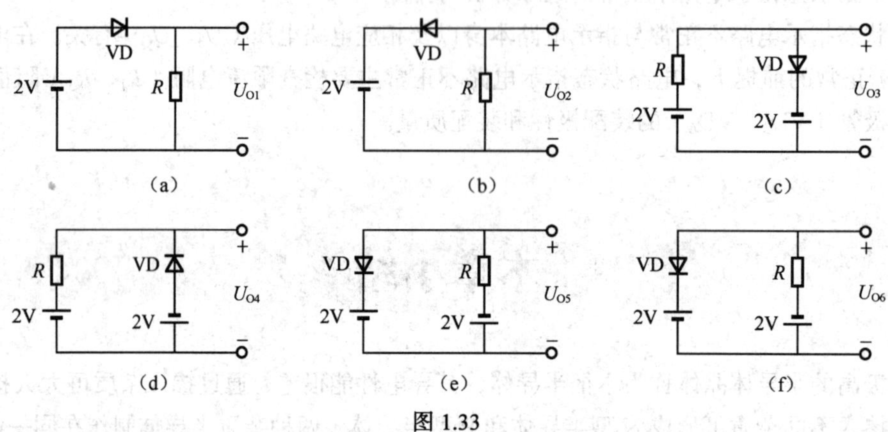

图 1.33

6. 二极管电路如图 1.34 所示，试判断图中二极管是导通还是截止？并求出 AO 两端的电压 U_{AO}。设二极管是理想二极管。

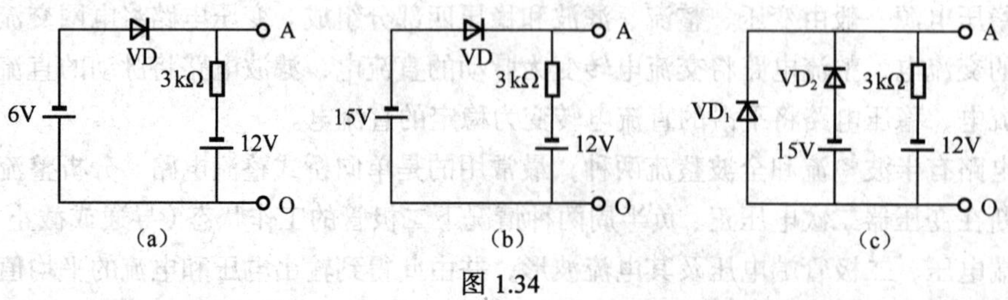

图 1.34

7. 如图 1.35 所示电路中，u_i=10sin ωt（V），二极管为理想的，试画出电路的输入及输出波形。

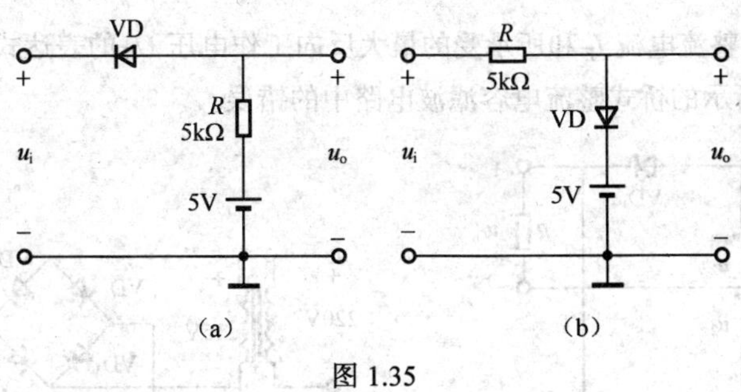

图 1.35

8. 电路如图 1.36（a）所示，其输入电压 u_{I1} 和 u_{I2} 的波形如图 1.36（b）所示，二极管的导通电压为 0.7 V。试画出输出电压 u_O 的波形，并标出幅值。

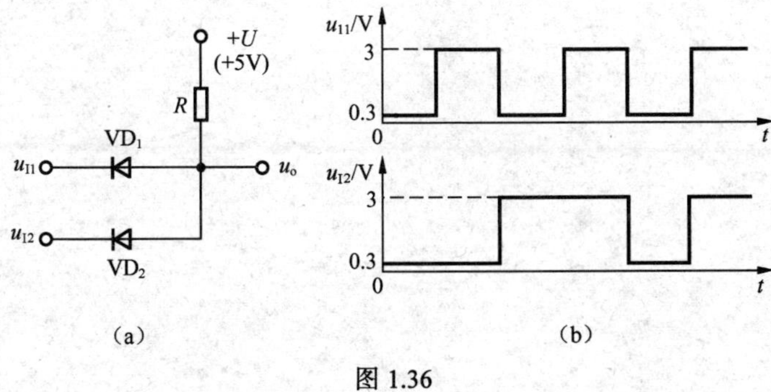

图 1.36

9. 电路如图 1.37 所示，已知变压器二次输出有效值足够大，合理连线，构成 5V 直流电源。

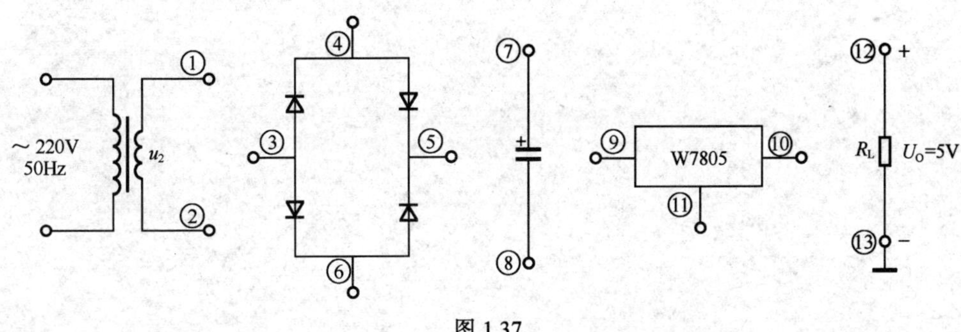

图 1.37

10. 如图 1.38 所示电路中，已知输出电压平均值 $U_{O(AV)}=15V$，负载电流平均值 $I_{L(AV)}=100mA$。

（1）变压器二次输出电压有效值为多少？

（2）设电网电压 u_1 波动范围为±10%。在选择二极管的参数时，其最大整流平均电流 I_F 和最大反向工作电压 U_R 的下限值约为多少？

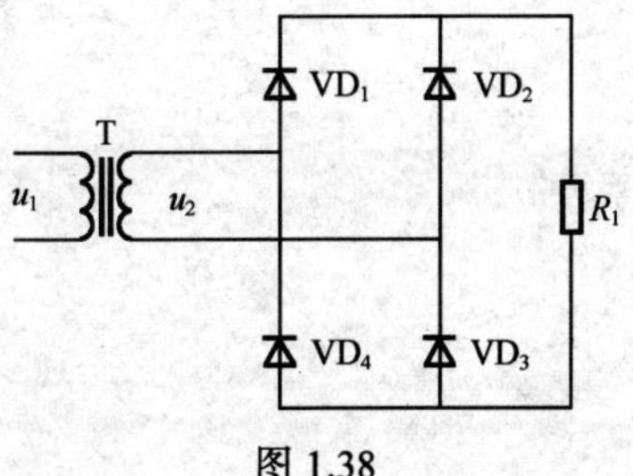

图 1.38

11. 电路如图 1.39 所示，变压器二次输出电压有效值为 $2U_2$。

（1）画出 u_2 和 u_O 的波形。

（2）求出输出电压平均值 $U_{O(AV)}$和输出电流平均值 $I_{L(AV)}$的

表达式。

（3）二极管的最大整流电流 I_F 和所承受的最大反向工作电压 U_R 的表达式。

12. 指出图 1.40 所示的桥式整流电容滤波电路中的错误。

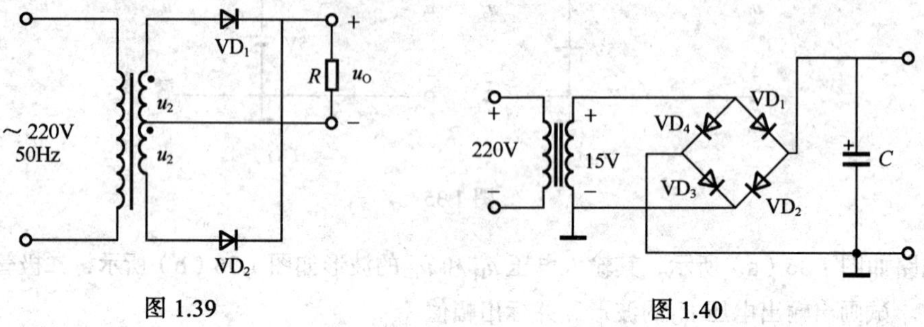

图 1.39　　图 1.40

第2章 放大电路

在实际电路中，经常需要将微弱的电信号（电压、电流或电功率）进行放大，以便有效地进行观察、测量、控制或调节。能够将微弱信号放大的中间变换电路称为放大电路，放大电路中最常用的核心元件为晶体三极管，简称三极管或晶体管。为了适应各种不同的需求，放大电路的组态也会有所不同。本章首先介绍了三极管的结构及工作条件，然后介绍共射极、共集电极放大电路的组成和各个元件的作用，再介绍其动、静态的分析方法及静态工作点的稳定方法，最后介绍多级放大器的分析方法。

2.1 共射放大电路

2.1.1 半导体三极管

半导体三极管又叫晶体三极管，简称三极管或晶体管，是放大电路的基本元件之一，常用的一些三极管外形如图 2.1 所示。

1. 三极管的结构与分类

（1）三极管的结构

三极管的结构示意图如图 2.2 所示。

三极管的内部结构为两个 PN 结，是由三层半导体区形成的。根据三层半导体区排列方式的不同，可分为 NPN 和 PNP 两种类型，如图 2.2（a）和图 2.2（b）所示。在三层半导体区中，位于中间的一层半导体区叫基区，其中一侧的半导体区专门用来发射电子载流子的叫发射区；另一侧专门用来收集载流子的叫集电区。发射区与基区之间的 PN 结叫发射结，集电区与基区之间的 PN 结叫集电结。

图 2.1　晶体管外形

从三极管的内部的 3 个区引出 3 个电极：由基区引出的电极叫基极，用字母“B”表示；

由发射区引出的电极叫发射极，用字母“E”表示；由集电区引出的电极叫集电极，用字母“C”表示。

三极管的结构示意图是为了说明其内部的结构，在实际电路中通常用符号来表示，如图 2.3 所示。其中，两种类型三极管符号之间的区别仅在于基极与发射极之间箭头的方向，其中，箭头的方向表示发射结正向偏置时的电流方向，因此，从它的方向能判断三极管是 NPN 型还是 PNP 型的。

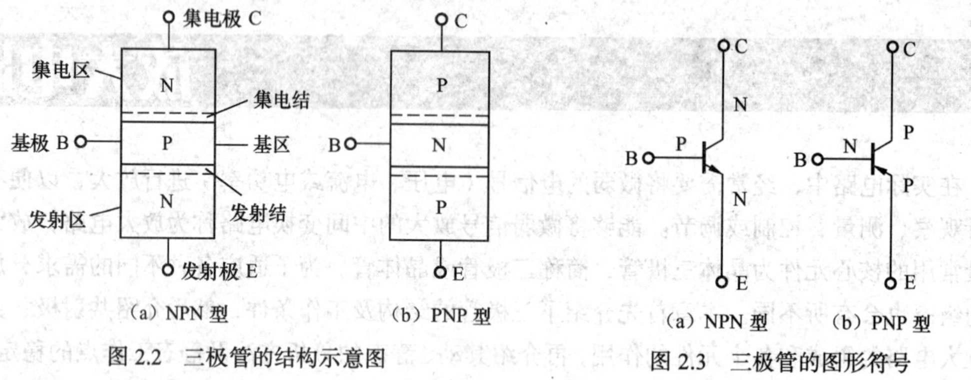

（a）NPN 型　（b）PNP 型

图 2.2　三极管的结构示意图

（a）NPN 型　（b）PNP 型

图 2.3　三极管的图形符号

为了保证三极管具有电流放大作用，三极管内部制造的结构特点如下。

① 发射区掺杂浓度高。

② 基区做得很薄，且掺杂浓度低。

③ 集电区掺杂浓度低，且集电结面积大于发射结面积。

（2）三极管的分类

三极管的种类很多，常见的有以下 5 种分类形式。

① 按结构类型分为 NPN 管和 PNP 管。

② 按制作材料分为硅管和锗管。

③ 按工作频率分为高频管和低频管。

④ 按功率大小分为大功率管、中功率管和小功率管。

⑤ 按工作状态分为放大管和开关管。

2. 三极管的电流分配与放大作用

（1）三极管放大作用的外部条件

三极管实现放大作用的外部条件是发射结正向偏置，集电结反向偏置，如图 2.4 所示。其中，图 2.4（a）为 NPN 管的偏置电路，U_{BB} 通过 R_b 给发射结提供正向偏置电压（$U_B>U_E$），U_{CC} 通过 R_C 给集电结提供反向电压（$U_C > U_B$），即 $U_C>U_B>U_E$，从而实现发射结正向偏置，集电结反向偏置。图 2.4（b）为 PNP 管的偏置电路，和 NPN 管的偏置电路相比，电源极性正好相反。同理，为保证三极管实现放大作用，则必须满足 $U_C< U_B< U_E$。

（2）三极管的电流分配关系

当三极管处于放大状态的外部条件满足时，三极管相当于电路中的一个结点，流入三极管的电流总是等于流出三极管的电流，即三极管的发射极电流总是等于集电极电流与基极电流之和

$$I_E = I_B + I_C \tag{2.1}$$

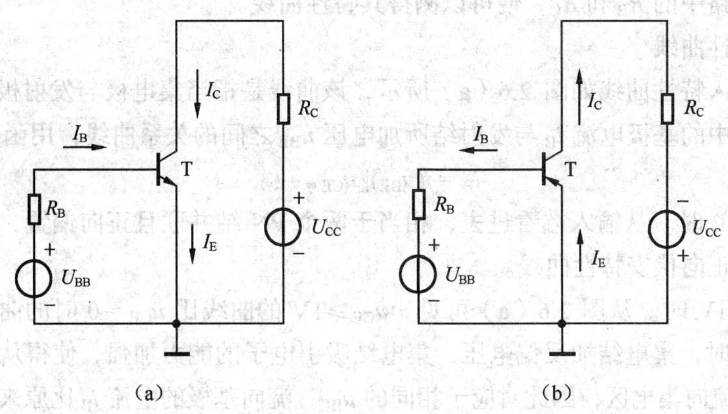

图 2.4　三极管具有放大作用的外部条件

事实证明，三个电流之间存在着一种基本稳定不变的比例关系，并且 $I_C >> I_B$，有

$$I_C = \beta I_B \tag{2.2}$$

式中，β 称为三极管的放大倍数，约几十到几百。

注意：三极管三个电流的关系不仅在直流状态（静态）下成立，同样满足于交流状态（动态）。其中，式（2.2）说明基极电流对集电极电流具有小量控制大量的作用，这就是晶体管的电流放大作用。

① 晶体管在发射结正偏、集电结反偏的条件下具有电流放大作用。

② 晶体管的电流放大作用，其实质是 I_B 对 I_C 的控制作用。

注意：从晶体管的外部条件可以看出，晶体三极管 NPN 型与 PNP 型除外部各极所加的电压与流过的电流方向相反之外，其余特性完全相同，为了方便大家理解，在后续的例子中都以晶体三极管的 NPN 型进行讲解说明。

3. 特性曲线

晶体管的伏安特性曲线分为输入特性曲线和输出特性曲线两种，用来表示各电极的电压和电流之间的关系，实际上是其内部特性的外部表现，它反映出晶体管的性能，是分析放大电路的重要依据。这些特性曲线可用晶体管特性图示仪直观地显示出来，也可以用测试电路逐点描绘，其测试电路如图 2.5 所示。

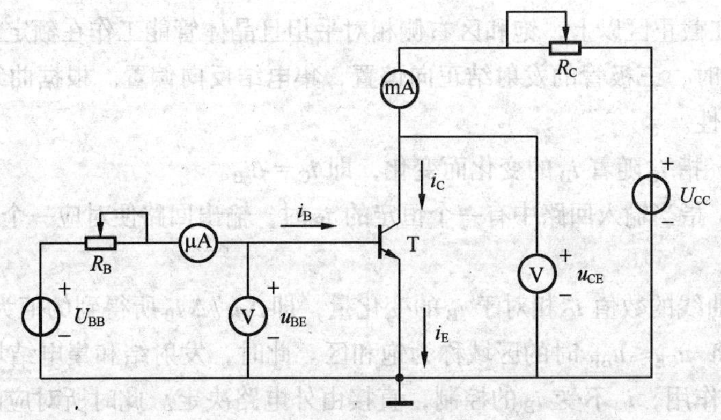

图 2.5　三极管特性曲线测试电路

通过调节电路中的 R_B 和 R_C，便可以测得其特性曲线。

（1）输入特性曲线

三极管的输入特性曲线如图 2.6（a）所示，该曲线是指当集电极与发射极之间电压 u_{CE} 一定时，输入回路中的基极电流 i_B 与发射结所加电压 u_{BE} 之间的关系曲线，用函数式可表示为

$$i_B = f(u_{BE})|\ u_{CE=常数}$$

① 当 $u_{CE}=0$ 时。从输入端看进去，相当于两个 PN 结并联且正向偏置，此时的特性曲线类似于二极管的正向伏安特性曲线。

② 当 $u_{CE}\geqslant 1V$ 时。从图 2.6（a）可见，$u_{CE}\geqslant 1V$ 的曲线比 $u_{CE}=0$ 时的曲线稍向右移，这是由于 $u_{CE}\geqslant 1V$ 时，集电结加反偏电压，集电结吸引电子的能力加强，使得从发射区进入基区的电子更加多地流向集电区，因此对应于相同的 u_{BE}，流向基极的电流 i_B 比原来 $u_{CE}=0$ 减小了，特性曲线也就相应地向左移动了。

（2）输出特性曲线

输出特性曲线如图 2.6（b）所示，该曲线是指当 i_B 一定时，输出回路中的 i_C 与 u_{CE} 之间的关系曲线，用函数式可表示为

$$i_C = f(u_{CE})|\ i_{B=常数}$$

在图 2.6 中，给定不同的 i_B 值，可对应地测得不同的曲线，这样不断地改变 i_B，便可得到一组输出特性曲线，即如图 2.6（b）中的一组曲线。根据输出特性曲线的形状，可将其划分成三个区域：放大区、饱和区和截止区。

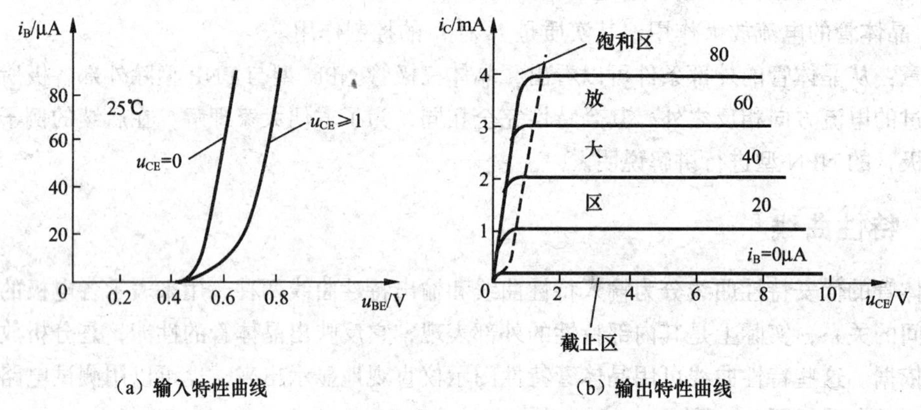

（a）输入特性曲线　　（b）输出特性曲线

图 2.6　三极管特性曲线

① 放大区。在截止区以上，饱和区右侧相对平坦且晶体管能工作在额定功率范围之内的区域称为放大区。此时，三极管的发射结正向偏置，集电结反向偏置。根据曲线特征，可总结放大区有如下重要特性。

- 受控特性：指 i_C 随着 i_B 的变化而变化，即 $i_C=\beta i_B$。
- 恒流特性：指当输入回路中有一个恒定的 i_B 时，输出回路便对应一个不受 u_{CE} 影响的恒定的 i_C。
- 任意两条曲线的数值 i_C 相对于 i_B 的变化量，即 $\Delta i_C/\Delta i_B$ 所得到的值为放大系数 β。

② 饱和区。将 $u_{CE}\leqslant u_{BE}$ 时的区域称为饱和区。此时，发射结和集电结均处于正向偏置，三极管失去了放大作用，i_C 不受 i_B 的控制，直接由外电路决定。此时所对应的 u_{CE} 值称为饱和压降，用 U_{CES} 表示。一般情况下，小功率管的 U_{CES} 小于 0.4V（硅管约为 0.3V，锗管约为 0.1V），

大功率管的 U_{CES} 约为 1～3V。在理想条件下，$U_{CES}≈0$，三极管 C、E 之间相当于短路状态，类似于开关闭合。

③ 截止区。一般将 $i_B=0$ 以下的区域称为截止区。$i_B=0$，$i_B=I_{CEO}$，此时，发射结零偏或反向偏置，集电结反偏，即 $u_{BE}≤0$，$u_{CB}>0$。这时，$u_{CE}=U_{CC}$，三极管的 C、E 之间相当于开路状态，类似于开关断开。

以上三种不同的工作区域又称为三种不同的工作状态，即放大状态、饱和状态和截止状态。

由以上分析可知，三极管在电路中既可以作为放大元件（用于模拟信号处理），又可以作为开关元件（用于数字信号处理）使用。

4. 三极管的主要参数

三极管的参数是用来表征三极管性能优劣和适应范围的，它是选用三极管的依据。了解这些参数的意义，对于合理使用和充分利用三极管以达到设计电路的经济性和可靠性是十分必要的。常用以下几个主要参数。

（1）电流放大系数β

三极管接成共射电路时，其电流放大系数用β表示。在选择三极管时，β值的合理选择对放大电路的可靠工作是十分重要的。因此，选择的β必须适中，低频管的β值一般选 20～100，而高频管的β值只要大于 10 即可。其中求取β值的常用方法有以下 3 种。

① 可以直接从输出特性曲线上求取放大系数β。

② 利用万用表相应挡位对三极管放大系数β进行直接读取。

③ 在条件允许的前提下，可以用晶体管特性图示仪进行精确测试。

同时，三极管是一种受温度影响的元件，温度升高，β值也随之增加，对电路的正常工作有一定的影响。因此，对工作性能要求相对高的场合，应采取限制因温度变化而影响三极管性能变化的措施。

（2）反向饱和电流 I_{CBO}

I_{CBO} 是指发射极开路，集电结加反偏电压作用下形成的反向饱和电流。I_{CBO} 的大小反映了三极管的热稳定性，受温度变化的影响很大，其中 I_{CBO} 越小，说明其稳定性越好。因此，合理地选择三极管就显得十分必要。常温下，小功率硅管的 I_{CBO} 远小于锗管。因此，在温度变化范围大的工作环境中应尽可能地选择硅管。

（3）穿透电流 I_{CEO}

I_{CEO} 是指基极开路，集电极-发射极间加上一定数值的反向电压时，流过集电极和发射极之间的电流。它与 I_{CBO} 的关系为

$$I_{CEO}=(1+\beta)I_{CBO}$$

由上式可知，同样 I_{CEO} 受温度影响也很大，温度升高，I_{CBO} 增大，I_{CEO} 增大。穿透电流 I_{CEO} 的大小是衡量三极管质量的重要参数，同样，硅管的 I_{CEO} 比锗管的小。

（4）集电极最大允许电流 I_{CM}

当集电极电流太大时，三极管的电流放大系数β值下降。我们把 i_C 增大到使β值下降到正常值的 2/3 时所对应的集电极电流，称为集电极最大允许电流 I_{CM}。为了保证三极管的正常工作，在实际使用中流过集电极的电流 i_C 必须满足 $i_C<I_{CM}$。

（5）集电极-发射极间的击穿电压 $U_{(BR)CEO}$

$U_{(BR)CEO}$ 是指当基极开路时，集电极与发射极之间的反向击穿电压。当温度上升时，击穿电压 $U_{(BR)CEO}$ 下降，故在实际使用中必须满足 $u_{CE} < U_{(BR)CEO}$。

（6）集电极最大耗散功率

P_{CM} 是指三极管正常工作时最大允许消耗的功率。三极管消耗的功率 $P_C = U_{CE}I_C$ 转化为热能损耗于三极管内，并主要表现为温度升高。所以，当三极管消耗的功率超过 P_{CM} 值时，其发热量将使三极管性能变差，甚至烧坏三极管。因此，在使用三极管时，P_C 必须小于 P_{CM} 才能保证三极管正常工作，如图 2.7 所示。

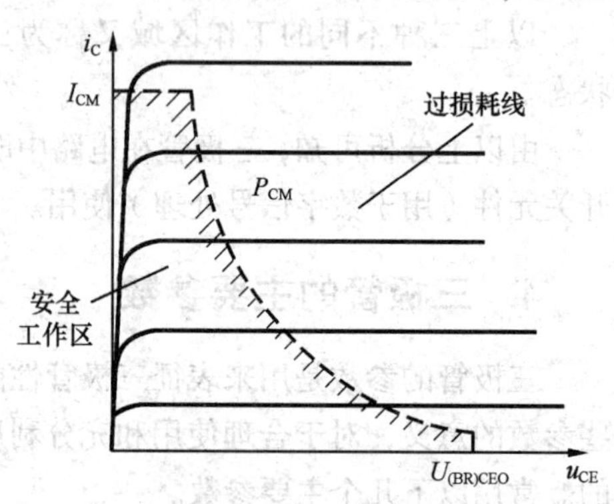

图 2.7　三极管极限损耗线

5. 三极管的判别方法

在三极管元件的装配过程中，必须了解三极管的管脚所对应的三个电极，这是保证正确安装的前提。通常三极管管脚绝大部分是按一定规律排列的，通过三极管的外形特征，可以判断三极管的管脚，如图 2.8 所示。但也有少部分三极管的管脚是不按规律排列，此时，我们可以借助万用表进行简易的测试判断，万用表通常分为数字式和指针式两种，在判断三极管的好坏或测量三极管的管脚功能时，要用到万用表的二极管挡或电阻挡。此时，对于指针式万用表的黑表笔对应正极，而红表笔对应负极；数字式万用表则正好相反，红表笔对应正极，黑表笔对应负极。下面都以指针式万用表进行测试，数字万用表的结果正好与之相反。

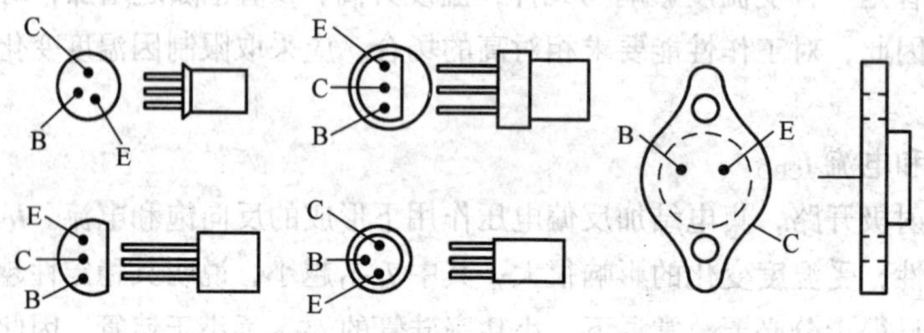

图 2.8　三极管管脚排列图

三极管实际是由两个 PN 结组成的，它的测量等效电路如图 2.9 所示。

（1）检测基极

如图 2.10 所示，将万用表置于电阻挡（小功率管使用 $R\times100\Omega$挡或 $R\times1k\Omega$挡，大功率管使用 $R\times10\Omega$挡或 $R\times1\Omega$挡），并调零，用黑（红）表笔固定接在三极管的其中一个电极上，用红（黑）表笔分别接另外两个电极，如果万用表的两次读数不一致，就另选一个固定电极，直至万用表的两次读数基本相同，并且读数很小，则固定连接的电极为基极。此时，若黑表笔接基极，则该三极管为 NPN 型；若红表笔接基极，则该三极管为 PNP 型。

（2）集电极和发射极的判断

三极管处于放大状态时，发射结正偏、集电结反偏，此时，三极管的集电极电流较大，集电极和发射极之间的等效电阻较小。相反，当发射结正偏、集电结反偏时，由于三极管的内部结构无法满足放大的条件，因此，集电极和发射极之间的等效电阻较大。判断集电极和发射极的方法是：在前面已对三极管的基极与类型做出判断的前提下，将黑表笔和红表笔分别接触另外两个电极，并用手指捏住基极和黑表笔所接触的电极（两电极不能短路），如图 2.11 所示，测得一电阻值；将两表笔交换位置，同时手指做相应调整，仍捏住基极和黑表笔所接触的电极，再测得一电阻值。综合分析可知，在两次测得的电阻值中，以电阻略小的那一次为准，如果被测的是 NPN 型三极管，则黑表笔所连接的假设电极为集电极；如果被测的是 PNP 型三极管，重复以上步骤，则红表笔所连接的假设电极为集电极。

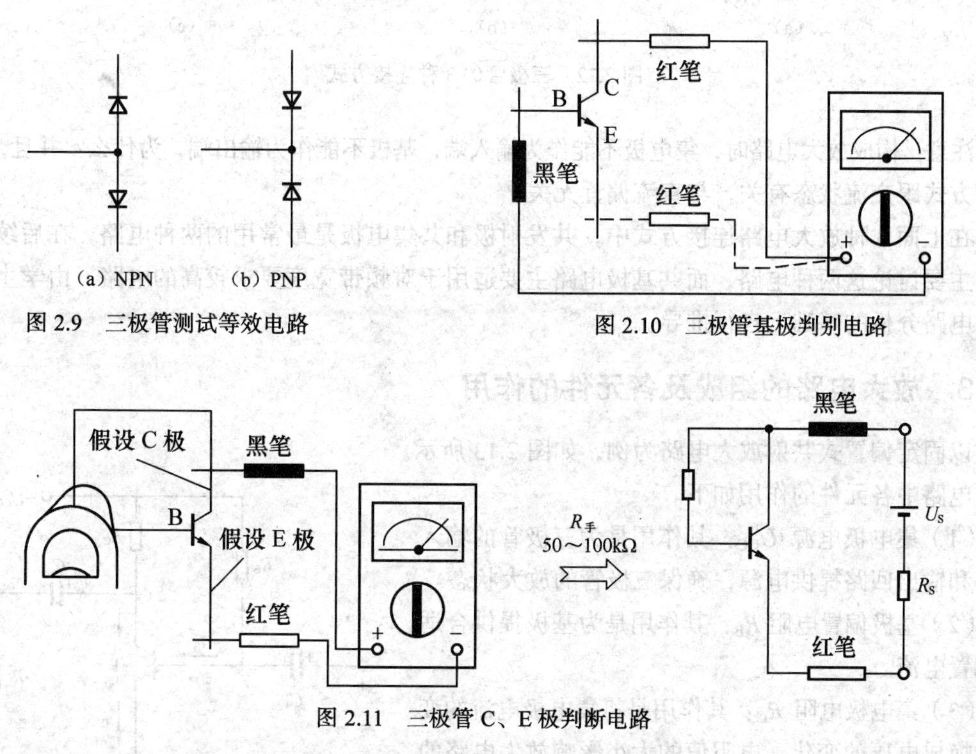

图 2.9　三极管测试等效电路

图 2.10　三极管基极判别电路

图 2.11　三极管 C、E 极判断电路

2.1.2 放 大 电 路

1. 放大电路的基本概念

所谓放大，从表面上看是将信号由小变大，实质上放大的过程是实现能量转换的过程。由于在电子线路中输入信号往往很小，它所提供的能量不能直接推动负载工作，因此需要另外提供一个能源，由能量较小的输入信号对其实现控制，使之放大从而推动负载工作，能够实现这一功能的电路称为放大电路，在这中间起到放大作用的核心元件就是三极管。

2. 放大电路的连接方式

信号的传输，通常以二端口网络进行。三极管有 3 个电极，在对小信号实现放大作用时在电路中必定有一个电极作为输入回路、输出回路的公共端，分别为发射极、集电极和基极。综上所述，不难得出连接方式（或称组态）共有 3 种，即共发射极、共集电极和共基极连接方式，如图 2.12 所示。

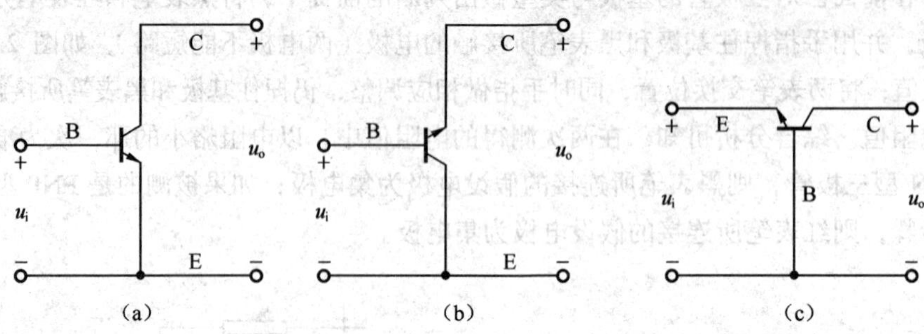

图 2.12　三极管的 3 种连接方式

注意：构成放大电路时，集电极不能作为输入端，基极不能作为输出端，为什么？并且，3 种连接方式跟交流状态有关，与直流偏置无关。

在上面 3 种放大电路连接方式中，共发射极和共集电极是最常用的两种电路，在后续的章节中主要讨论这两种电路，而共基极电路主要适用于对频带宽度要求较高的电路，由学生在前两种电路分析的基础上自行推导。

3. 放大电路的组成及各元件的作用

以固定偏置式共射放大电路为例，如图 2.13 所示。

电路中各元件的作用如下。

（1）集电极电源 U_{CC}：其作用是为三极管的输入回路和输出回路提供电源，确保三极管的放大状态。

（2）基极偏置电阻 R_B：其作用是为基极提供合适的偏置电流。

（3）集电极电阻 R_C：其作用是将集电极电流的变化转换成电压的变化，电阻值的大小影响放大电路的电压放大倍数。

（4）耦合电容 C_1、C_2：其作用是隔直流通交流。

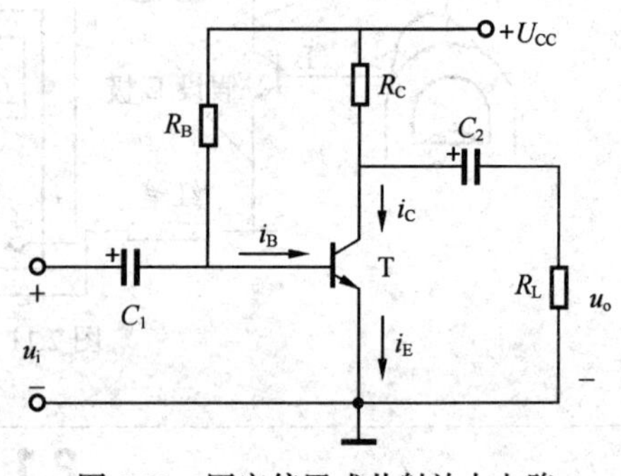

图 2.13　固定偏置式共射放大电路

4. 放大电路的交、直流通路

放大电路的分析包括静态分析（Quiescent analysis）和动态分析（Dynamic analysis）。两者比较如表 2.1 所示。

表 2.1　放大电路分析

分　类	分 析 对 象	功　用	分 析 环 境
静态分析	直流分量	确定静态工作点	画直流通路图
动态分析	交流分量	用来分析放大电路的动态性能指标	画交流通路图

下面如图 2.14 和图 2.15 所示的共射放大电路为例加以说明。图中，u_i 为信号源（Message source），R_L 为放大电路的负载电阻（Load resistance），具体转换如表 2.2 所示。

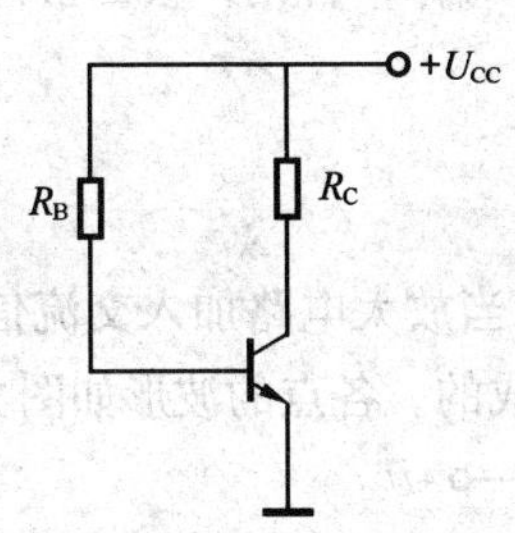

图 2.14　基本共射直流通路

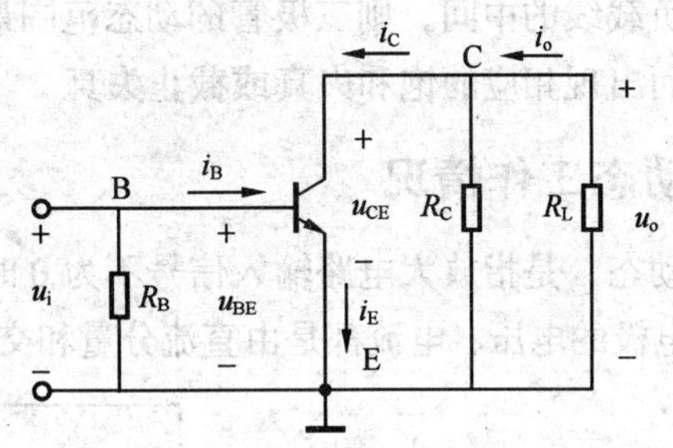

图 2.15　基本共射交流通路

表 2.2　　直流、交流通路及其画法

通路	定　义	画　法	注意事项及通路特点	画法示例
直流通路	电路在 $u_i = 0$ 时，形成的电流通路	C 开路，L 短接，其他元器件不变	通路中不存在 C、L，但必有直流电源	将图 2.12 逐步画成图 2.14
交流通路	电路在交流信号作用时，形成的电流通路	容量较大的 C、L 开路，直流电源短接，其他不变	前提：信号频率足够大，信号源不能短接	将图 2.12 逐步画成图 2.15

2.1.3 三极管放大电路分析

1. 放大电路的静态工作情况

所谓静态，是指输入信号为 0 时放大电路的工作状态。静态分析的目的是通过直流通路分析放大电路中三极管的工作状态。为了使放大电路能够正常工作，首先三极管必须处于放大状态，其次三极管必须建立合适的动态范围（为交流信号提供上下幅度相同的变化范围）。因此，要求三极管各极的直流电压、直流电流必须具有合适的静态工作参数，即 U_{BE}、I_B、I_C 和 U_{CE}。电路如图 2.16（a）所示，当电路中的 U_{CC}、R_B 和 R_C 确定以后，U_{BE}、I_B、I_C 和 U_{CE} 也随之确定，对应于这四个数值，可在三极管的输入特性曲线和输出特性曲线上各确定一个固定不动的点"Q"，如图 2.16 所示，我们把这个"Q"点就称为放大电路的静态工作点，对应于该点的静态参数分别记作 U_{BEQ}、I_{BQ}、I_{CQ} 和 U_{CEQ}。通过静态工作点，绘制一条以 $-1/R_C$ 为斜率的直线（直流负载线）就可以看出动态范围，从而来判断三极管放大电路的工作情况是否合理，如果静态工作

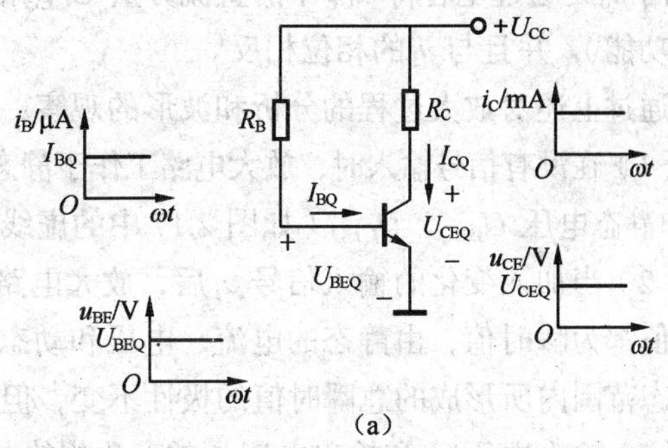

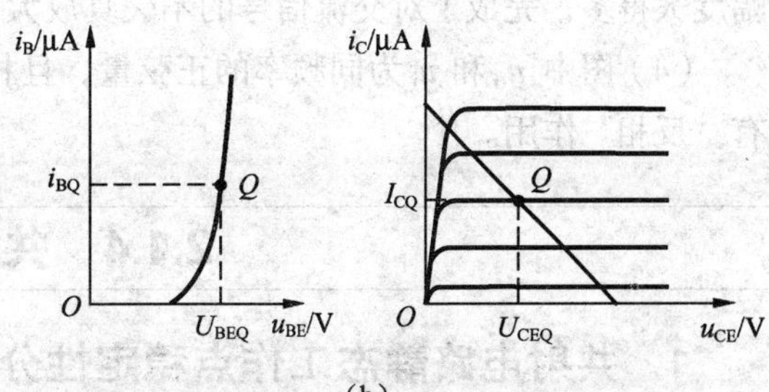

图 2.16　基本放大电路的静态情况

点在直流负载线的中间，则三极管的动态范围最大，并且上下对称，否则，会因静态工作点偏高或偏低而出现相应的饱和失真或截止失真。

2. 动态工作情况

所谓动态，是指放大电路输入信号不为 0 时的工作状态。当放大电路加入交流信号 u_i 时，电路中各电极的电压、电流都是由直流分量和交流分量叠加而成的。各点的波形如图 2.17 所示。

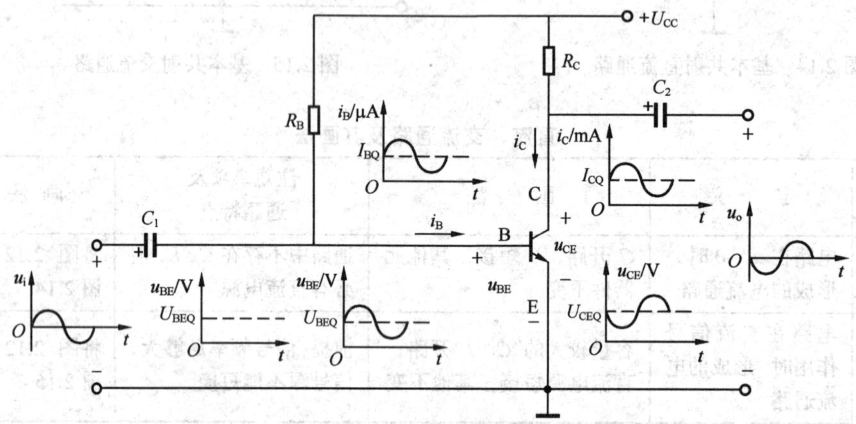

图 2.17　放大电路的动态工作情况

在图 2.17 中可以看出，输入信号 u_i 通过耦合电容加到三极管的发射结，与静态时发射结工作电压 U_{BEQ} 进行叠加，从而得到动态情况下的发射结电压为

$$u_{BE} = U_{BEQ} + u_i \tag{2.3}$$

其中，U_{BEQ} 为常量，u_i 为变量，两者通过在发射结上叠加后所得到的信号，峰值的轮廓与 u_i 相同，但向上平移了 U_{BEQ}。由此，我们可以得出：i_B、i_C 和 u_{CE} 的分析与 u_{BE} 类似，由学生自己推导。而 u_o 是通过电容将 u_{CE} 中的直流分量 U_{CEQ} 隔离后得到的交流分量（这就是电容的隔直流通交流功能），并且与 u_i 的相位相反。

通过上述对放大过程的分析和波形的观察，可以得到如下几个重要结论。

（1）在没有信号输入时，放大电路工作于静态情况，三极管各电极有着恒定的静态电流 I_{BQ}、I_{CQ} 和静态电压 U_{BEQ}、U_{CEQ}（如图 2.17 中的虚线所示）。

（2）当加入变化的输入信号 u_i 后，放大电路工作于动态情况，此时，三极管各极的电流、电压值都为瞬时值，由静态的电流、电压和动态的电流、电压两部分叠加形成。其中，在三极管动态范围内所形成的总瞬时值的极性不变，但相位（变化趋势）随 u_i 变化。

（3）输出电压 u_o 和输出电流 i_o 的变化规律与输入电压 u_i 和输入电流 i_B 一致，且 u_o 比 u_i 的幅度大得多，完成了对交流信号的不失真放大。

（4）图中 u_o 和 u_i 为同频率的正弦量，且相位差 180°，即共射极放大电路对于输入信号具有“反相”作用。

2.1.4　共射放大电路

1. 共射电路静态工作点稳定性分析

在三极管放大电路中，为了给输入信号提供一个良好的放大环境，必须给放大电路提供合适的静态工作点以建立直流通路。而能够实现这一功能的最常用的两种偏置电路分别为固定式偏置电路和分压式偏置电路，但由于这两种电路对环境温度及三极管参数的要求有不同之处，因此使用的场合也有所不同。

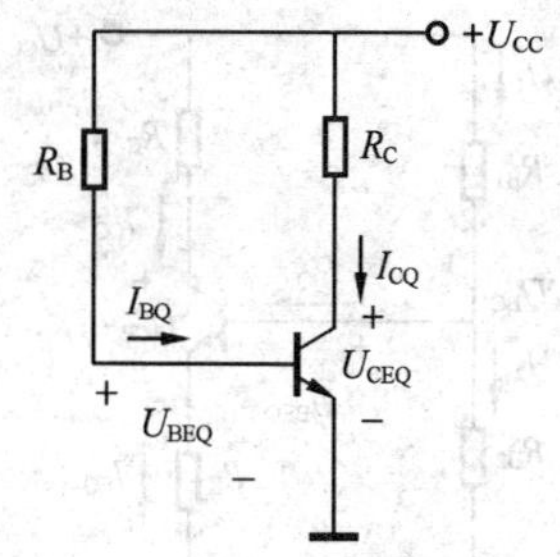

图 2.18　固定式偏置直流电路

（1）固定式偏置电路

① 电路组成

如图 2.18 所示，$+U_{CC}$ 经电阻 R_B 为发射结提供正偏电压，经电阻 R_C 为集电结提供反偏电压。

② 静态工作点的估算

由电路得基极电流

$$I_{BQ}=\frac{U_{CC}-U_{BEQ}}{R_B} \tag{2.4}$$

其中，U_{BEQ} 为发射结正向电压，一般硅管取 0.7V，锗管取 0.3V，当 $U_{CC}>>U_{BEQ}$ 时，$I_{BQ}\approx U_{CC}/R_B$（注意：上面两个条件在今后做题或设计中都作为隐含条件出现）。

根据三极管电流放大特性，有

$$I_{CQ}=\beta I_{BQ} \tag{2.5}$$

三极管集电极-发射极之间的电压为

$$U_{CEQ}=U_{CC}-I_{CQ}R_C \tag{2.6}$$

注意：式（2.3）成立的条件是三极管必须工作于放大区。在实际中，如果 U_{CEQ} 值小于 1V，则认为三极管已处于饱和状态，此时，电流 I_{CQ} 不再受 I_{BQ} 的控制，称这时的 I_{CQ} 为饱和电流，用 I_{CS} 表示。此时的集电极-发射极电压为饱和压降 U_{CES}，则

$$I_{CS}=\frac{U_{CC}-U_{CES}}{R_C}\approx\frac{U_{CC}}{R_C} \tag{2.7}$$

式（2.7）说明 I_{CS} 基本上只与 U_{CC} 和 R_C 有关，与 β 及 I_{BQ} 无关，并且三极管在饱和状态下，硅管的 U_{CES} 电压为 0.3V，而锗管的 U_{CES} 电压为 0.1V。

三极管在临界饱和状态时其电流受控关系仍然成立，此时的基极电流称为临界饱和电流，用 I_{BS} 表示。即

$$I_{BS}=\frac{I_{CS}}{\beta}\approx\frac{U_{CC}}{\beta R_C} \tag{2.8}$$

如果 $I_{BQ}<I_{BS}$，则表明三极管工作于放大状态，否则为饱和状态。

③ 静态工作点的稳定

固定式偏置电路结构简单，虽然从式（2.2）可以看出，I_{BQ} 由输入回路决定并且相对稳定，但三极管是温度稳定性较差的元件，它的性能参数极易受到环境的影响。因此，当温度变化时，已给定的静态工作点 Q 将会改变，从三个相关的静态参量 I_{BQ}、I_{CQ} 和 U_{CEQ} 中取 I_{CQ} 来分析，可以得出，若温度升高，I_{CQ} 将明显增大。造成这一结果的因素有三个。

- 由于温度升高，三极管的 β 增大，所以 I_{CQ} 增大。
- 由于温度升高，发射结电压 U_{BEQ} 增大，导致 I_{BQ} 增大，所以 I_{CQ} 增大。
- 由于温度升高，三极管的穿透电流 I_{CEO} 增大，所以 I_{CQ} 增大。

温度降低时，结果相反。总之，已经调整好的静态工作点在温度变化时将出现变化，可能使本来不失真的放大信号出现失真。

另外，当放大电路中三极管出现故障时，更换的三极管必须严格与原电路中三极管的参数保持一致，否则也会影响三极管放大电路的静态工作点 Q，从而影响放大电路的正常工作。

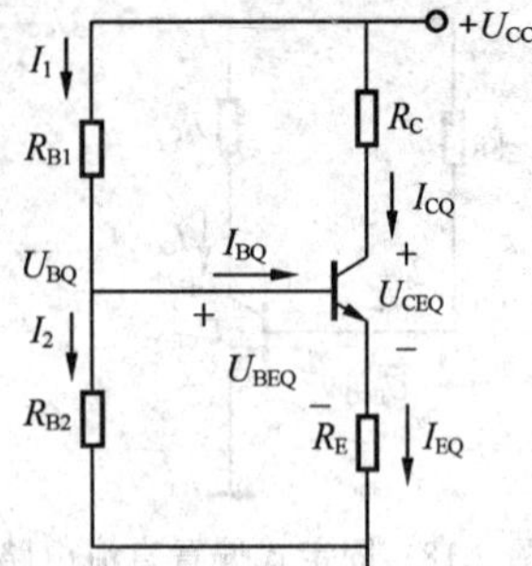

图 2.19　分压式偏置直流电路

（2）分压式偏置电路

① 电路组成

如图 2.19 所示，与固定式偏置电路不同的是，基极直流偏置电位 U_B 是由 R_{B1} 和 R_{B2} 对 U_{CC} 分压来取得的，故称这种电路为分压式偏置电路。同时，电路中又增加了发射极电阻 R_E，用来稳定电路的静态工作点。

② 静态工作点的估算

当三极管工作在放大区时，I_B 很小，当满足 $I_1>>I_B$ 时，U_{BQ} 基本固定不变，则有

$$U_{BQ} \approx \frac{R_{B2}}{R_{B1}+R_{B2}}U_{CC} \tag{2.9}$$

$$I_{EQ} = \frac{U_{BQ}-U_{BEQ}}{R_E} \tag{2.10}$$

$$I_{CQ} \approx I_{EQ} \tag{2.11}$$

$$I_{BQ} = \frac{I_{CQ}}{\beta} \tag{2.12}$$

$$U_{CEQ} \approx U_{CC} - I_{CQ}(R_C + R_E) \tag{2.13}$$

③ 静态工作点的稳定

当 U_{BQ} 固定时，温度升高，电路相关参数变化的过程为

$$T\uparrow \text{或} B\uparrow \rightarrow I_{CQ}\uparrow \rightarrow I_{EQ}\uparrow \rightarrow U_{EQ}\uparrow \rightarrow U_{BEQ}\downarrow \rightarrow I_{BQ}\downarrow \rightarrow I_{CQ}\downarrow$$

由此可见，这种电路是在固定基极电压的条件下，利用发射极电流 I_{EQ} 随温度 T（或 β）的变化引起 U_{EQ} 变化，进而影响 U_{BEQ} 和 I_{BQ} 的变化，使 I_{CQ} 趋于稳定的。

2. 共射放大电路动态性能指标分析

（1）共射放大电路的组成

放大电路的主要目的是为了有效地放大其输入端的变化量，而对于静态工作点具有高度稳定性的放大电路其实用性尤为突出。在分析了前面两种静态偏置电路之后表明，分压式偏置电路在单管放大电路中更加具备优势，并且得到了广泛应用。在对放大电路动态性能指标进行估算时，由分压式偏置电路组成的单管放大电路具有一定的典型性，如图 2.20 所示，而固定式偏置电路可以看作是其电路的简化。

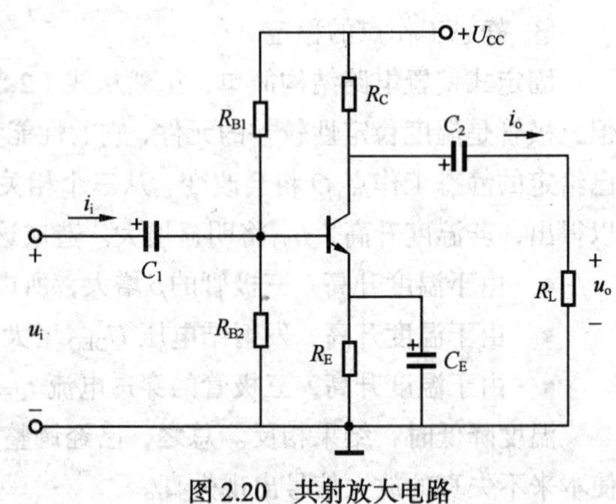

图 2.20　共射放大电路

（2）共射放大电路动态性能指标估算

图 2.20 中，将电容作开路处理时，可以得到静态下共射放大电路的直流通路，如图 2.19 所示；相反，将电容和直流电源 U_{CC} 作短路处理，就可以得到动态下共射放大电路的交流通路，如图 2.21 所示。作为放大电路更重要的是研究其放大性能。对于放大电路的放大性能必须要做到在不失真的前提下尽可能地大，而衡量放大电路性能的重要指标有放大倍数 A_V、输入电阻 r_i 和输出电路 r_o。

为了便于理解分析，我们将上图用相应的框图进行一一对应说明，如图 2.22 所示。

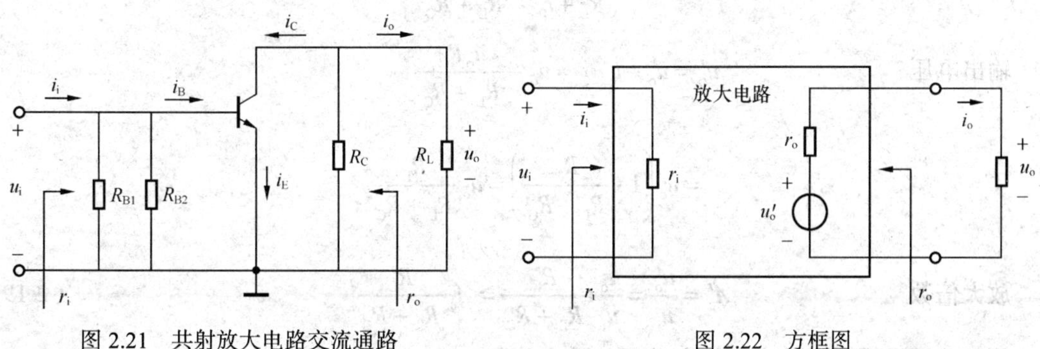

图 2.21　共射放大电路交流通路　　　　图 2.22　方框图

图 2.22 所示的是一个二端口网络，对于三极管放大电路，不管内部结构如何，都可用上述的方框图作等效替代。从输入端看进去，它相当于信号源的一个负载，被称为放大电路的输入电阻，用 r_i 表示。从图 2.22 可知

$$r_i = \frac{u_i}{i_i} \tag{2.14}$$

式中，r_i 是衡量放大电路对信号源影响程度的重要参数。信号源具有一定的内阻，而需要放大的信号又相对较微弱，因此，一般情况下都希望输入电阻 r_i 尽可能的大一些，从信号源索取的电流越小，减小了因信号源的内阻对放大电路输入电压的影响。

从输出端看进去，放大电路相当于为负载 R_L 提供信号的电源，它可以等效为内阻不为 0 的电压源，如图 2.21 所示，其中 r_o 称为放大电路的输出电阻。

一般情况下，都希望放大电路的输出电阻尽量小一些，从而能在向负载输出电流后，内阻上的压降尽可能的小，对输出电压的变化尽可能的小，提高放大电路的带负载能力。

下面就对图 2.20 所示的共射放大电路的相关动态性能指标进行估算。

① 输入电阻 r_i。

r_{BE} 是三极管发射结对交流信号的等效电阻，因为 PN 结的电压-电流关系特性是非线性的，它导通后如果交流信号幅度很小，可以近似看成一个线性电阻，并用下式估算

$$r_{BE} = 300\Omega + (1+\beta)\frac{26}{I_{EQ}} \tag{2.15}$$

一般小功率晶体管 r_{BE} 在 1kΩ左右，而 R_{B1} 和 R_{B2} 的取值一般在几十千欧，因此

$$r_i = r_{BE} \,//\, R_{B1} \,//\, R_{B2} \approx r_{BE} \tag{2.16}$$

② 输出电阻 r_o。

$$r_o = R_C \tag{2.17}$$

r_o 通常为几千欧至十几千欧，这样大的内阻显然在带负载时，输出电压将要降低，也就是放大倍数要降低，因此，共射放大电路的带负载能力较差。

③ 电压放大倍数 A_u。

$$A_u = \frac{u_o}{u_i} = -\beta\frac{R_C}{r_{BE}} \tag{2.18}$$

这是放大电路未接负载时的 A_u。当放大电路接上负载后，其输出电流

$$i_o = \frac{u_o}{R_L + r_0} = \frac{u_o}{R_L + R_C}$$

输出电压

$$u_o' = u_o - i_o R_C = u_o - \frac{u_o R_C}{R_L + R_C}$$

$$= u_o\left(1 - \frac{R_C}{R_L + R_C}\right) = u_o\frac{R_L}{R_L + R_C}$$

放大倍数

$$A_u' = \frac{u_o'}{u_i} = \frac{u_o}{u_i}\bullet\frac{R_L}{R_L + R_C} = A_u\frac{R_L}{R_L + R_C} \tag{2.19}$$

从上式可以看出，放大器接负载后，放大倍数将降低，另外，从输入电阻可以看到，共射放大电路的输入电阻相对较小，因此，在部分共射放大电路中会将发射极电阻 R_E 并联的旁路电容去掉，即在不影响直流通路工作的前提下，改善了部分动态性能指标，如图 2.23 所示。下面就对去除旁路电容的共射放大电路的动态性能参数作一些分析。

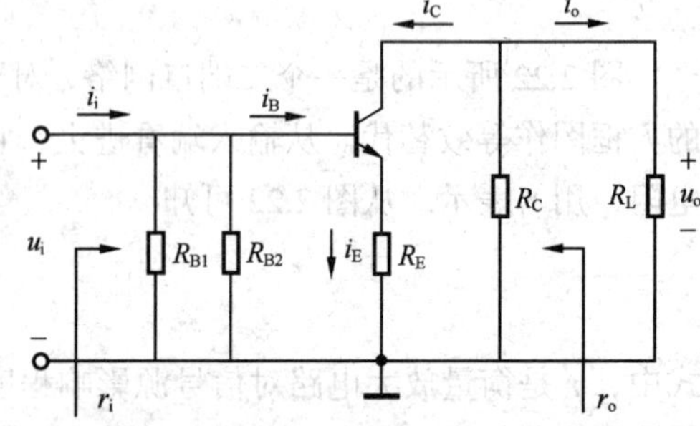

图 2.23　带射极电阻的共射放大电路交流通路

① 输入电阻 r_i。

$$r_i = [r_{BE} + (1+\beta)R_E] // R_{B1} // R_{B2} \tag{2.20}$$

② 输出电阻 r_o。

$$r_o = R_C \tag{2.21}$$

r_o 通常为几千欧至十几千欧，这样大的内阻显然在带负载时，输出电压将要降低，也就是放大倍数要降低，因此，共射放大电路的带负载能力较差。

③ 电压放大倍数 A_u。

$$A_u = \frac{u_o}{u_i} = -\beta\frac{R_C}{r_{BE} + (1+\beta)R_E} \tag{2.22}$$

$$A_u' = \frac{u_o'}{u_i} = \frac{u_o}{u_i}\bullet\frac{R_L}{R_L + R_C} = A_u\frac{R_L}{R_L + R_C} \tag{2.23}$$

从上面的表达式中可以看出，在交流通路中加入发射极电阻 R_E 后，虽然输入电阻得到了很大的提高，却是以电压放大倍数为代价，并且输出电阻仍然保持不变，带负载能力也没得到改善。但在很多场合需要同时具有高输入电阻，低输出电阻的电路起到隔离、缓冲和提高带负载能力的作用，共集电极电路（又称射随器）就具备这些特性，接下来就对共集电极电路做动态性能指标的分析。

2.2 射随器

2.2.1 电路分析

1. 射随器的组成

如图 2.24 所示，交流信号从基极输入，从发射极输出，又因为输入信号与输出信号相位相同，大小基本相等，故称为射随器（射极跟随器的简称）。

2. 射随器的电路分析

射随器的直流通路与前面所讲的固定式偏置电路相近，故不再讲解。接下来我们重点分析射随器的动态性能指标，首先画出射随器的交流通路，如图 2.25 所示，由图可看出，集电极为输入、输出的公共端，故又称为共集电极电路。

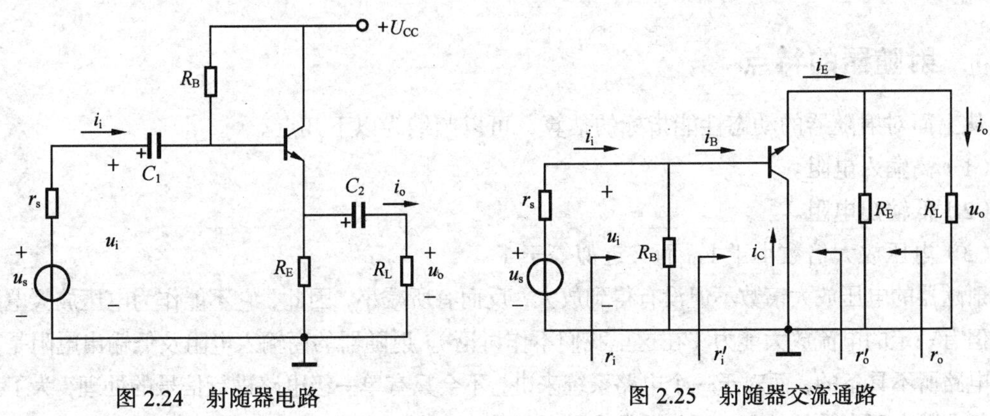

图 2.24　射随器电路　　　　图 2.25　射随器交流通路

（1）输入电阻 r_i

如图 2.14 所示的射极器中可以看出，要求得输入电阻 r_i，可以先求电阻 r_i'，然后将它与基本偏置电阻 R_B 进行并联后求出输入电阻 r_i，即

$$r_i = r_i' // R_B \quad (2.24)$$

而 r_i' 的值

$$r_i' = r_{BE} + (1+\beta)R_L \quad (2.25)$$

式中，$R_L = R_E // R_L$。将式（2.25）代入式（2.24）得

$$r_i = R_B // [r_{BE} + (1+\beta)R_L] \quad (2.26)$$

可见，射随器的输入电阻比共射极电路（带有旁路电容）大得多。对电压信号源来说，该电路的输入端能较准确地反映信号源电压 u_s。

（2）输出电阻 r_o

求解输出电阻，同样可以利用 r_o' 进行中转，最终求得输出电阻 r_o

$$r_o = R_E // r_o' \tag{2.27}$$

$$r_o' = \frac{r_{BE} + (r_s // R_B)}{1+\beta} \tag{2.28}$$

将式（2.28）代入式（2.27）得

$$r_o = R_E // \frac{r_{BE} + (r_s // R_B)}{1+\beta} \tag{2.29}$$

从式（2.29）中可知，射随器的输出电阻 r_o 由较大的 R_E 和很小的 r_o' 并联，由于电阻并联后的阻值比两个电阻中的任何一个都小，得 $r_o << r_o'$，它比共射放大电路的输出电阻小得多，所以射随器的带负载能力比共射电路有了很大的提高。

（3）电压放大倍数 A_u

$$A_u = \frac{u_o}{u_i} = \frac{(1+\beta)R_L'}{r_{BE} + (1+\beta)R_L'} \tag{2.30}$$

由式（2.30）可知 $A_u < 1$，但由于 $(1+\beta) R_L' >> r_{BE}$，所以 $A_u \approx 1$，即 $u_o = u_i$，说明 u_o 具有跟随 u_i 的作用，故该电路又称为射极跟随器。

2.2.2 电路意义

1. 射随器的特点

从上面对射随器的动态性能指标的估算，可以归纳为以下几点。

（1）高输入电阻。

（2）低输出电阻。

（3）电压放大倍数小于 1，而又近似等于 1。

射随器的电压放大倍数不但没有得到放大，反而有所减小，因此，它不能作为电压放大电路使用，但有一定的电流放大能力（在这里我们不作讨论）。射随器的高输入电阻及低输出电阻是其他放大电路所不具备的，而对于一个电路系统来讲，不会只有单一级电路进行信号的处理，为了获得信号各参数全面有效的处理，通常采用电路的级联，而射随器在级联电路中也得到了广泛的应用。

2. 射随器的作用

射随器具有高输入电阻、低输出电阻的特点，使其在级联放大系统中得到广泛的应用，充分发挥了射随器的缓冲、隔离和提高带载能力的作用。

（1）射随器的输入高阻抗、输出低阻抗的特性，使得它在电路中可以起到阻抗匹配的作用，能够使得后一级的放大电路更好地工作。举一个应用的典型例子：电吉他的信号输出属于高阻，接入录音设备或者音箱时，在音色处理电路之前加入电压跟随器，会使得阻抗匹配，音色更加完美。很多电吉他效果器的输入部分设计都用到了射随器电路。

（2）射随器输出电压近似输入电压幅度，并对前级电路呈高阻状态，对后级电路呈低阻状态，因而对前后级电路起到了“隔离”作用。当然，这也可以从理想的角度去理解，当输入阻抗很高时就相当于对前级电路开路；当输出阻抗很低时，对后级电路就相当于一个恒压源，即输出电压不受后级电路阻抗影响。一个对前级电路相当于开路，输出电压又不受后级阻抗影响的电路当然具备隔离作用，能够使前、后级电路之间互不影响。由于射随器常被用作中间级，以“隔离”前后级之间的影响，所以又称之为缓冲器。

（3）阻抗匹配。信号传输过程中负载阻抗和信源内阻抗之间的特定配合关系。一件器材的输出阻抗和所连接的负载阻抗之间所应满足的某种关系，以免接上负载后对器材本身的工作状态产生明显影响。对电子设备互连来说，例如，信号源连接放大器，前级连接后级，只要后一级的输入阻抗大于前一级输出阻抗的 5～10 倍以上，就可认为阻抗匹配良好。

2.3 单管音频放大电路的制作

2.3.1 任 务 分 析

1. 工作任务电路整体结构图

单管音频放大电路（三极管共射放大电路）整体结构图如图 2.26 所示。

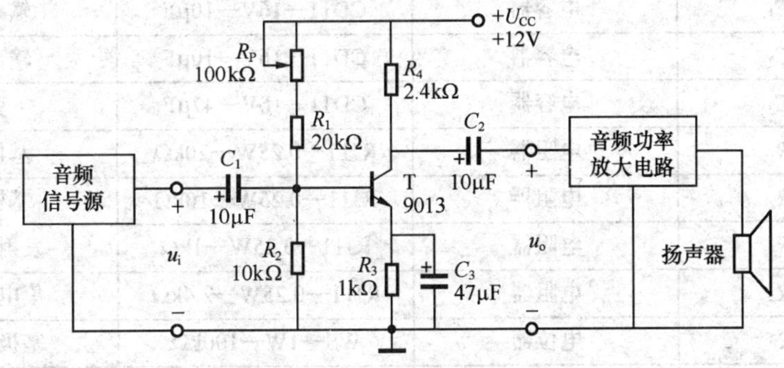

图 2.26 单管音频放大电路

2. 电路分析

（1）三极管直流偏置电路

如图 2.26 所示，电阻器 R_1、R_2、R_3 与电位器 R_P 构成三极管直流偏置电路，其中，R_1、R_2 与 R_P 构成三极管基极分压式（可调）偏置电路，R_3 构成三极管发射极负反馈式（可调）偏置电路，共同为三极管提供合适、稳定的偏置电压。

（2）信号输入、输出电路

如图 2.26 所示，电容器 C_1、C_2 构成放大电路的信号输入、输出电路。

（3）负载电路

如图 2.26 所示，电阻器 R_4 不但构成三极管集电极直流负载，还与单频功率放大电路的输入阻抗并联构成放大电路的交流负载，将三极管集电极电流的变化转变为集电极电压的变化。

（4）音频信号源

如图 2.26 所示，音频信号源为放大电路提供输入信号，可采用低频信号发生器或音乐芯片实现。

（5）音频功率放大电路

如图 2.26 所示，音频功率放大电路为低频功率放大模块，将放大电路输出的信号进行足够的功率放大后，送至扬声器转换为声音信号输出。

3. 电路主要技术参数与要求

① 电压放大倍数：$A_u \geqslant 30$

② 输入电阻：$R_i \geqslant 1k\Omega$

③ 输出电阻：$R_o \approx 2.4k\Omega$

④ 最大输出幅值：$U_{om} = 4.5V$

⑤ 频响特性：$f_L \leqslant 50kHz$，$f_H \geqslant 20kHz$

4. 电路元器件参数及功能

单管音频放大电路电路元器件参数及功能如表 2.3 所示。

表 2.3　　单管音频放大电路元器件参数与功能表

序号	元器件代号	名　称	型号及参数	功　能
1	C_1	电容器	CD11—16V—10μF	输入耦合电容
2	C_2	电容器	CD11—16V—10μF	输出耦合电容
3	C_3	电容器	CD11—16V—47μF	旁路电容
4	R_1	电阻器	RJ11—0.25W—20kΩ	基极偏置电阻
5	R_2	电阻器	RJ11—0.25W—10kΩ	基极偏置电阻
6	R_3	电阻器	RJ11—0.25W—1kΩ	发射极偏置电阻
7	R_4	电阻器	RJ11—0.25W—2.4kΩ	集电极负载电阻
8	R_P	电位器	WS—1W—100kΩ	基极偏置电位器
9	T	三极管	9013	信号放大
10	音频信号源	低频信号发生器	低频信号发生器	提供测试信号
11	音频功率放大器	低频功率放大模块	TDA2030	为负载提供驱动信号
12	$+U_{CC}$	直流电源	+12V，0.5A	为电路提供工作电流

2.3.2　电路装配准备

1. 制作工具、设备与测试仪器仪表

（1）电路焊接工具：电烙铁（20～35W）、烙铁架、焊锡丝和松香。

（2）机加工工具：剪刀、剥线钳、尖嘴钳、平口钳、螺丝刀、套筒扳手、镊子和电钻。

（3）测试仪器仪表：万用表和示波器。

2. 元器件成形与加工

元器件成形与加工见第 1 章中制作部分。

2.3.3 整机装配

1. 电路板装配

（1）电路板装配步骤

电路板装配应遵循“先高后低”的原则，先安装电阻 R_1、R_2、R_3 和 R_4，再安装三极管 T、插座以及测试端子和两个接地测试端子 GND，最后装接电容器 C_1、C_2 和 C_3。

（2）电路装配工艺要求

电路装配工艺要求见第 1 章制作部分。

2. 整机装配

根据电路原理图，将元器件插到面包板上，再分别将电源端、输入信号端及输出信号端利用导线与电源、信号源及负载进行连线，完成整机电路的连接。

2.3.4 电路调试

1. 电路调试步骤

先调整和测试三极管静态工作点，再测试电路交流放大倍数，最后测试静态工作点对信号放大的影响。

2. 电路调试方法

（1）仔细检查、核对安装电路的元器件参数、电解电容的极性和三极管的管脚排序，确认无误后加入 U_{CC} 规定的稳定直流电压 12V。

（2）静态工作点的调整与测量。调整 R_P，用万用表直流电压挡测量三极管 T 3 个电极的电压 U_B、U_C 和 U_E 的变化，最后将 R_P 固定在使 $U_E = 1.8V$ 的位置上，测量 U_B、U_C 和 U_E 的数值，记录数据在表 2.4 内并指出此时三极管所处的工作状态。

表 2.4 静态工作点的调整与测量

工作条件 / 项目	$U_{CC} = 12V$、$U_E = 1.8V$				
测量项目	U_B/V	U_C/V	U_E/V	$I_C \approx I_E = U_E/R_3$	$U_{CE} = U_{CC} - I_C R_4 - U_E$
数据		1.8			
三极管工作状态					

（3）电路放大倍数的测量。保持（2）中 R_P 的位置，用低频信号发生器在电路输入端输入 1kHz 的正弦波信号，调节输入信号的大小使电路输出信号波形最大且不失真。用示波器或电压表测量电路此时输入、输出信号的大小 U_i、U_o，将测量的数据填入表 2.3，并计算出电路的放大倍数。

表 2.5　　电路放大倍数的测量

条件	保持（2）中静态工作点的位置，输入信号为 1kHz 的正弦波电压		
测量项目	U_i	U_o	$A_u=U_o/U_i$
数据			

（4）静态工作点对输出信号的影响。保持（3）中的输入信号和电路状态，调节 R_P，观察输出信号的波形，记录上半周和下半周产生明显失真时的波形图及此时三极管三极的直流电压 U_B、U_C 和 U_E 的数值，将观测到的波形和测量的数据填入表 2.4，并指出静态工作点对信号的影响。

表 2.6　　静态工作点对信号的影响

<table>
<tr><td colspan="2" rowspan="2">条　件</td><td colspan="6">保持（3）中的输入信号和电路状态，调节 R_P</td><td rowspan="2">静态工作点对信号的影响</td></tr>
<tr><td colspan="3">R_P 增大</td><td colspan="3">R_P 减小</td></tr>
<tr><td rowspan="3">u_o 产生明显失真</td><td>波形图</td><td colspan="3"></td><td colspan="3"></td><td rowspan="4"></td></tr>
<tr><td rowspan="2">三电极直流电压</td><td>U_B/V</td><td>U_C/V</td><td>U_E/V</td><td>U_B/V</td><td>U_C/V</td><td>U_E/V</td></tr>
<tr><td></td><td></td><td></td><td></td><td></td><td></td></tr>
<tr><td colspan="2">三极管 T 工作状态</td><td colspan="3"></td><td colspan="3"></td></tr>
</table>

2.3.5　故障分析与排除

1. 实验电路关键点正常电压数据

（1）三极管静态工作点：$U_B\approx2.5V$，$U_C\approx1.8V$，$U_E\approx7.7V$。

（2）交流电压放大倍数：$A_u=10\sim100$。

2. 故障检修技巧

（1）静态工作点不正常

故障范围：故障一般与电路供电电源 U_{CC}、基极和发射极偏置电阻 R_P、R_1、R_2、R_3、集电极负载电阻 R_4 以及三极管 T 本身有关，检测步骤与方法如下。

① 检查电源是否引入正常，$U_B\approx(4.0\sim0.9)V$。

② 调节并检测是否变化正常（4.0～0.9 之间），若不变化或不正常，检查 R_P、R_1、R_2 及三极管 T 的焊接是否错误，性能是否良好。

③ 若 U_B 变化正常，检测 U_E 变化是否正常（比 U_B 低 0.7V 左右），若不变化或不正常，检

查 R_3、R_4、C_3 及三极管 T 的焊接和性能是否良好。

④ 若 U_E 变化正常，检测 U_C 是否变化正常（与 U_E 反向变化），若不变化或不正常，检查 R_4 及三极管 T 的焊接和性能是否良好。

（2）信号弱或无信号输出

故障范围：在三极管静态工作点正常的前提下，故障一般与信号输入、输出，电容 C_1、C_2、发射极旁路电容 C_3 和三极管 T 本身有关。检测步骤和方法如下。

在确认三极管静态工作点正常后，可采用信号波形观测法进行检测，即在电路输入端注入一定频率和幅度的正弦交流信号（1kHz 左右），按信号流向从前往后用示波器观测 u_i、u_B、u_C 和 u_o 各点波形，根据所测波形的幅值，分析、判断故障所在部位。

① u_B 的波形、u_i 幅值应当与 u_i 的波形、幅值差不多。若 u_B 的幅值比 u_i 的幅值相差过大或完全为 0，检查电容 C_1 及三极管 T 的性能和焊接是否良好。

② 若 u_B 的波形正常，再观测 u_C 的波形与幅值，u_C 的幅值应当比 u_B 的幅值大得多，在无失真时，约大 100 倍。若 u_C 的幅值过小或完全为 0，需要检查电容 C_3 及三极管 T 的性能和焊接是否良好。

③ 若 u_C 的波形正常，再观测 u_o 的波形与幅值，u_o 的波形、幅值应当与 u_C 的波形、幅值差不多。若 u_o 的幅值比 u_C 的幅值相差过大或完全为 0，检查电容 C_2 及负载电阻 R_L 的性能和焊接是否良好。

本章小结

半导体三极管是由三层不同性质的半导体组合而成的，其特点是具有电流放大作用。三极管实现放大作用的条件：发射结正向偏置，集电结反向偏置。三极管的输出特性曲线可划分为三个工作区域：放大区、饱和区和截止区。在放大区三极管具有基极电流控制集电极电流的特性，在饱和区和截止区具有开关特性。

根据三极管的结构特点，可用万用表判断三极管的类型、管脚及三极管质量的好坏。

放大电路的组成包括有核心元件三极管（T）、偏置电源（U_{CC}）、偏置电阻（R_B、R_C）、耦合电容（C_1、C_2）等。放大电路正常工作时具有交、直流并存的特点，即电路中的各种电流和电压信号既有直流分量，又有交流分量。在分析计算时通过画交、直流通路将交、直流分开，静态工作点通过直流通路分析估算，交流信号参数通过交流通路分析估算。

通过估算的静态工作点参数判断三级管的工作区域，以 NPN 型为例，当 U_{CEQ} 的值大于 1V 时，认为三极管工作于放大区；当 U_{CEQ} 的值小于 1V 时，则认为三极管工作于饱和区。要求会根据输出波形的失真现象判断失真的原因：I_{BQ} 太大→I_{CQ} 太大→产生饱和失真（底部失真）；I_{BQ} 太小→产生截止失真（顶部失真）。并通过调节 R_B，对各种失真加以改善：增大 R_B 可改善饱和失真；减小 R_B 可改善截止失真。

放大电路具有了合适的静态工作点后，在输入小信号的前提下，可通过放大电路的微变等效电路来分析估算 A_U、R_I 和 R_O 的值。

习题

1. 共发射极放大电路的输出电压与输入电压的相位是（　　），共集电极放大电路输出电压与输入电压的相位是（　　）。

2. 对于共射、共集和共基三种基本组态放大电路，若希望电压放大倍数大，可选用（　　）组态；若希望带负载能力强，应选用（　　）组态；若希望从信号源索取的电流小，应选用（　　）组态；若希望高频性能好，应选用（　　）组态。

3. 试判断图 2.27 所示各电路对输入的正弦交流信号有无放大作用？如果没有放大作用，则说明理由并将错误加以改正。

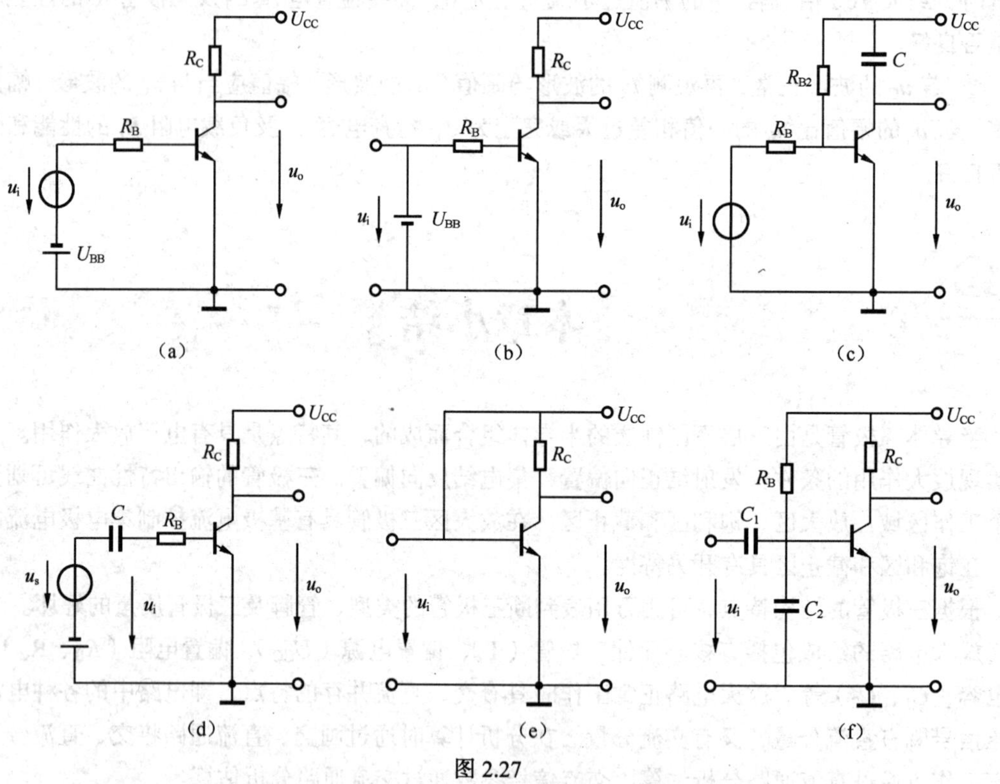

图 2.27

4. 放大电路为什么要设置静态工作点？静态值 I_B 能否为 0？为什么？

5. 在放大电路中，为使电压放大倍数 A_u 高一些，希望负载电阻 R_L 是大一些好，还是小一些好，为什么？希望信号源内阻 R_S 是大一些好，还是小一些好，为什么？

6. 什么是放大电路的输入电阻和输出电阻，它们的数值是大一些好，还是小一些好，为什么？

7. 饱和失真、截止失真、幅度失真和相位失真分别是线性失真还是非线性失真？

8. 射极输出器有何特点？主要应用在哪些场合？

9. 在图 2.28（a）所示电路中，输入为正弦信号，输出端得到图 2.28（b）的信号波形，试判断放大电路产生何种失真？是什么原因？采用什么措施消除这种失真？

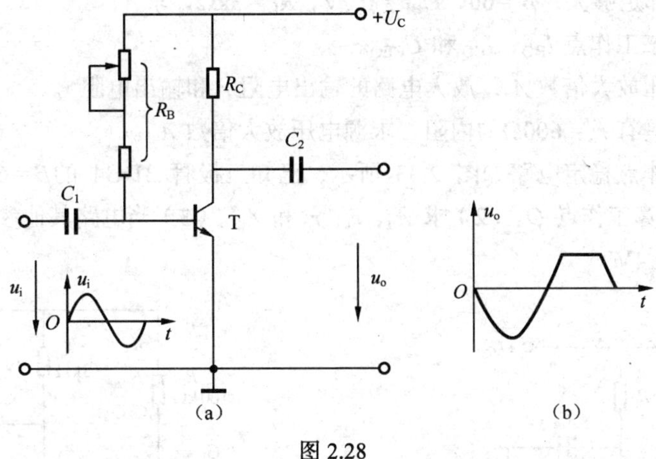

图 2.28

10. 在图 2.29（a）所示的放大电路中，用示波器测得输出电压 u_o 波形如图 2.29（b）所示。

（1）说明属于哪一种失真？

（2）要消除失真，R_B 应如何改变？

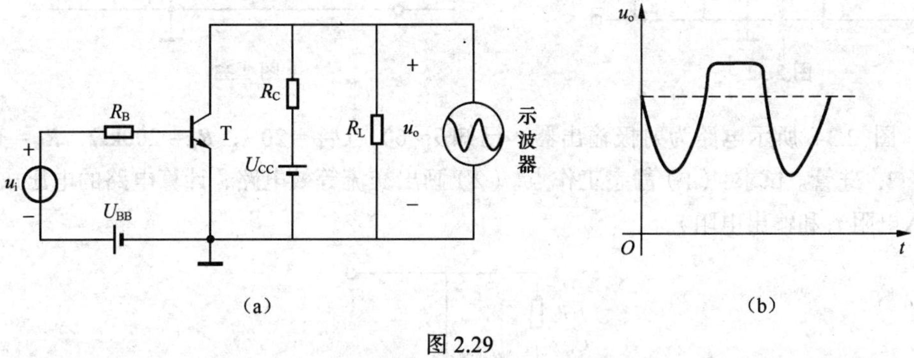

图 2.29

11. 在图 2.30 所示电路中，晶体管的β=100，R_C = 3.2kΩ，R_B = 320kΩ，R_S = 38kΩ，R_L = 6.8kΩ，U_{CC} = 15V。（1）估算静态工作点。（2）画出微变等效电路，计算 A_u、R_i 和 R_o。

12. 电路如图 2.31 所示。（1）若 U_{CC} = 12V，R_C = 3kΩ，β = 75，要将静态值 I_C 调到 1.5mA，则 R_B 为多少？（2）在调节电路时若不慎将 R_B 调到 0，对晶体三极管有无影响？为什么？

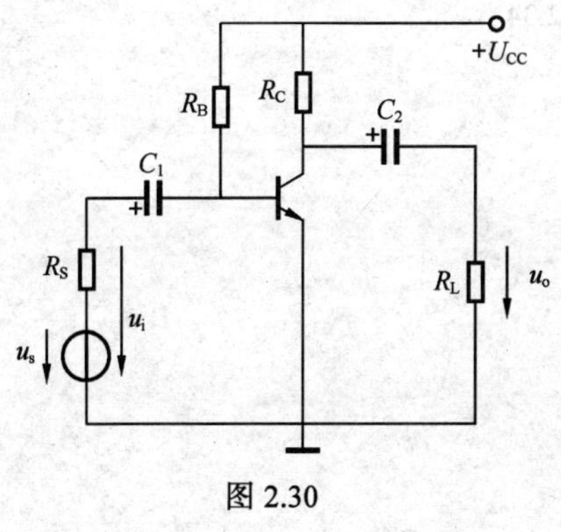

图 2.30

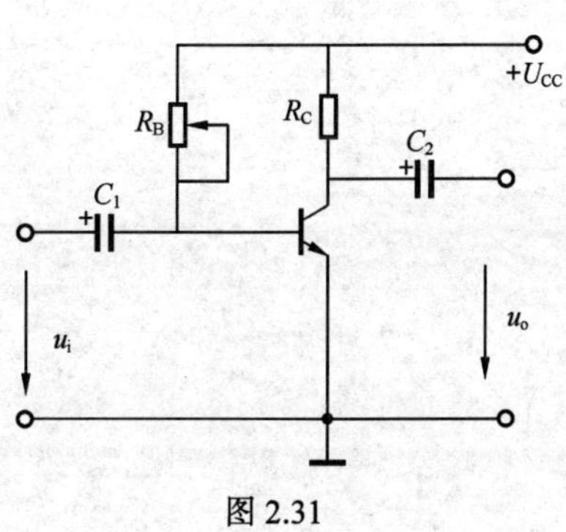

图 2.31

13. 电路如图 2.32 所示，设 $U_{CC}=15V$，$R_{B1}=20k\Omega$，$R_{B2}=60k\Omega$，$R_C=3k\Omega$，$R_E=2k\Omega$，电容 C_1、C_2 和 C_E 都足够大，$\beta=60$，$U_{BE}=0.7V$，$R_L=3k\Omega$，求

（1）电路的静态工作点 I_{BQ}、I_{CQ} 和 U_{CEQ}。

（2）电路的电压放大倍数 A_u，放大电路的输出电阻 r_i 和输出电阻 r_o。

（3）若信号源具有 $r_S=600\Omega$的内阻，求源电压放大倍数 A_{us}。

14. 分压式工作点稳定电路如图 2.33 所示，已知三极管 3DG4 的$\beta=60$，$U_{CE(sat)}=0.3V$、$U_{BE}=0.7V$。（1）估算工作点 Q。（2）求 A_u、r_i、r_o 和 A_{us}。（3）当电路其他参数不变，问 R_{B1} 为多大时，能使 $U_{CE}=4V$？

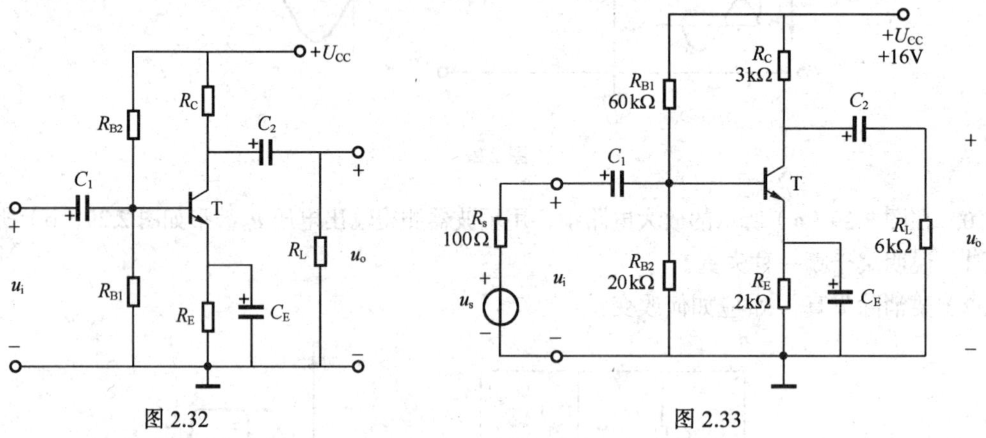

图 2.32　　　　图 2.33

15. 图 2.34 所示电路为射极输出器。已知$\beta=60$，$U_{CC}=20V$，$R_B=200k\Omega$，$R_E=3.9k\Omega$，$R_L=1.5k\Omega$，硅管。试求：（1）静态工作点。（2）画出交流等效电路，计算电路的电压放大倍数 A_u、输入电阻 r_i 和输出电阻 r_o。

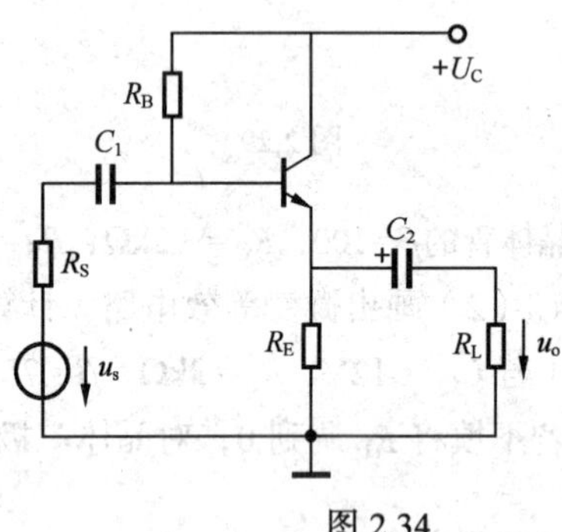

图 2.34

第3章 多级负反馈放大电路

前面讲过的基本放大电路，其电压放大倍数一般只能大到几十至几百。然而在实际工作中，由于首级放大电路所得到的信号往往都是非常弱，要将其放大到能推动负载工作，仅通过单一级放大电路放大，很难达到要求的信号幅度，因此必须通过多个单级放大电路连续放大后才能满足实际要求。除此之外，随着多级放大电路的应用，虽然获得了较高的放大倍数，但是也给电路的稳定性带来了一定的影响，而采用合理的反馈可以在一定程度上改善电路的稳定性，为放大电路的高性能工作提供保障。

3.1 多级放大电路

3.1.1 多级放大电路的组成

1. 多级放大电路的组成

为了提高放大电路的放大能力，通常采用放大电路的级联以满足电路的要求。但在实际电路级联中必须要考虑放大倍数和阻抗匹配等因素，因此，级联放大电路通常由输入级、中间级和输出级三部分组成，如图 3.1 所示。其中，输入级的主要作用是实现电压放大和提高输入电阻，中间级的主要作用是实现电压放大，输出级的主要作用是实现功率放大和降低输出电阻以推动负载工作。

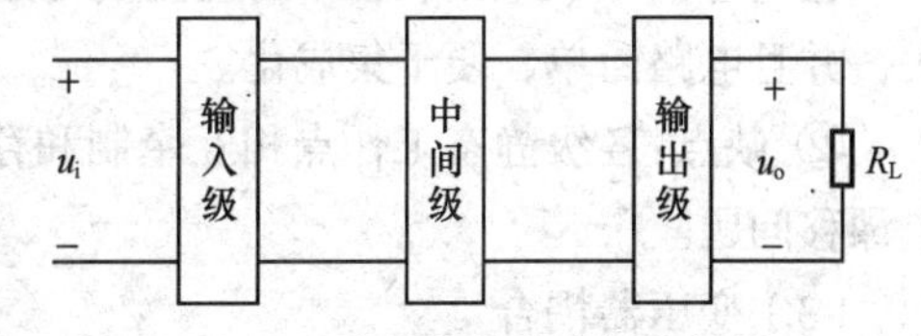

图 3.1　多级放大电路结构框图

2. 多级放大电路的耦合方式

多级放大电路是由两级或两级以上的单级放大电路连接而成的。在多级放大电路中，我们把级与级之间的连接方式称为耦合方式。而级与级之间耦合时必须满足：耦合电路对前、后级放大电路的静态工作点无影响；保证信号在级间进行不失真传输；尽量减少信号电压在耦合电路上的损耗以满足所要求的性能指标。

为了满足上述要求，一般常用的耦合方式有：阻容耦合、直接耦合和变压器耦合。

（1）阻容耦合

我们把前、后级之间通过电容连接的方式称为阻容耦合方式，如图 3.2 所示。

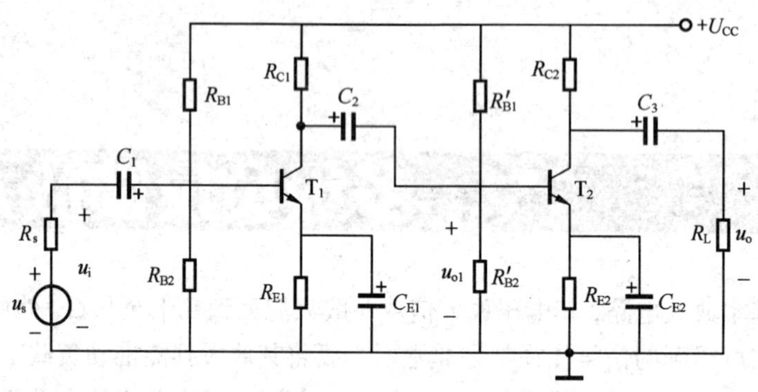

图 3.2　阻容耦合

阻容耦合放大电路的特点如下。

① 优点：各级间静态工作点相互独立，给放大电路的设计、分析和调试带来了很大的方便。此外还具有体积小和重量轻等优点。

② 缺点：因电容对交流信号具有一定的容抗，在信号传输过程中会受到一定的衰减。尤其对于低频信号容抗很大，并且不便于传输。此外，耦合电容的容量相对较大，在集成电路中制造大容量的电容很困难，因此不便于集成。

（2）直接耦合

在阻容耦合放大电路中，由于耦合电容的存在，对放大信号的频率有一定的要求，变化缓慢的信号在传输过程中会受到一定程度的衰减，并且影响低频段的放大效果。因此，可以级与级之间直接用导线连接起来，这样的连接方式称为直接耦合，它可以较好地避免由耦合电容带来的不良影响，直接耦合方式如图 3.3 所示。

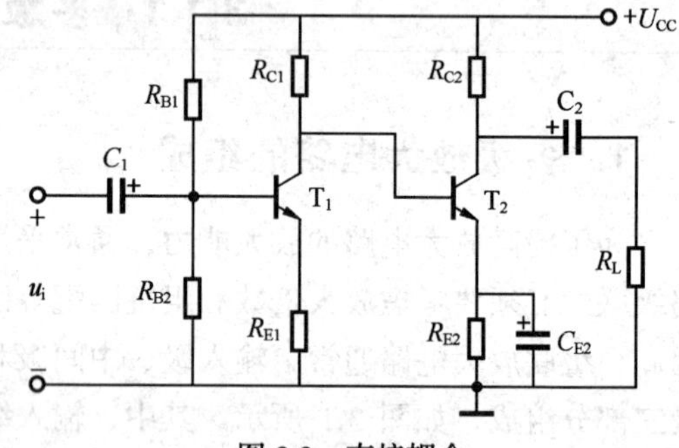

图 3.3　直接耦合

直接耦合的特点如下。

① 优点：可以很好地对交直流信号进行放大，并且电路简单，便于集成化。

② 缺点：各级静态工作点相互牵制和存在零点漂移问题。

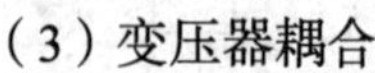

（3）变压器耦合

在一些功率放大电路中，为了有效地推动负载，则必须以最大功率传输给负载。要实现这一目的，则电路必须阻抗匹配，通常在级与级之间通过变压器连接在一起，此种连接方式称为变压器耦合，如图 3.4 所示。

变压器耦合的特点如下。

① 优点：采用变压器耦合各级静态工作点相互独立，只能传输交流信号和进行阻抗变换，实现阻抗匹配从而实现最大功率传输。

② 缺点：变压器耦合电路的前、后级靠磁路耦合，它的各级放大电路的静态工作点相互独

立。它的低频特性差，不能放大变化缓慢的信号，并且非常笨重，不能集成化。

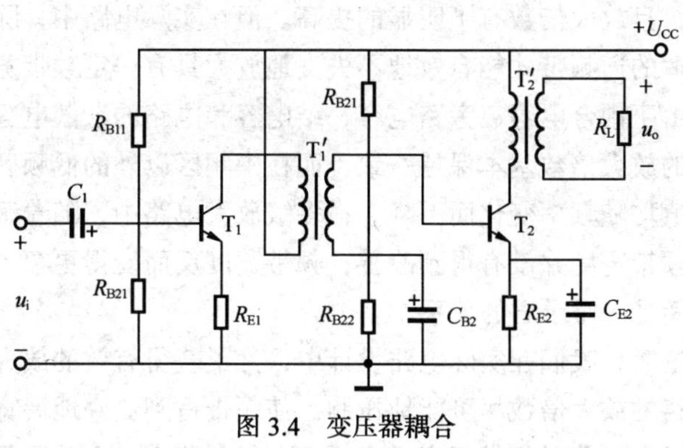

图 3.4 变压器耦合

3.1.2 多级放大电路的性能指标估算

1. 电压放大倍数

根据电压放大倍数的定义式

$$A_u = \frac{u_o}{u_i}$$

在图 2.17 中，可以得出

$$A_{u2} = \frac{u_o}{u_{i2}}$$

及

$$A_{u1} = \frac{u_{o1}}{u_i}$$

又因

$$A_u = \frac{u_o}{u_i} = \frac{u_o}{u_{i2}} \cdot \frac{u_{o1}}{u_i}$$

由于 $u_{o1}=u_{i2}$

故

$$A_u = A_{u1} A_{u2} \tag{3.1}$$

因此可以推广到 n 级放大电路的电压放大倍数为

$$A_u = A_{u1} A_{u2} \cdots A_{un} \tag{3.2}$$

注意：在计算各级电路的电压放大倍数时，必须考虑后级电路的输入电阻对前级电路电压放大倍数的影响，而不是空载情况下的电压放大倍数。

2. 输入电阻

多级放大电路的输入电阻就是输入级的输入电阻。计算时需注意：当输入级为共集电极放大电路时，要考虑第二极的输入电阻作为前级负载时对输入电阻的影响。

3. 输出电阻

多级放大电路的输出电阻就是输出级的输出电阻。计算时需注意：当输出级为共集电极放大电路时，同样要考虑前级对输出电阻的影响。

上面对多级放大电路放大倍数的公式推导中，我们可以看到，级联后电路的放大倍数为各级电路放大倍数之和，且放大倍数有了明显的提高。但在实际电路中，除了有足够大的放大倍数之外，还必须有合适的通频带才能有效地不失真地放大具有一定频带宽度的输入信号。事实上在单管放大电路中由于耦合电容、旁路电容、结电容和电路的杂散电容的存在，只有中频区与频率无关，因该区的放大倍数基本保持一致，而在中频区以外的低频区和高频区，放大电路的电压放大倍数的幅值均随频率变化而下降。在多级放大电路中，随着级数的增加，放大倍数有了明显的提高，但频带宽度并没有得到改善，频带宽度反而变得更窄，因此，我们可以得出放大倍数与通频带之间是一对矛盾的关系。

在得到上面的结论后，我们在实际电路设计中，为了获得有效的放大倍数和频带宽度，我们应将单一级放大电路的放大倍数尽可能地压制，使频带得到更好地展宽，然后通过多级放大电路级联将放大倍数提高，此时频带宽度虽有压缩，但却能满足电路通频带的要求，这在高频放大电路设计中是常用的方法之一。

3.2 负反馈放大电路

3.2.1 反馈的基本概念

1. 反馈的定义

将放大电路输出量（电压或电流）的一部分或全部通过某些元器件或网络（称为反馈网络）反向送回到输入端来影响原输入量（电压或电流）的过程称为反馈，如图 3.5 所示，图中的箭头代表信号的流向。

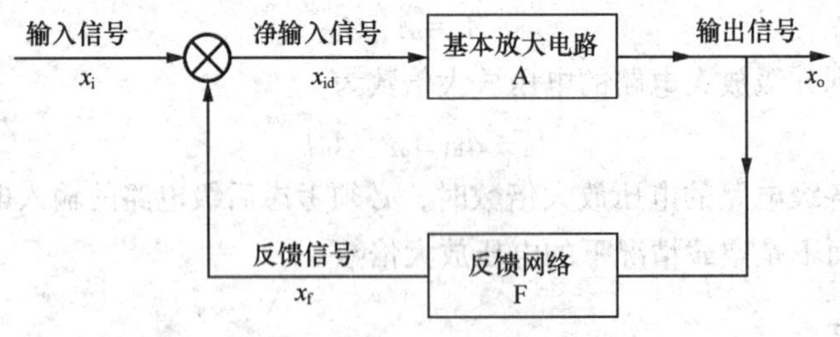

图 3.5 反馈放大电路组成框图

2. 反馈极性（正、负反馈）

（1）反馈极性的分类

① 正反馈

正反馈是指反馈信号与输入信号之间的相位同相，相加后使放大电路的净输入信号增强的反馈。正反馈通常会给电路造成不稳定，造成电路发生自激振荡，但因此正反馈也常常用于高频信号振荡电路中。

② 负反馈

负反馈是指反馈信号与输入信号之间的相位反相，相加后使放大电路的净输入信号减弱的反馈。负反馈由于对电路稳定性的提高有一定的帮助，通常用来改善电路在交直流状态下的电路性能。

（2）正、负反馈的判别方法

判别正、负反馈最为常用的方法是“瞬时极性法”，具体方法如下。

① 假设输入端输入信号某一瞬时的极性。

② 根据输入与输出信号的相位关系，确定输出信号和反馈信号的瞬时极性。

③ 根据反馈信号与输入的连接情况，分析净输入量的变化，如果反馈信号使净输入量增加即为正反馈，反之为负反馈。

在反馈电路中，基本放大电路中起到放大作用的元器件通常为晶体三极管和运算放大器，了解其 3 个外部电极在实际电路中的瞬时极性对采用“瞬时极性法”判别正、负反馈是十分有利的，具体极性标注如图 3.6 所示。

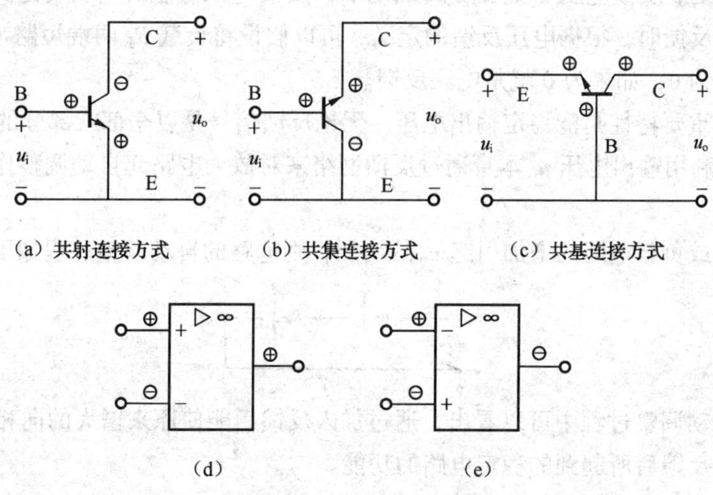

图 3.6 瞬时极性标注

图 3.6 中，在“+”、“−”上加圈符号是表示各电极瞬时的相位关系，其中，“+”表示同相，“−”表示反相。图 3.6（a）、（b）、（c）分别为三极管在 3 种不同连接方式状态下，假设其输入端的瞬时极性为正时各电极上瞬时极性的标注，图 3.6（d）、（e）分别为集成运算放大器的同相输入端、反相输入端加入输入信号时，假设信号输入端的瞬时极性为正时各电极上瞬时极性的标注。

（3）直流反馈和交流反馈

① 直流反馈

直流反馈是指反馈回来的信号中只包含直流分量，其目的是为了改善电路的直流性能，不影响放大器的放大倍数。常见的反馈支路由电阻与电容并联组成。

② 交流反馈

交流反馈是指反馈回来的信号中只包含交流分量，其目的是为了改善电路的交流性能，例如对放大倍数、通频带和输入输出电阻等。常见的反馈支路由单个电容、电阻与电容的串联或变压器等组成。

有了以上两种反馈，我们不难想到第三种反馈，即交、直流反馈。交、直流反馈是指反馈回来的信号既有直流分量，又有交流分量，其目的是为了同时改善电路的交、直流性能。常见的反馈支路由单个电阻组成。

3.2.2 负反馈电路的类型

1. 反馈在输出端的取样

反馈是将输出信号送回到输入端，即反馈是从输出端取样。若反馈的信号取自输出电压，则为电压反馈；若取自输出电流，则为电流反馈。

（1）电压反馈

如图 3.7（a）所示，从电路的输出端看，反馈电压 u_f 是经 R_f 和 R_1 组成的分压电路从输出电压取样而得到的，反馈电压 u_f 是 u_o 的一部分，即反馈电压与输出电压成比例，因此为电压反馈。在判断电压反馈时，根据电压反馈的定义，可以假设将负载 R_L 两端短路（u_o=0，但 $i_o \neq 0$），判断反馈量是否为 0，如果为 0 就是电压反馈。

电压反馈的重要特性是能稳定输出电压。无论反馈信号是以全部或部分的形式引回到输入端，实际上都是利用输出电压 u_o 本身通过反馈网络来对放大电路起自动调整作用的，这是电压反馈的实质。

若电源电压或负载电阻的增加引起 u_o 的增加，则电路的自动调整过程如下：

$u_o\uparrow \rightarrow u_f\uparrow \rightarrow u_{id}\downarrow \rightarrow u_o\downarrow$

从上面的自动调整过程中可以看出，通过加入反馈后能使原来增大的向相反方向变化，这就是电路引入负反馈后所起到的稳定电路的功能。

（2）电流反馈

如图 3.7（b）所示，从电路的输出端看，反馈电压 u_f 为 i_o 流过电阻 R_f 上的电压降，即 $u_f = i_oR_f$，可以看出，反馈电压与输出电流是成比例的，因此为电流反馈。

电流反馈的重要特性是能稳定输出电流。无论反馈信号是以全部或部分的形式引回到输入端，实际上都是利用输出电流 i_o 本身通过反馈网络来对放大电路起自动调整作用的，这是电流反馈的实质。

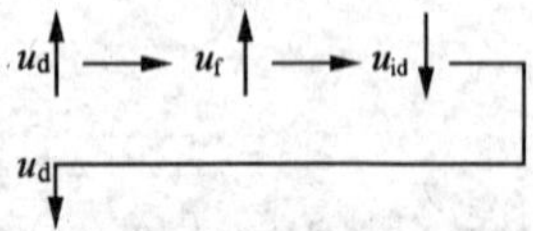

由上述的定义出发，我们可以利用负载短路法和负载开路法对电压反馈、电流反馈进行判断。由于对输出信号取样只有电压和电流，因此，可以利用其中的一种方法就能进行判定。常用的方法是负载短路法，具体表述为：假设将负载 R_L 短路，即输出电压 $u_o = 0$，此时若反馈量为 0，则为电压反馈，否则为电流反馈。

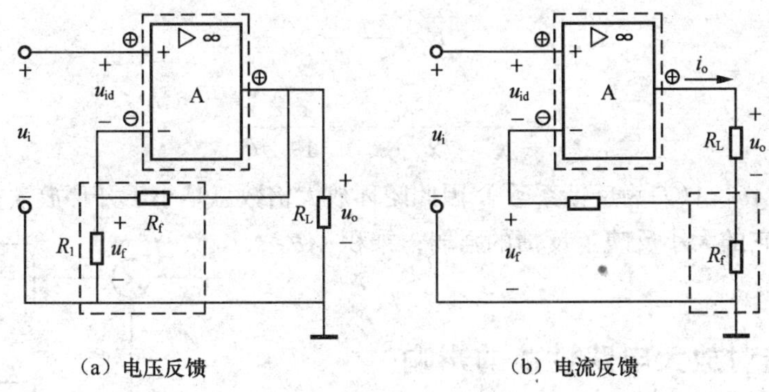

（a）电压反馈　　（b）电流反馈

图 3.7　电压电流反馈电路

2. 反馈在输入端的取样

如图 3.8（a）所示，反馈信号、输入信号与净输入信号在同一回路中，满足表达式 $u_{id}=u_i-u_f$，其中，u_{id} 与 u_f 是串联关系，因此为串联反馈。

如图 3.8（b）所示，反馈信号、输入信号与净输入信号流经同一节点，满足表达式 $i_i=i_{id}+i_f$，其中，i_{id} 与 i_f 是并联关系，因此为并联反馈。

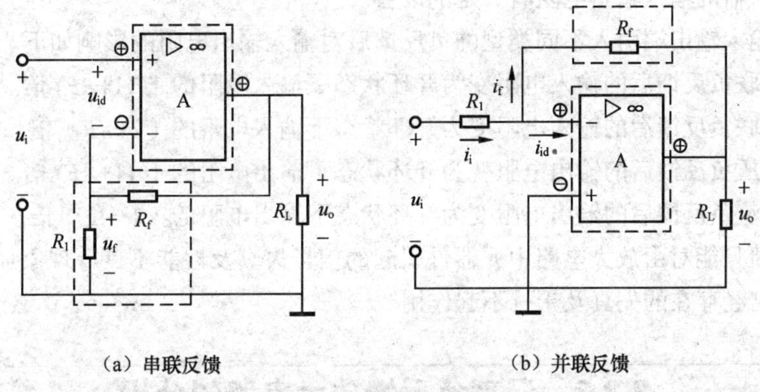

（a）串联反馈　　（b）并联反馈

图 3.8　串并联反馈电路

对于串联反馈与并联反馈的判断，我们可以通过反馈信号与输入信号的连接方式进行判定。若反馈信号与输入信号连在同一端子上，则为并联反馈，反之则为串联反馈。

综合输出端的不同取样对象和输入端的不同取样接法，可以组成以下 4 种类型负反馈放大器。

（1）电压并联负反馈；（2）电压串联负反馈；（3）电流并联负反馈；（4）电流串联负反馈。

3. 负反馈放大器的基本关系式

如图 3.9 所示负反馈放大电路的方框图可得各信号量之间的基本关系式。

$$x_{id}=x_i-x_f \tag{3.3}$$

$$A=\frac{x_o}{x_{id}} \tag{3.4}$$

$$F = \frac{x_f}{x_o} \tag{3.5}$$

$$A_f = \frac{x_o}{x_i} = \frac{x_o}{x_{id} + x_f} = \frac{A}{1 + AF} \tag{3.6}$$

由于分母 $1+AF \geqslant 1$（F 为反馈系数），因此闭环放大倍数总是小于开环放大倍数。其中 $1+AF$ 称为反馈深度，它的大小反映了反馈的强弱；乘积 AF 称为环路放大倍数。

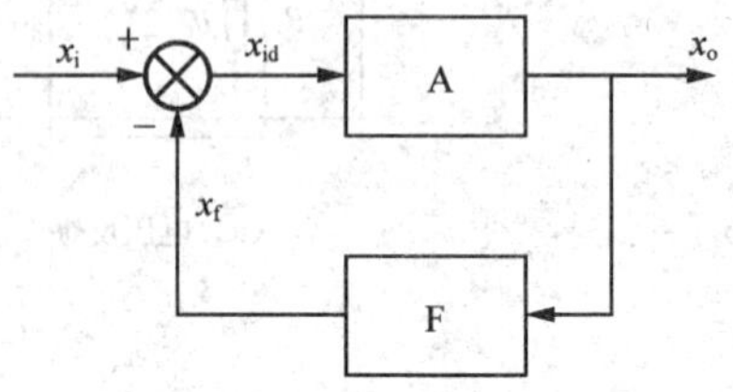

图 3.9　负反馈放大电路的方框图

4. 负反馈对放大电路性能的影响

负反馈电路的主要目的是为了改善放大电路交、直流状态下的相关性能指标。其中交流负反馈对放大电路性能的影响主要有以下几种。

（1）能提高放大器增益的稳定性。

（2）能使放大器的通频带展宽。

（3）能减少放大器的非线性失真。

（4）能提高放大器的信噪比。

（5）对放大器的输入输出电阻有一定的改善。

其中，在输入输出端引入不同类型的负反馈后对输入输出电阻的影响如下。

① 加入并联负反馈后的输入电阻变为开环状态下输入电阻的 $1/(1+AF)$ 倍。

② 加入串联负反馈后的输入电阻变为开环状态下输入电阻的（$1+AF$）倍。

③ 加入电压负反馈后的输出电阻变为开环状态下输出电阻的 $1/(1+AF)$ 倍。

④ 加入电流负反馈后的输出电阻变为开环状态下输出电阻的（$1+AF$）倍。

注：负反馈只能对由放大电路中元器件引起的信号失真及性能不良等现象加以改善，对本级输入信号中已经存在的失真及干扰不起作用。

3.2.3　深度负反馈放大电路的分析

1. 深度负反馈的特点

在负反馈放大电路中，当反馈深度 $1+AF \gg 1$ 时的反馈称为深度负反馈。一般在 $1+AF \geqslant 10$ 时就可以认为是深度负反馈。此时，由于 $1+AF \approx AF$，因此有

$$A_f = \frac{A}{1 + AF} \approx \frac{1}{F} \tag{3.7}$$

（1）深度负反馈的闭环放大倍数 A_f 只由反馈系数 F 来决定，而与开环放大倍数 A 几乎无关。

（2）外加输入信号近似等于反馈信号，由（3.6）展开后可得

$$\frac{x_o}{x_i} \approx \frac{x_o}{x_f}$$

即

$$x_i \approx x_f \tag{3.8}$$

式（3.8）表明，在深度负反馈条件下，由于 $x_i \approx x_f$，则有 $x_{id} \approx 0$，即净输入量近似为 0。

2. 深度负反馈参数估算

（1）电压并联负反馈电路

图 3.10 所示是电压并联负反馈电路，其输入量为 i_i，反馈量为 i_f，净输入量为 i_{id}。由于运算放大器处于深度负反馈，因而有

$$i_i \approx i_f$$

因此 $i_{id} \approx 0$，再根据 $u_{id} = i_{id} r_i \approx 0$，可知 $u_- = 0$，则有

$$u_o = -i_f R_f$$

$$u_i = -i_i R_i$$

因此

$$A_{uf} = \frac{u_o}{u_f} \approx \frac{-i_f R_f}{i_f R_f} \approx -\frac{R_f}{R_i} \tag{3.9}$$

（2）电压串联负反馈电路

图 3.11 所示是电压串联负反馈电路，其输入量为 u_i，输出量为 u_o，反馈量为 u_f，净输入量为 i_{id}。由于运算放大器处于深度负反馈，因而有

$$u_i = u_f$$

因此 $u_{id} = 0$，再根据 $u_{id} = i_{id} r_i \approx 0$，可知 $i_- = 0$，则有

$$u_f \approx \frac{R_1}{R_1 + R_f} u_o$$

即

$$F = \frac{u_f}{u_o} \approx \frac{R_1}{R_1 + R_f} \tag{3.10}$$

在深度负反馈条件下，已知 F 值由可估算出 A_{uf} 值，即

$$A_{uf} \approx \frac{1}{F} = \frac{R_1 + R_f}{R_1} = 1 + \frac{R_f}{R_1}$$

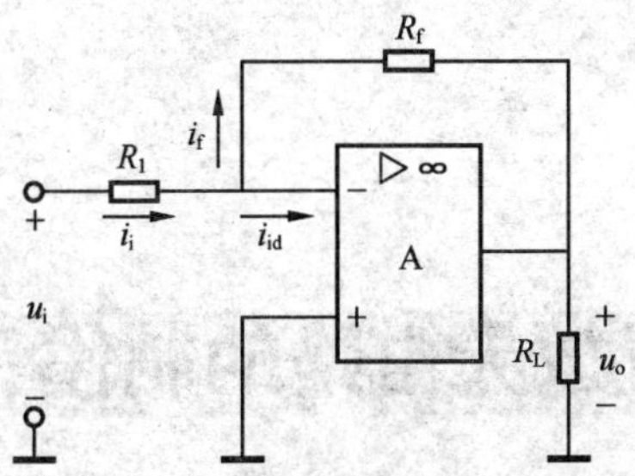

图 3.10 电压并联负反馈电路

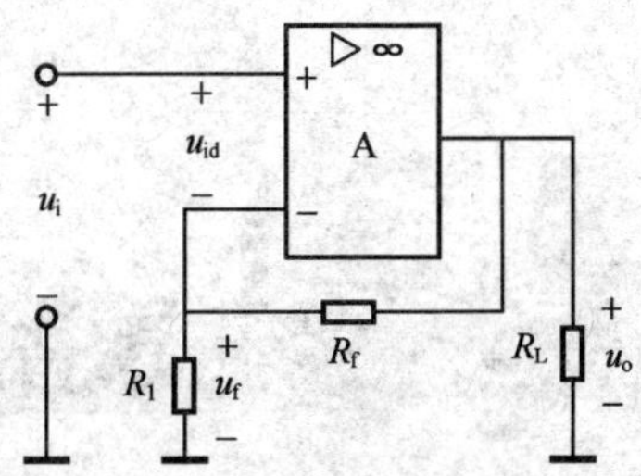

图 3.11 电压串联负反馈电路

（3）电流并联负反馈电路

图 3.12 所示是电流并联负反馈电路，其输入量为 i_i，反馈量为 i_f，净输入量为 i_{id}。电路处于深度负反馈，因而有

$$i_2 \approx i_f$$

因此 $i_{id} \approx 0$，再根据 $u_{id} = i_{id} r_i \approx 0$，可知 $u_- = 0$，则有

$$u_i \approx i_i R_1$$

$$u_o = -i_L R_L = -i_f \frac{R_2 + R_f}{R_2} \cdot R_L$$

因此

$$A_{uf} = \frac{u_o}{u_i} = -\left(1 + \frac{R_f}{R_2}\right)\frac{R_L}{R_1} \tag{3.11}$$

（4）电流串联负反馈电路

图 3.13 所示是电流串联负反馈电路，其输入量为 u_i，输出量为 u_o，反馈量为 u_f。由于运算放大器处于深度负反馈，因而有

$$u_i = u_f$$

因此 $u_{id} = 0$，再根据 $u_{id} = i_{id} r_i \approx 0$，可知 $i_- = 0$，则有

$$u_f = i_o R_f = \frac{u_o}{R_L} R_f$$

因此，电压放大倍数为

$$A_{uf} = \frac{u_o}{u_i} \approx \frac{u_o}{u_f} = \frac{R_L}{R_f} \tag{3.12}$$

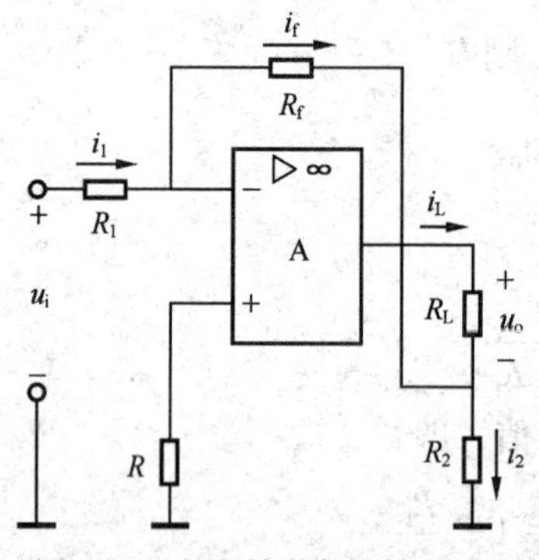

图 3.12　电流并联负反馈电路

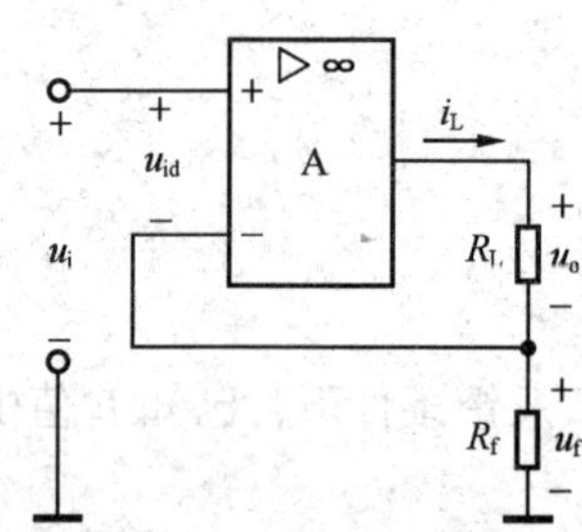

图 3.13　电流串联负反馈电路

3.3 录音机前置放大电路的制作

3.3.1 任务分析

1. 工作任务电路整体结构图

录音机前置放大电路整体结构图如图 3.14 所示。

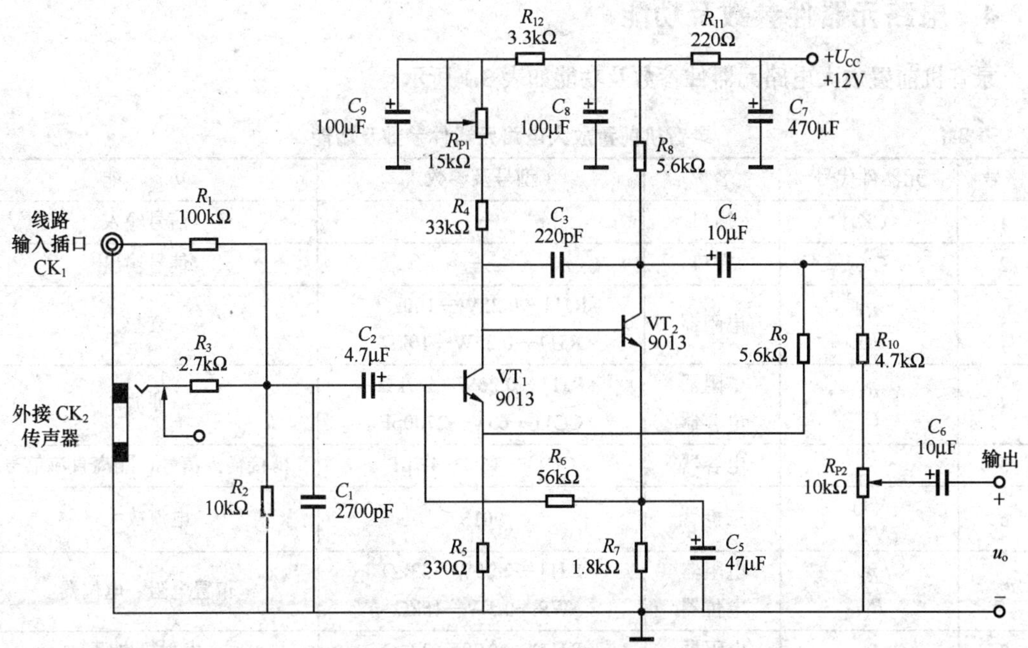

图 3.14　录音机前置放大电路整体结构图

2. 电路分析

（1）信号输入电路

图 3.14 中，线路输入插口 CK_1、外接传声器 CK_2 以及电阻器 R_1、R_2 和 R_3、电容器 C_1 构成信号输入电路，将外线路信号、外接传声器信号输入放大器输入端。

（2）两级负反馈电压放大倍数

图 3.14 中，三极管 VT_1、VT_2 及其外围元件构成两级负反馈电压放大电路，将输入信号进行放大。

（3）信号输出电路

图 3.14 中，电阻器 R_{10}、电位器 R_{P2}、电容器 C_6 构成信号输出电路，将放大电路输出的放大信号提供给后续功率放大电路。

（4）电源去耦电路

图 3.14 中，电容器 C_7、电阻 R_{11} 与电容器 C_8、电阻 R_{12} 与电容器 C_9 构成电源去耦电路，消除级与级、级与电源之间的共电耦合。

3. 电路主要技术参数与要求

（1）电压放大倍数：$A_u \geqslant 100$

（2）输入电阻：$R_i \geqslant 3k\Omega$

（3）输出电阻：$R_o \leqslant 2.8k\Omega$

（4）最大输出幅值：$U_{om} = 4.5V$

（5）频响特性：$f_L \leqslant 50kHz$，$f_H \geqslant 20kHz$

4. 电路元器件参数及功能

录音机前置放大电路元器件参数及功能如表 3.1 所示。

表 3.1 录音机前置放大电路元器件参数及功能

序号	元器件代号	名称	型号及参数	功能
1	CK_1	插口	—	信号输入
2	CK_2	插口	—	信号输出
3	R_1 R_2	电阻器	RJ11—0.25W—100kΩ RJ11—0.25W—10kΩ	衰减
4	R_3 C_1	电阻器 电容器	RJ11—0.25W—2.7kΩ CC11—63V—2700pF	滤波
5	C_2	电容器	CC11—16V—4.7μF	耦接输入信号，隔离直流信号
6	VT_1 VT_2	三极管	9013	电流放大
7	R_4 R_{P1}	电阻器 电位器	RJ11—0.25W—33kΩ WS—0.5W—15kΩ	偏置电阻、电位器
8	R_5	电阻器	RJ11—0.25W—330Ω	发射极电阻
9	C_3	电容器	CC11—63V—220pF	高频负反馈
10	C_4	电容器	CC11—16V—10μF	隔直通交
11	C_5	电容器	CC11—16V—47μF	交流旁路电容
12	R_6	电阻器	RJ11—0.25W—56kΩ	直流负反馈
13	R_7	电阻器	RJ11—0.25W—1.8kΩ	发射极偏置电阻
14	R_8	电阻器	RJ11—0.25W—5.6kΩ	集电极负载电阻
15	R_9	电阻器	RJ11—0.25W—5.6kΩ	交流负反馈
16	R_{10} R_{P2} C_6	电阻器 电位器 电容器	RJ11—0.25W—4.7kΩ WTH-1W—10kΩ CC11—16V—10μF	信号输出电路 分压式调节 电容耦合输出
17	C_7	电容器	CC11—16V—470μF	电源滤波
18	R_{11} C_8	电阻器 电容器	RJ11—0.5W—220Ω CC11—16V—100μF	去耦电路
19	R_{12} C_9	电阻器 电容器	RJ11—0.25W—3.3kΩ CC11—16V—100μF	去耦电路
20	$+U_{CC}$	直流电源	+12V、0.5A	直流供电

3.3.2 电路装配准备

1. 制作工具与仪器设备

（1）电路焊接工具：电烙铁（20～35W）、烙铁架、焊锡丝和松香。

（2）机加工工具：剪刀、剥线钳、尖嘴钳、平口钳、螺丝刀、套筒扳手、镊子和电钻。

（3）测试仪器仪表：万用表、电子电压表和示波器。

2. 元器件成形与加工

元器件成形与加工见第 1 章中制作部分。

3. 导线加工与处理

（1）线路输入电缆（两端）

数量：1 根；导线长度：65mm±5mm；各端拨外护套层长度：10mm±2mm，如图 3.15（a）所示；将芯线与屏蔽层剥离，如图 3.15（b）所示；芯线去绝缘层拨线长度：5mm±1mm；捻线紧度：松；浸锡量：均匀且距胶皮 2mm±1mm，如图 3.15（c）、（d）所示；屏蔽层末端捻线：稍紧；浸锡时用尖嘴钳夹住，浸锡长度：5mm±5mm，如图 3.15（c）、（d）所示。将处理完线端的输入线缆一端压焊金属插针插入连接线插座内。

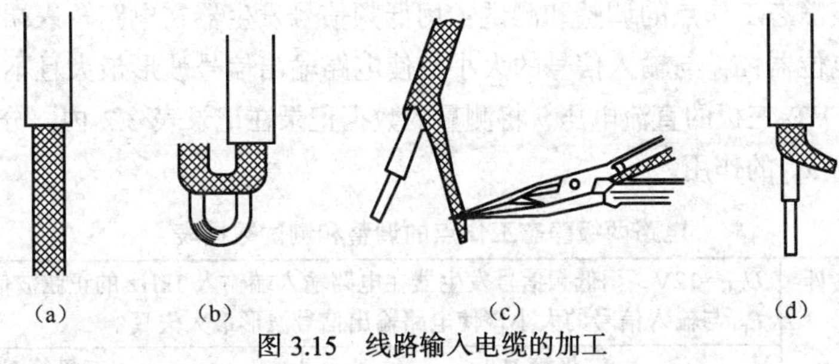

图 3.15 线路输入电缆的加工

（2）传声器插口、音量电位器、输出端口和直流电源连接导线

① 传声器插口和音量电位器连接导线。数量：共 5 根；导线长度：55mm±5mm；拨线长度：5mm±1mm；捻线紧度：稍紧；浸锡量：均匀且距胶皮 2mm±1mm；一端压焊金属插针，插入连接线插座内。

② 输出端口和直流电源连接导线。数量：共 4 根；导线长度：55mm±5mm；拨线长度：5mm±1mm；捻线紧度：稍紧；浸锡量：均匀且距胶皮 2mm±1mm；两端均压焊金属插针，插入连接线插座内。

3.3.3 整 机 装 配

1. 电路板装配

（1）电路板装配步骤

电路板装配应遵循“先低后高”的原则，先安装电阻 R_1～R_{12}，再安装三极管 T、插座以及测试端子和两个接地测试端子 GND，最后装接电容器 C_1～C_9。

（2）电路装配工艺要求

电路装配工艺要求见第 1 章中制作部分。

2. 整机连接

根据电路原理图，将元件插到面包板上，再分别将电源端、输入信号端及输出信号端利用导线与电源、信号源及负载进行连线，完成整机电路的连接。

3.3.4 电路调试

1. 电路调试步骤

先调整和测试电路两级静态工作点，再测试电路交流放大倍数，最后测试负反馈对放大电路性能的影响。

2. 电路调试方法

（1）仔细检查、核对安装电路的元器件参数、电解电容的极性和三极管的管脚排序，确认无误后加入 U_{CC} 规定的稳定直流电压（+12V）。

（2）电路两级静态工作点的调整和测试：用低频信号发生器在电路输入端输入 1kHz 的正弦波信号，调节电位器 R_{Pt} 与输入信号的大小，使电路输出信号波形最大且不失真。用万用表测量三极管 VT_1、VT_2 三极的直流电压，将测量的数据记录在记录表 3.2 内，分析三极管所处的工作状态，并指出 R_{p1} 的作用。

表 3.2　　电路两级静态工作点的调整和测试数据表

元件及工作条件 / 项目	U_{CC}=12V，用低频信号发生器在电路输入端输入 1kHz 的正弦波信号，调节电位器 R_{p1} 与输入信号的大小，使电路输出信号波形最大失真					
	三极管 VT_1			三极管 VT_2		
测量项	U_{B1}	U_{C1}	U_{E1}	U_{B2}	U_{C2}	U_{E2}
数据						
三极管工作状态						
R_{p1} 的作用						

（3）正常（有两级负反馈）时电路交流放大倍数的测试测量。保持（2）中的位置和正常电路，用低频信号发生器在电路输入端输入 1kHz 的正弦波信号，调节输入信号的大小，使电路输出信号波形不失真。用示波器或电子电压表测量电路此时输入、输出信号的大小 U_i、U_o，将测量的数据填入记录表 3.2 内，并计算出电路的放大倍数。

（4）R_9 断开（无两负反馈）时电路交流放大倍数的调试测量。保持（2）中 R_{p1} 的位置，断开 R_9，用低频信号发生器在电路输入端 U_i 输入 1kHz 的正弦波信号，调节输入信号的大小，使电路输出信号波形不失真。用示波器或电子电压表测量电路此时输入、输出信号的大小 U_i、U_o，将测量的数据填入记录在表 3.3 内，并计算出电路的放大倍数。

表 3.3　　有、无两级负反馈时放大倍数的测量与比较

测试工作与项目 / 电路状态	条件：保持（2）中 R_{p1} 的位置，用低频信号发生器在电路输入端输入 1kHz 的正弦波信号，调节输入信号的大小，使电路输出信号波形不失真			
	U_i	U_o	$A_u=U_o/U_i$	两种工作方式放大倍数的比较
正常电路（有两级负反馈）				
断开 R_9（无两级负反馈）				
负反馈对放大电路的影响				

（5）负反馈对放大电路性能的影响。比较正常电路（有两级负反馈）与断开 R_9（无两级反馈）两种状态的电路放大倍数，总结负反馈对放大倍数的影响并填入表 3.2。

3.3.5 故障分析与排除

1. 静态工作点不正常

故障范围：故障一般与电路供电电源、基极和发射极偏置电阻、集电极负载电阻以及三极管本身有关，应重点检查电源是否引入、各电阻焊接是否良好、阻值是否正确、三极管管脚顺序是否焊接错误和三极管性能是否良好等。

检测方法：在仔细检查、核对安装电路的元器件参数、电解电容的极性、三极管的管脚顺序并确认无误后，可采用直流电压法进行检测，即用万用表直流电压挡检测电路中各点电压，根据所测数据大小分析、判断故障所在部位。

2. 信号弱或无信号输出

故障范围：在各三极管静态工作点正常的前提下，故障一般与信号输入、输出耦合电路以及三极管本身有关，应重点检查耦合电容容量是否符合要求和三极管性能是否良好等。

检测方法：在确认各三极管静态工作点正常后，可采用信号波形观测法进行检测，即在电路输入端注入一定频率和大小的正弦交流信号（1kHz 左右），按信号流向从前到后用示波器观测各点波形，根据所测波形分析、判断故障所在部位。

本章小结

多级放大电路常见的三种耦合方式有：组容耦合、直接耦合和变压器耦合。多级放大电路的电压放大倍数 A_u 等于各级放大倍数的乘积，输入电阻 R_I 为第一级的输入电阻，输出电阻 R_O 为末级的输出电阻。估算时应注意耦合后级与级之间的相互影响。

反馈的实质是输出量参与控制，反馈使净输入量减弱的为负反馈，使净输入量增强的为正反馈。常用“瞬时极性法”来判断反馈的极性。

反馈的类型按输出端的取样方式分为电压反馈和电流反馈，常用负载短路法进行判别；按输入端的连接方式分为串联反馈和并联反馈，常用观察法进行判别。

负反馈的重要特性是能稳定输出端的取样对象，从而使放大器的性能得到改善，包括静态性能和动态性能，改善动态性能是以牺牲放大倍数为代价的。反馈愈深，愈为有益，但也不能够无限制地加深反馈，否则易引起电路的不稳定。

当电路为深度负反馈时，反馈量近似等于外加的输入信号，利用这个结论可以简便地计算出电压放大倍数。

习题

1. 阻容耦合多级放大电路的静态工作点________，直接耦合多级放大电路的静态工作点________。

2. 阻容耦合多级放大电路能放大________信号，直接耦合多级放大电路能放大________信号。

3. 直接耦合放大电路存在零点漂移的原因是________。

4. 集成放大电路采用直接耦合方式的原因是________。

5. 选用差分放大电路作为多级放大电路的第一级的原因是________。

6. 选用功率放大电路作为多级放大电路的最后一级的原因是________。

7. 光电耦合的突出优点是________。

8. 变压器耦合的突出优点是________。

9. 通常来讲，级联放大电路的输入电阻决定于________。

10. 通常来讲，级联放大电路的输出电阻决定于________。

11. 如图 3.16 所示的两级阻容耦合放大电路中，已知 U_{CC}=12V，R_{B1}=30kΩ，R_{B2}=20kΩ，R_{C1}=R_{E1}=4kΩ，R_{B3}=130kΩ，R_{E2}=3kΩ，R_L=1.5kΩ，β_1=β_2=50，U_{BE1}=U_{BE2}=0.8V。

（1）求前、后级放大电路的静态值。

（2）画出交流等效电路。

（3）求各级电压放大倍数 A_{u1}、A_{u2} 和总电压放大倍数 A_u。

（4）后级采用射极输出器有什么好处？

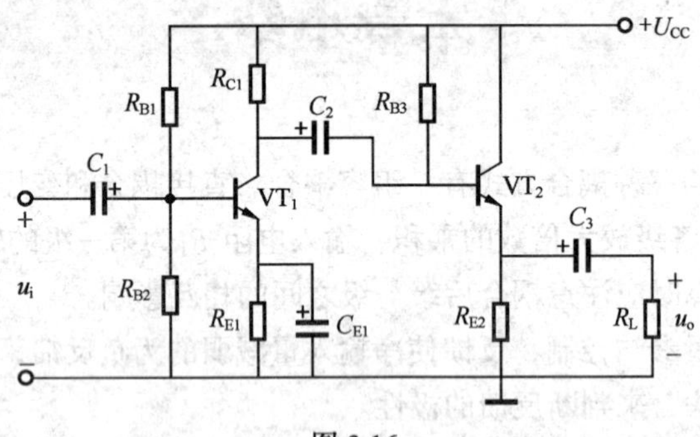

图 3.16

12. 如图 3.17 所示各电路中是否引入了反馈，是直流反馈还是交流反馈，是正反馈还是负反馈？设图中所有电容对交流信号均可视为短路。

13. 如图 3.18 给出两个电路，其晶体管及相应的电阻都相同，试问：

（1）两个电路哪一个输入电阻高？哪一个输出电阻高？

（2）当信号源内阻 R_s 变化时，哪一个输出电压稳定性好？

（3）当负载电阻 R_L 变化时，哪一个输出电压稳定？

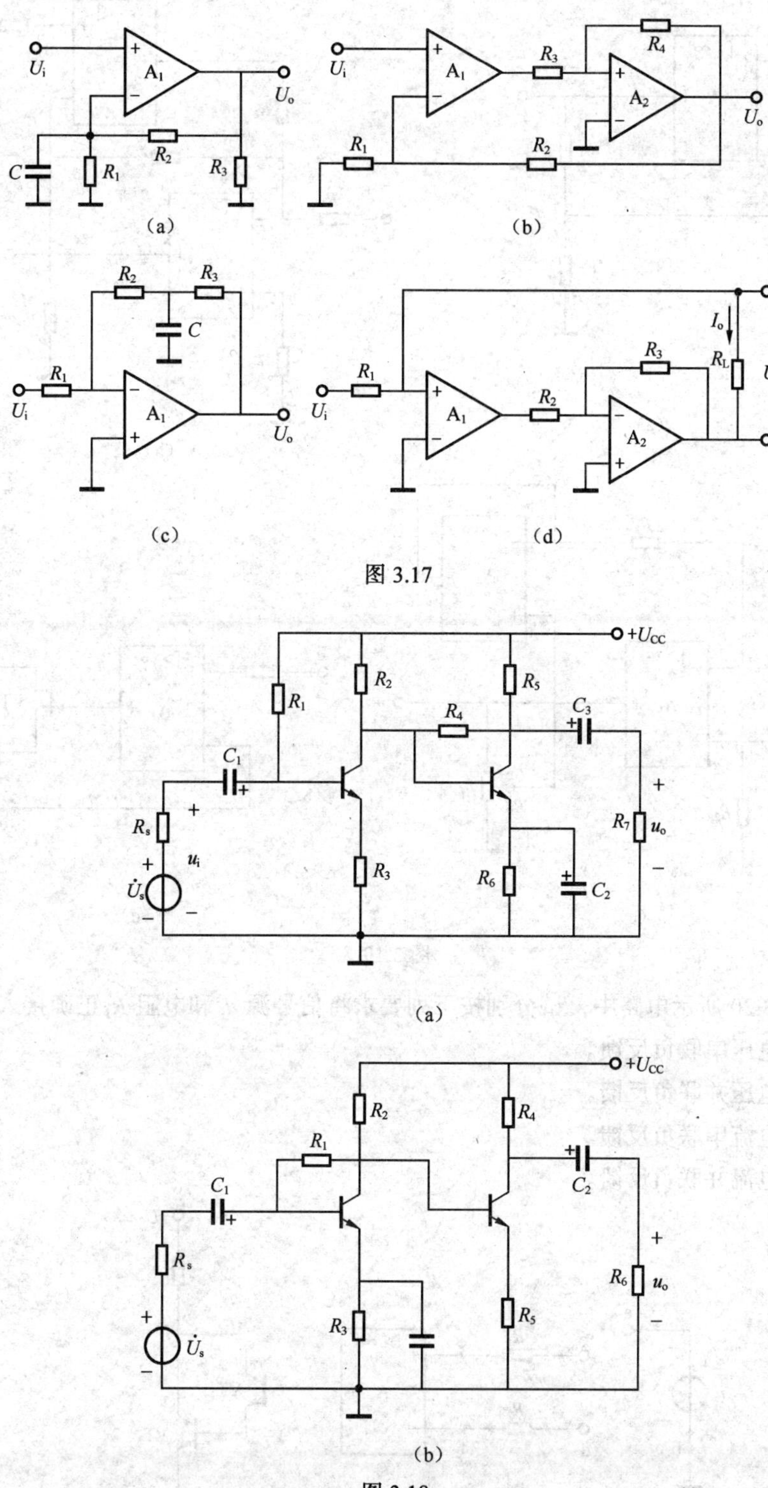

图 3.17

(a)

(b)

图 3.18

14. 判断图 3.19 所示电路中，各有哪些反馈通路，是正反馈还是负反馈，是直流反馈还是交流反馈？

15. 判断图 3.19 所示电路中，各交流负反馈分别属于什么类型？

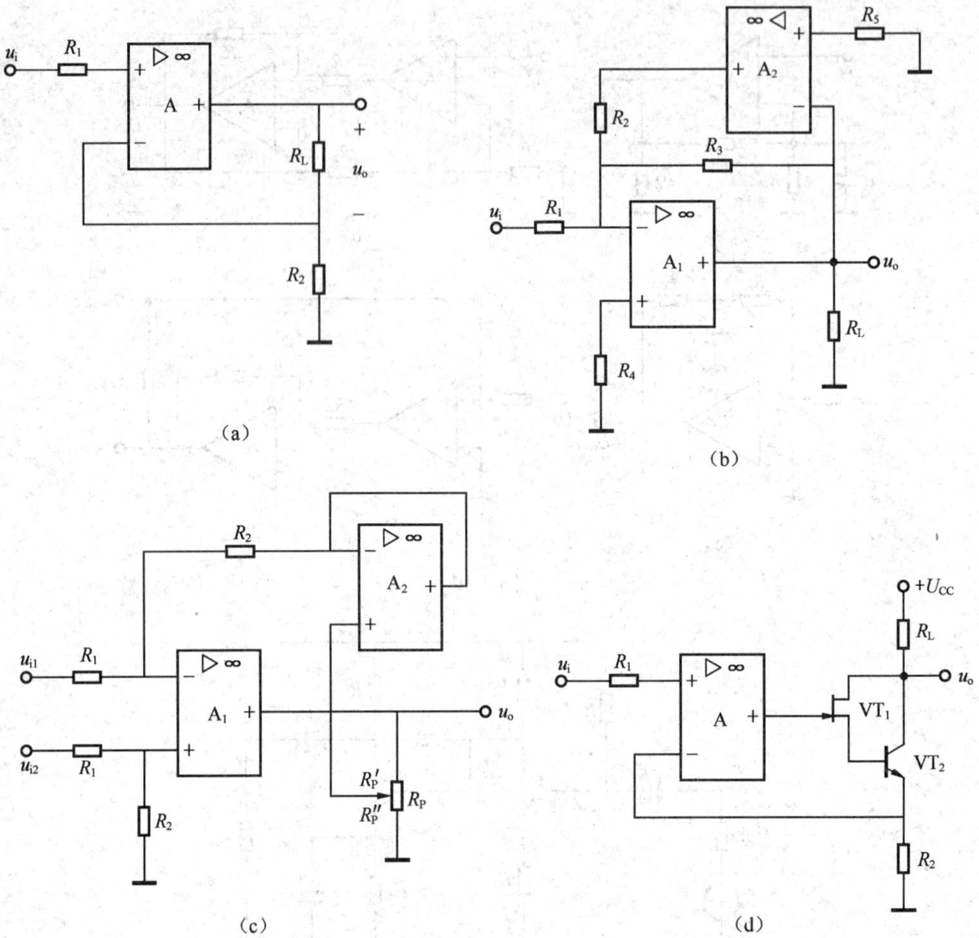

(a)　(b)

(c)　(d)

图 3.19

16. 在图 3.20 所示电路中，试分别按下列要求将信号源 u_s 和电阻 R_f 正确接入该电路。

(1) 引入电压串联负反馈。

(2) 引入电压并联负反馈。

(3) 引入电流串联负反馈。

(4) 引入电流并联负反馈。

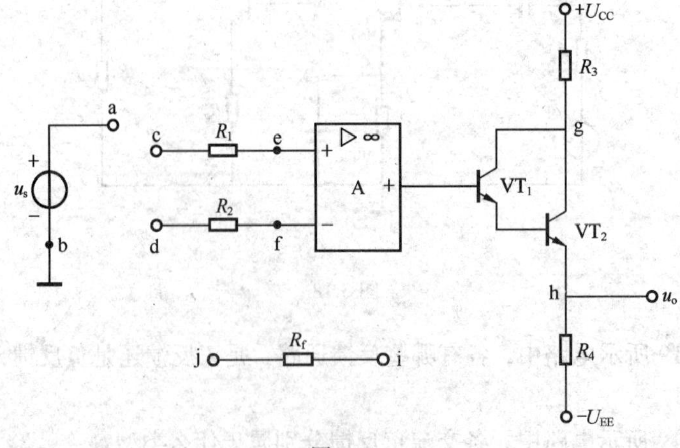

图 3.20

第4章 低频功率放大器

多级放大器一般包括三部分：输入级、中间级和输出级。其中，输出级与负载相连，通常负载又是功率性器件，为使其能够正常工作，输出级就必须输出足够大的功率，即输出级不但要输出足够高的电压，同时还要提供足够大的电流，而能够实现上述功能的放大器称为功率放大器。

4.1 概述

4.1.1 功率放大器的特点

功率放大器实质是一种能量转换的电路，在输入信号的作用下，晶体管把直流电源的能量转换成随输入信号变化的输出功率送给负载，这就意味着功率放大器不仅要提供足够高的输出电压，而且要提供足够大的输出电流。因此，功率放大器通常工作在大信号状态下。它具有以下特点和要求。

1. 在不失真（或失真较小）的情况下，输出尽可能大的功率

为了获得较大的输出功率，要求功率放大管的电压和电流都有足够大的输出幅度。因此，功率放大管往往工作在极限的状态下，u_{CE} 最大时接近 $U_{(BR)CEO}$，i_C 最大时可达 I_{CM}，BJT 的管耗最大时接近 P_{CM}，在使用时应注意不要超过它的极限参数。

2. 效率要高

由于功率放大器的主要任务是通过晶体管将电源提供的能量转化为随输入信号变化的交流能量送给负载，因此它输出功率大，相应的直流电源消耗的功率也大。我们把功率放大器输出的有用信号功率与电源提供的直流功率的比值称为效率。若效率不高，不仅造成能量的浪费，而且消耗在电路内部的能量将转换成热能使晶体管等元器件发热，影响电路稳定工作，严重时还会损坏器件。因此，提高效率是功率放大电路的主要问题。

3. 非线性失真在允许范围内

由于功率放大器在大信号状态下工作，所以非线性失真是难免的，而且功放管输出功率越大，其非线性失真也越严重，这就构成了功率放大电路的一对矛盾。因此，如何将功率放大器的非线性失真控制在允许范围内，又可以输出尽可能大的功率，也是设计者应考虑的问题之一。

4.1.2 功率放大器的分类

根据功率放大器静态工作点的位置分类可以分为 3 类，如图 4.1 所示。

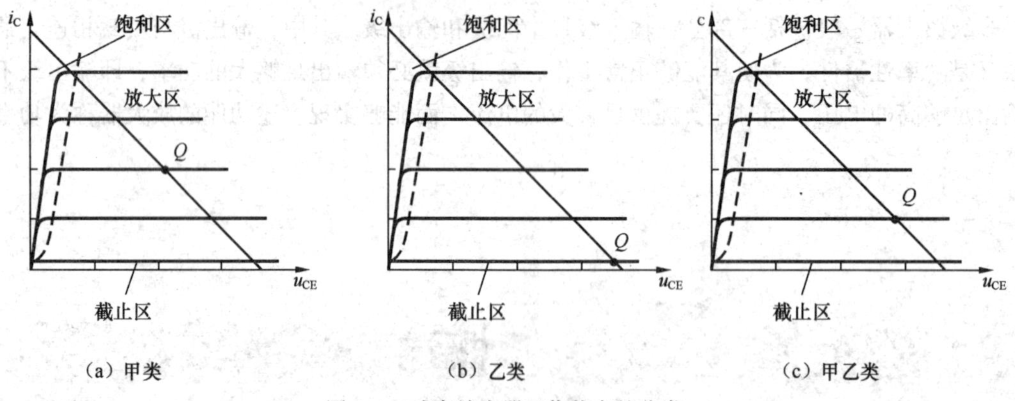

图 4.1　功率放大器工作状态的分类

（1）甲类放大器。静态工作点设置在放大区的中间，这种电路的优点是在输入信号的整个周期内三极管都处于导通状态，输出信号失真较小，缺点是三极管有较大的静态电流 I_{CQ}，这时管耗 P_C 大，电路能量转换效率低。

（2）乙类放大器。静态工作点设置在截止区，此时由于三极管的静态工作 $I_{CQ}=0$，所以能量转换效率高，它的缺点是单个三极管只能对半个周期的输入信号进行放大，对完成整个周期信号的放大易出现交越失真。

（3）甲乙类放大器。静态工作点设在放大区但接近截止区，即三极管处于微导通状态，这样可以有效克服乙类放大电路的失真问题，且能量转换效率也较高，目前使用较为广泛。

4.2 乙类互补对称功率放大电路

在上述的 3 种功率放大器工作状态中，甲类是由单管组成的功率放大电路，线性好但效率低，最大只能输出电源功率的 50%左右。而单电源乙类功率放大电路通常由推挽功率放大电路（如图 4.2 所示）和基本互补对称功率放大电路（如图 4.3 所示）组成。变压器耦合推挽功率放大电路是利用输入变压器的倒相作用来实现两管轮流工作，利用输出变压器来实现输出波形合成的。同时解决了阻抗匹配问题，但过于笨重，不利于集成化，也很少被采用。而在互补对称功率放大电路中，则是利用特性对称的 NPN 型和 PNP 型三极管在信号的正、负半周轮流工作和互相补充，实现了整个信号的放大输出。目前更多采用的是以图 4.3 所示电路为基础改进的功率放大电路，下面就以基本互补对称功率放大电路为例进行电路分析。

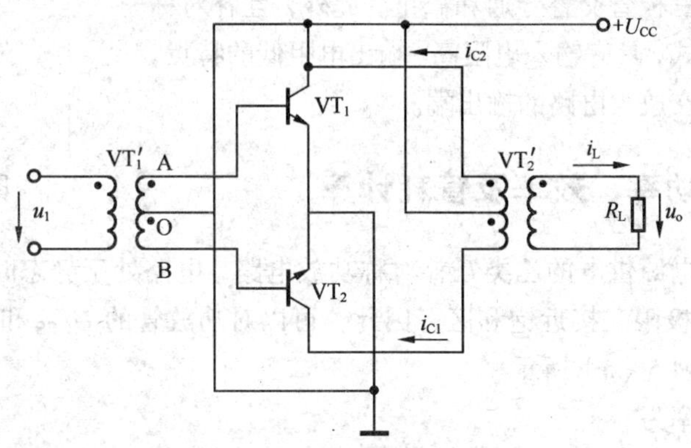

图 4.2　推挽功率放大电路

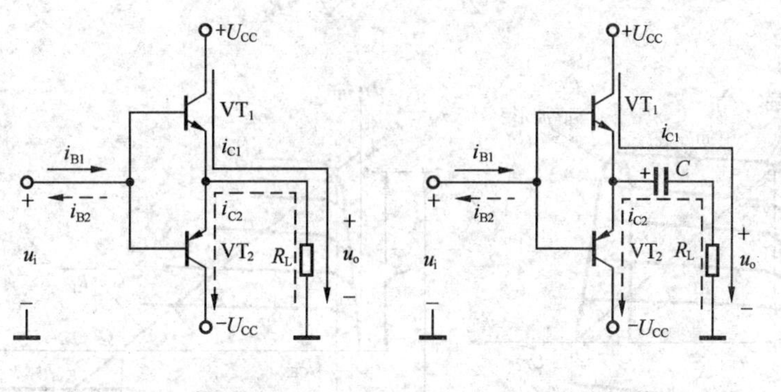

（a）双电源供电　　（b）单电源供电

图 4. 3　互补对称功率放大电路

4.2.1　乙类基本互补对称功率放大电路

1. 电路原理

如图 4.3（a）所示，图中 VT_1、VT_2 是两个特性一致的 NPN 型和 PNP 型三极管。两个三极管基极连接输入信号，发射极连接负载 R_L，均工作在乙类状态。这个电路可以看成是由两个工作于乙类状态的射极输出器组成。

无信号时，因 VT_1、VT_2 特性一致及电路对称，因而发射极电压 $U_E=0$，R_L 中无静态电流，又由于三极管工作于乙类状态，$I_{BQ}=0$，$I_{CQ}=0$，故电路中无静态损耗。

有正弦信号 u_i 输入时，两个三极管轮流工作。正半周时，VT_1 因发射结正偏而导通，在 VT_1 上形成基极电流 i_{B1}，从而在负载 R_L 上输出电流 i_{C1}（i_{B1}、i_{C1} 以实线表示），VT_2 因发射结反偏而截止。同理，在负半周与正半周恰好相反，电流 i_{B2}、i_{C2} 以虚线表示。这样，在信号 u_i 的一个周期内，电流 i_{C1} 和 i_{C2} 以正、反两个不同的方向交替流过负载电阻 R_L，在 R_L

上合成为一个完整的略有交越失真的正弦波信号，如图 4.4 所示。

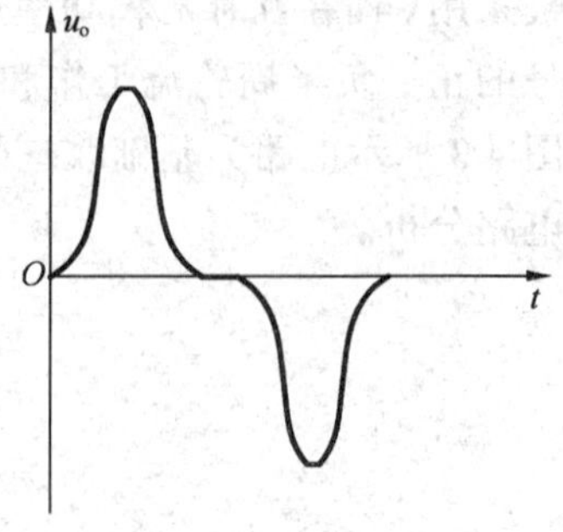

图 4.4 交越失真

由此可见，在输入电压作用下，互补对称电路利用了两个不同类型三极管发射结偏置的极性正好相反的特点，自行完成了反相作用，使两个三极管交替导通和截止。此外，互补对称电路构成射极输出方式，具有输入电阻高、输出电阻低的特点，低阻负载可以直接接在放大电路的输出端。

2. 最大输出功率、效率及管耗计算

图 4.3（a）为双电源供电的乙类互补对称功放电路，电路处于静态时工作点处于截止区，动态时工作点的变化极限又接近饱和区，因此，可以对功放管的 U_{CES} 和 I_{CEQ} 作理想化处理，其单管工作波形如图 4.5（a）所示。

（1）最大输出功率为

$$P_{om}=\frac{1}{2}U_{CEM}I_{CM}=\frac{1}{2}\cdot\frac{U_{CC}^2}{R_L} \tag{4.1}$$

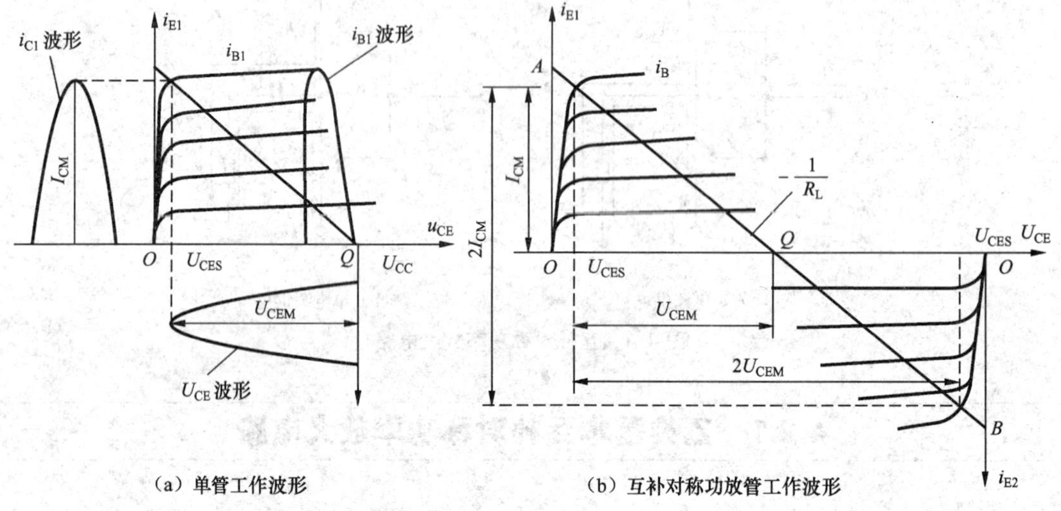

图 4.5 互补对称功放管工作波形

（2）电源输出的功率为

$$P_u=\frac{2}{\pi}U_{CC}I_{om}=\frac{2}{\pi}U_{CC}I_{cm} \tag{4.2}$$

（3）最大电源输出功率为

在放大器输出最大功率时，忽略三极管饱和压降，$I_{cm}=I_{CM}=U_{CC}/R_L$，电源给出最大功率为

$$P_{UM}=\frac{2}{\pi}\cdot U_{CC}\cdot\frac{U_{CC}}{R_L}=\frac{4}{\pi}P_{OM} \tag{4.3}$$

（4）电路在最大输出功率时的效率为

$$\eta_{\mathrm{M}} = \frac{P_{\mathrm{OM}}}{P_{\mathrm{OM}}} = \frac{\pi}{4} = 78.5\% \tag{4.4}$$

（5）放大电路中三极管的管耗为

$$P_{\mathrm{VT}} = P_{\mathrm{u}} - P_{\mathrm{o}} \tag{4.5}$$

最大管耗与最大输出功率之间的关系为

$$P_{\mathrm{TM}} = \frac{4}{\pi^2} \cdot \frac{U_{\mathrm{CC}}^2}{2R_{\mathrm{L}}} = \frac{4}{\pi^2} \cdot P_{\mathrm{OM}} \approx 0.4P_{\mathrm{OM}} \tag{4.6}$$

4.2.2 单电源互补对称功率放大器

图 4.3（a）所示的互补对称功率放大器中需要正、负两个电源。但在实际电路中，如在收音机或扩音机中，为了简化常采用单电源供电。为此，可采用图 4.3（b）所示单电源供电的互补对称功率放大器。这种形式的电路无输出变压器，而有输出耦合电容，简称 OTL（Output Transformer Less）电路。而图 4.2 所示电路无输出电容，简称 OCL（Output Capacitor Less）电路。

图 4.3(b)电路中，三极管工作于乙类状态。静态时因电路对称，两个三极管发射极电位为电源电压的一半，即 $U_{\mathrm{CC}}/2$，负载中没有电流，动态时在输入信号正半周 T_1 导通，T_2 截止，T_1 以射极输出的方式向负载 R_{L} 提供电流 $i_{\mathrm{O}}= i_{\mathrm{C1}}$，使负载 R_{L} 上得到正半周输出电压。电容器 C 在这时起负电源的作用。为了使输出波形对称，即 i_{C1} 与 i_{C2} 大小相等，必须保持电容器 C 上的电压恒为 $U_{\mathrm{CC}}/2$ 不变，也就是电容器 C 在放电过程中其端电压不能下降过多，因此，电容器 C 的容量必须足够大。

由上述分析可知，单电源互补对称电路的工作原理与正、负双电源互补对称电路的工作原理相似，不同之处只是输出电压幅度由 U_{CC} 降为 $U_{\mathrm{CC}}/2$，只要将 U_{CC} 改为 $U_{\mathrm{CC}}/2$，就可以用于单电源互补对称功率放大器。

4.2.3 甲乙类互补对称功率放大器

由于乙类功率放大电路的静态工作点处于截止区，在输入信号处于靠近 0 的小范围内变化时，无法使晶体管处于正常导通状态或进入线性放大区，从而引起交越失真。因而给功率管加上偏置电路，使其工作在甲乙类放大状态，在静态时晶体管处于微导通状态，但在负载 R_{L} 上的压降为 0，输入信号一旦到来，将直接进入线性放大区，可对输入信号进行不失真放大，如图 4.6 所示。但是，上述电路在对输入信号负半周进行放大时，由于 T_2 发射极的电位不断升高而接近电源电压时，势必会使 T_2 的动态范围缩小，从而影响放大性能，造成正、负半周动态范围不对称。为了改善电路中存在的问题，在电路中增加 C_3 和 R_3 两个元件，从而使电路具备了自举功能。当 B 点电位上升时，从而引起 C 点电位的上升，晶体管 T_2 基极的电位也跟着上升，由于电容 C_3 上的电压不能突变，B 点与 T_2 基极上的电压变化量相等，从而保证了 U_{BE} 不变，解决了动态范围受限的缺点，如图 4.7 所示。

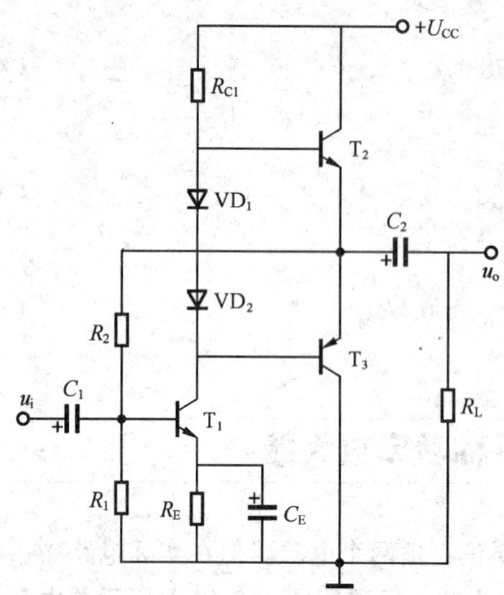

图 4.6　甲乙类互补对称功率放大器

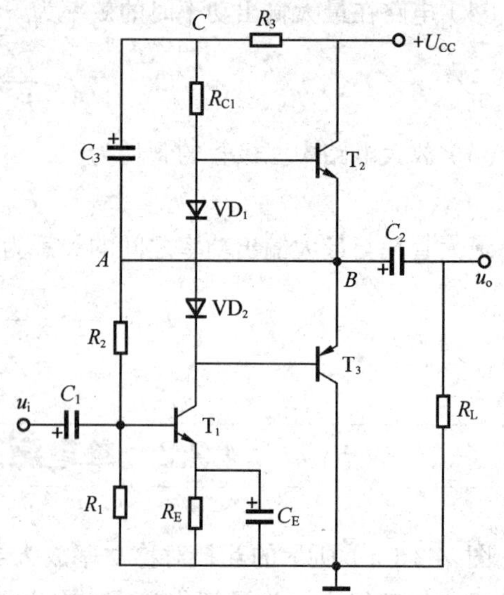

图 4.7　带自举电路的甲乙类互补对称功率放大器

4.2.4　复合管互补对称功率放大器

在上述互补对称电路中，若要求输出较大功率，则要求功放管采用中功率或大功率三极管。这就产生如下问题，一是大功率的 PNP 和 NPN 两种类型三极管之间难以做到特性一致；二是输出大功率时功放管的峰值电流很大，而功放管的β不会很大，因而要求其前置级有较大的推动电流。

例如，12V 输出电压，8Ω负载，输出电流为 1.5A，其幅值约为 2.12A。若β为 20，则要求推动电流为 100mA 以上。这对于前级是电压放大器的情况是难以做到的。为了解决上述问题，可采用复合管互补对称电路。用复合管的好处是，由于大功率的 PNP 型和 NPN 型很难做到对称，我们可以把第二个三极管选为同类型的，通过复合管的接法实现互补。选择三极管连接成复合管使用时应注意：第二个三极管的功率应比第一个三极管的功率大。

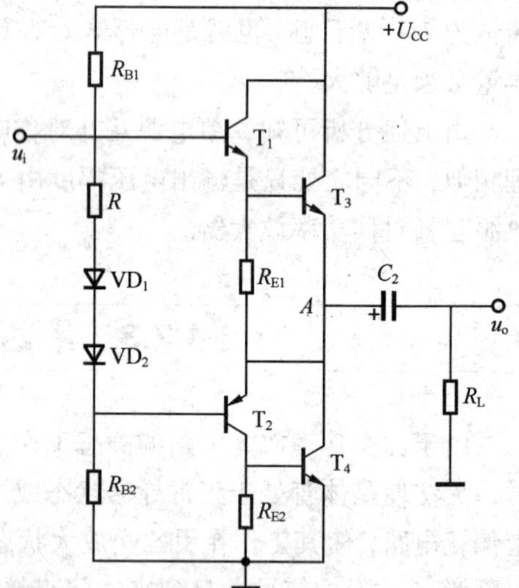

图 4.8　复合管组成的准互补对称功率放大电路

图 4.8 所示为复合管组成的准互补对称功率放大电路，图中两个复合管的第二个三极管为同类型，第一个为互补型。

T_1、T_3和 T_2、T_4组成准互补对称功率放大电路，两个三极管的射极通过一个大电容 C_2 接到负载 R_L 上。二极管 VD_1、VD_2 用来消除交越失真，并向复合管提供一个偏置电压。当静态时，调整电路使 U_A 的电位为 $U_{CC}/2$。

当加入交流信号正半周时，T_1、T_3 导通，电流通过电源 U_{CC}、T_1 和 T_3、电容 C_2 和负载 R_L 得到正半周信号。

在负半周，电容 C_2 上的电压代替电源，T_2、T_4 导通，由于 C_2 容量很大，放电时间常数远大于输入信号周期，故 C_2 上的电压可视为恒定不变。当 T_2、T_4 导通时，电流通过 C_2、T_2 和 T_4、地和负载电阻 R_L 而得到负半周信号。

4.3 集成功率放大器

世界上自 1967 年研制成功第一块音频功率放大器集成电路以来，在短短的几十年的时间内其发展的速度和应用是惊人的。目前约 95%以上音响设备上的音频功率放大器都采用了集成电路。据统计，音频功率放大器集成电路的产品品种已超过 300 种，从输出功率容量来看，从不到 1W 的小功率放大器，发展到 10W 以上的中功率放大器，直到 25W 的厚膜集成功率放大器；从电路的结构来看，从单声道的单路输出集成功率放大器发展到双声道立体声的二重双路输出集成功率放大器；从电路的功能来看，从一般的 OTL 功率放大器集成电路发展到具有过压保护电路、过热保护电路、负载短路保护电路、电源过冲电压保护电路、静噪声抑制电路和电子滤波电路等功能更强的集成功率放大器。这里介绍几种集成功率放大器。

4.3.1 LM386 集成功率放大器

1. LM386 的特点

LM386 是一种通用型集成功率放大器，它的特点是频带宽（可达几百千赫）且功耗低（常温下为 660mW），广泛应用于收音机、对讲机、方波和正弦波发生器，其内部电路和管脚排列如图 4.9 所示。LM386 是 8 脚 DIP 封装，消耗的静态电流约为 4mA，它是应用电池供电的理

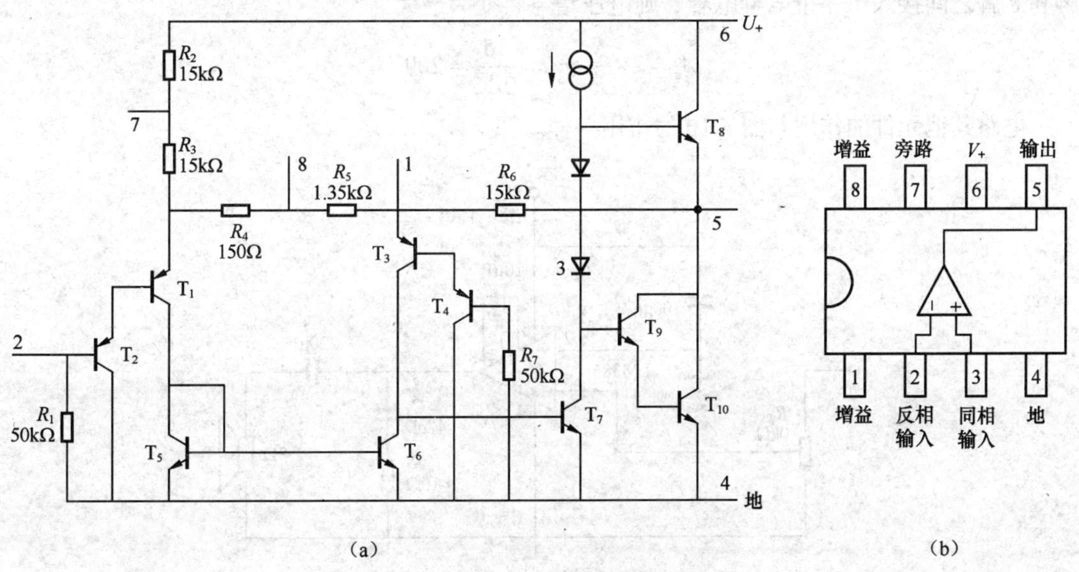

图 4.9　LM386 内部电路及管脚排列图

想器件。该集成功率放大器同时还提供电压增益放大，其电压增益通过外部连接的变化可在20～200V范围内调节；其供电电源电压范围为4～15V，在8Ω负载下，最大输出功率为325mW，内部没有过载保护电路，输入阻抗为50kΩ，频带宽度300kHz。

2. LM386的典型应用

LM386使用非常方便，它的电压增益近似等于2倍的1脚和5脚电阻值除以T_1和T_3发射极间的电阻（图4.9（a）中为R_4+R_5）。

如图4.10所示为LM386组成的最小增益功率放大器，总的电压增益为

$$2\times\frac{R_6}{R_5+R_4}=2\times\frac{15\ \text{k}\Omega}{0.15\ \text{k}\Omega+1.35\ \text{k}\Omega}=20$$

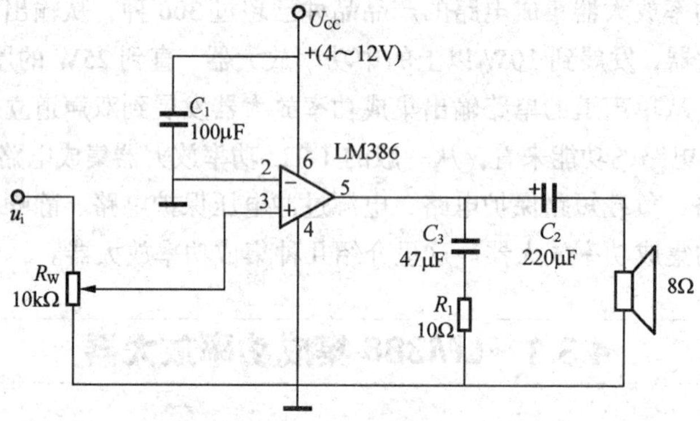

图4.10 A_u=20的功率放大器

电容C_2是交流耦合电容，它将功率放大器的交流输出送到负载上，输入信号通过R_w接到LM386的同相端。电容C_1是退耦电容，R_1、C_3网络起消除高频自激振荡作用。

若要得到最大增益的功率放大器电路，可采用图4.11所示电路。在该电路中，LM386的1脚和8脚之间接入了一个电解电容，则电压增益将变为最大

$$A_u=2\times\frac{R_6}{R_4}=2\times\frac{15}{0.15}=200$$

电路其他元件的作用与图4.10的作用一样。

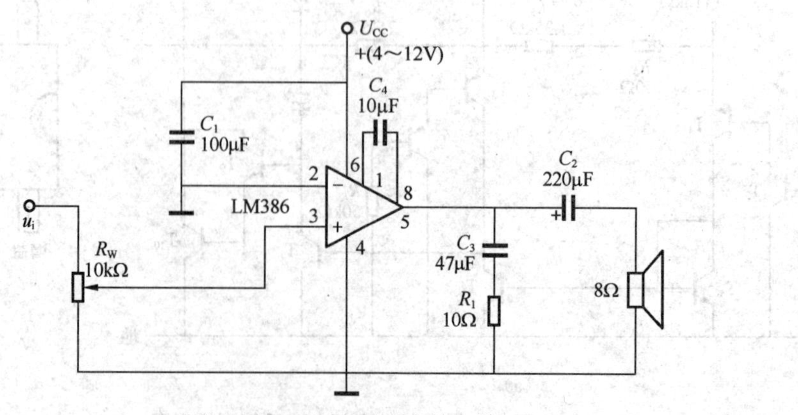

图4.11 A_u=200的功率放大器

4.3.2 高功率集成功率放大器 TDA2006

1. TDA2006 的特点

TDA2006 集成功率放大器是一种内部具有短路保护和过热保护功能的大功率音频功率放大器集成电路。它的电路结构紧凑，引出脚仅有 5 只，补偿电容全部在内部，外围元件少。使用方便。不仅在录音机、组合音响等家电设备中采用，而且在自动控制装置中也广泛使用。

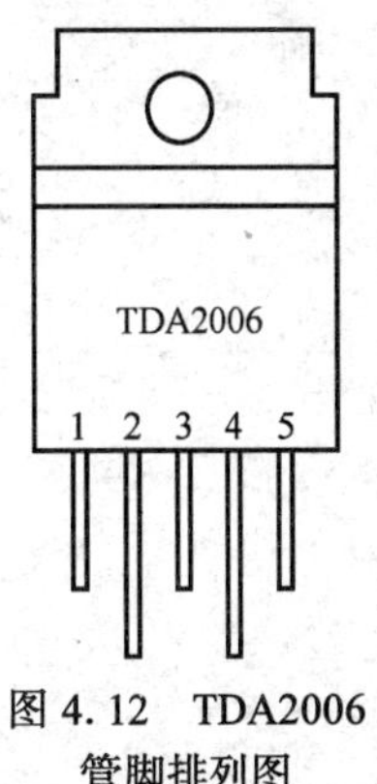

图 4.12 TDA2006 管脚排列图

音频功率放大器集成电路 TDA2006 采用 5 脚单边双列直插式封装结构，其外型和管脚排列如图 4.12 所示。图中，1 脚是信号输入端子；2 脚是负反馈输入端子；3 脚是整个集成电路的接地端子，在作双电源使用时，即为负电源（$-U_{CC}$）端子；4 脚是功率放大器的输出端子；5 脚是整个集成电路的正电源（$+U_{CC}$）端子。

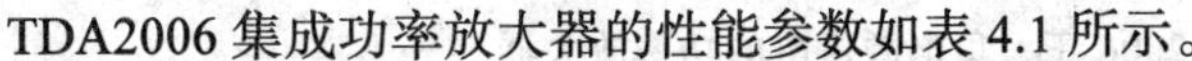

TDA2006 集成功率放大器的性能参数如表 4.1 所示。

表 4.1 TDA2006 的性能参数

参数名称	符号	单位	测试条件	规范		
				最小	典型	最大
电源电压	U_{CC}	V		±6		±15
静态电流	I_{CC}	mA	$U_{CC}=\pm15V$		40	80
输出功率	P_0	W	$R_L=4k\Omega$，$f=1kHz$，$THD=10\%$		12	
			$R_L=8k\Omega$，$f=1kHz$，$THD=10\%$	6	8	
总谐波失真率	THD	%	$P_0=8W$，$R_L=4k\Omega$，$f=1kHz$		0.2	
频率响应	BW	Hz	$P_0=8W$，$R_L=4k\Omega$	40～140 000		
输入阻抗	R_i	MΩ	$f=1kHz$	0.5	5	
电压增益（开环）	A_u	dB	$f=1kHz$		75	
电压增益（闭环）	A_u	dB	$f=1kHz$	29.5	30	30.5
输入噪声电压	E_N	μV	$BW=22Hz\sim22kHz$，$R_L=4k\Omega$		3	

2. TDA2006 的典型应用

TDA2006 集成电路组成的双电源供电的音频功率放大器如图 4.13 所示，该电路应用于具有正、负双电源供电的音响设备。音频信号经输入耦合电容 C_1 送到 TDA2006 的同相输入端（1 脚），功率放大后的音频信号由 TDA2006 的 4 脚输出。由于采用了正、负对称的双电源供电，故输出端子（4 脚）的电位等于零，因此电路中省掉了大容量的输出电容。电阻 R_1、R_2 和电容器 C_2 构成负反馈网络，其闭环电压增益为

$$A_{uf}\approx1+\frac{R_1}{R_2}=1+\frac{22}{0.68}\approx33.4$$

电阻 R_4 和电容器 C_5 是校正网络，用来改善音响效果。两只二极管是 TDA2006 内大功率输出管的外接保护二极管。

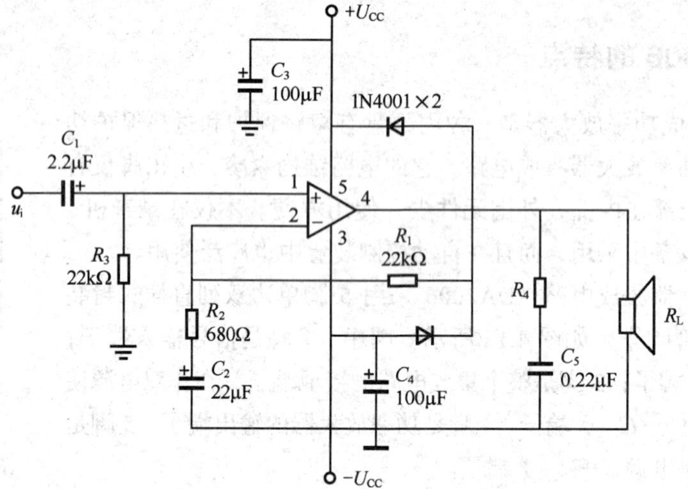

图 4. 13　TDA2006 正、负电源供电的功率放大器

在中小型收、录音机等音响设备中的电源设置往往仅有一组电源，这时可采用图 4.14 所示的 TDA2006 工作在单电源下的典型应用电路。

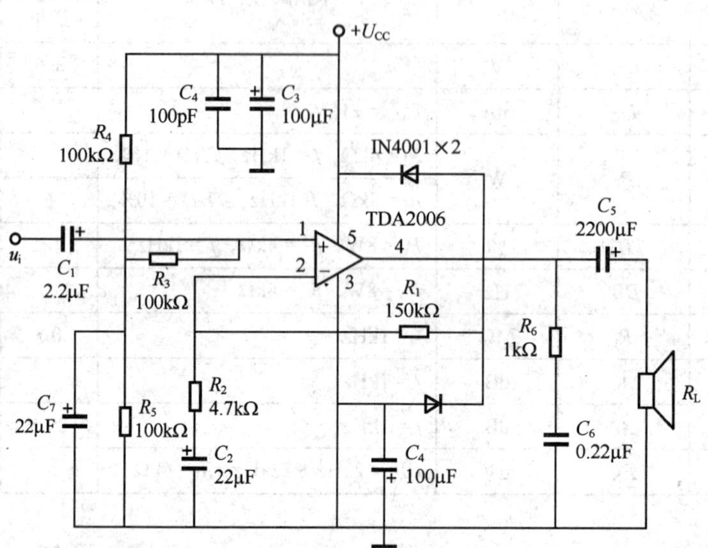

图 4. 14　TDA2006 组成的单电源供电的功率放大器

图中，音频信号经输入耦合电容 C_1 输入 TDA2006 的输入端，功率放大后的音频信号经输出电容 C_5 送到负载 R_2 扬声器。电阻 R_1、R_2 和电容 C_2 构成负反馈网络，其电路的闭环电压放大倍数为

$$A_{uf} \approx 1+\frac{R_1}{R_2}=1+\frac{150}{4.7}=32.9$$

电阻 R_6 和电容 C_6 同样是用以改善音响效果的校正网络。电阻 R_3、R_4、R_5 和电容 C_7 用来为 TDA2006 设置合适的静态工作点，使 1 脚在静态时获得电位近似为 $1/2U_{CC}$。

4.4 电视伴音 OTL 功率放大电路的制作

4.4.1 任 务 分 析

1. 电路图

电视伴音 OTL 功率放大电路如图 4.15 所示。

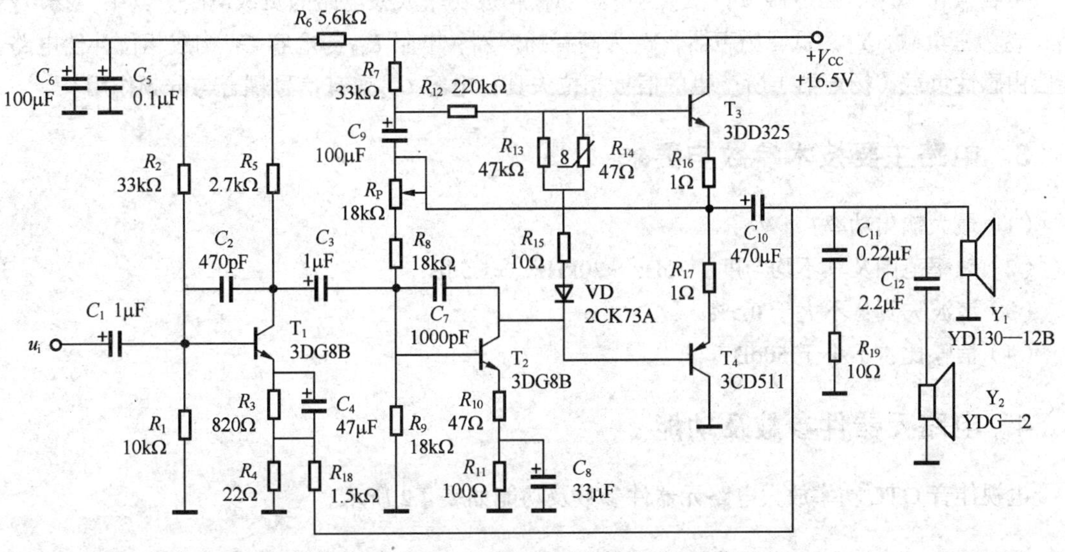

图 4.15 电视伴音 OTL 功率放大电路

2. 电路分析

（1）前置放大级

三极管 T_1 及其外围元件构成功率放大电路的前置放大级，如图 4.15 所示。其中，电容 C_1、C_3、C_4、电阻 R_1、R_2、R_3、R_5 与三极管 T_1 构成分压式工作点稳定放大电路，电容 C_2 构成单级高频负反馈，电阻 R_{18} 、R_4 构成三极电压串联负反馈网络。另外电阻 R_6 与电容 C_5、C_6 构成电源去耦合电路。

（2）功率输出激励级

三极管 T_2 及其外围元件构成功率放大电路的功率激励级，如图 4.15 所示。前置放大级输出的信号通过电容 C_3 耦合到三极管 T_2 的基极，激励放大后从集电极直接耦合到由 T_3、T_4 构成的功放输出级。其中，电位器 R_P、电阻 R_8、R_9 构成三极管 T_2 的两级交、直流负反馈网络，兼有基极偏置、稳定静态工作点和改善电路放大特性的作用。调节 R_P 可改变三极管 T_2、T_3、T_4 的静态工作点，保证功放输出级“中点电压”等于电源电压的一半。电阻 R_{10}、R_{11} 构成三极管 T_2 的发射极偏置电路，R_{10} 兼有负反馈的作用；电容 C_8 为电阻 R_{11} 的交流旁路电容；电容 C_7 构成单极高频负反馈，用以改善电路的频率响应特性。

（3）功放输出级

三极管 T_3、T_4 及其外围元件构成功率放大电路的功率输出级，如图 4.15 所示。

功放输出级以三极管 T_3、T_4 为中心，构成互补对称乙类推挽（OTL）功率放大输出电路。其中，电阻 R_7、R_{12}、R_{13}、R_{14}、R_{15} 与二极管 VD 一起构成三极管 T_3、T_4 的基极偏置电路，电阻 R_{16}、R_{17} 构成三极管 T_3、T_4 的发射极偏置电路，二者共同为三极管 T_3、T_4 提供一个较小的偏置电压，以消除电路的交越失真。其中，热敏电阻 R_{14}、二极管 VD 在偏置电路中具有温度补偿作用。电容 C_9、电阻 R_7 构成自举电路，用来消除信号的圆顶失真；电容 C_{10} 兼有输出耦合电容和储能电源的作用。

（4）负载电路

电容 C_{11}、C_{12}、扬声器 Y_1、Y_2 与电阻 R_{19} 构成功率放大电路的负载电路。其中，扬声器 Y_1、Y_2 为主负载，Y_1 为低音扬声器，Y_2 为高音扬声器；电阻 R_{19} 与电容 C_{11} 构成相位补偿电路，补偿由感性负载（扬声器）所产生的信号相位失真；电容 C_{12} 兼有信号耦合与分频作用。

3. 电路主要技术参数与要求

（1）最大输出功率：4W

（2）频率范围及其不均匀度：20Hz～20kHz，±1.5dB

（3）谐波失真：不大于 0.5%

（4）信噪比：不小于 50dB

4. 电路元器件参数及功能

电视伴音 OTL 功率放大电路元器件参数及功能如表 4.2 所示。

表 4.2　电视伴音 OTL 功率放大电路元器件参数及功能

序　号	元器件代号	名　称	型号及参数	功　能
1	C_1	电容器	CD11—16V—1μF	交流耦合
2	R_1 R_2	电阻器 电阻器	RJ11—0.25W—10kΩ RJ11—0.25W—33kΩ	基极直流偏置电阻
3	R_3 R_4	电阻器 电阻器	RJ11—0.25W—820Ω RJ11—0.25W—22kΩ	发射极直流偏置电阻
4	R_5	电阻器	RJ11—0.25W—2.7kΩ	集电极负载电阻
5	C_2	电容器	CC11—63V—470pF	高频负反馈
6	C_4	电容器	CC11—16V—47μF	交流旁路
7	R_{18}	电阻器	RJ11—0.25W—1.5kΩ	输出信号反馈电阻
8	T_1	三极管	3DG8B	电流放大
9	C_3	电容器	CC11—16V—1μF	交流耦合

续表

序　　号	元器件代号	名　　称	型号及参数	功　　能
10	R_6 C_5 C_6	电阻器 电容器 电容器	RJ11—0.25W—5.6kΩ CC11—63V—0.1μF CC11—16V—100μF	去耦电容
11	R_p R_8 R_9	电位器 电阻器 电阻器	WTH—1W—22kΩ RJ11—0.25W—18kΩ RJ11—0.25W—18kΩ	组成负反馈网络
12	R_{10} R_{11}	电阻器 电阻器	RJ11—0.25W—47Ω RJ11—0.25W—100Ω	交、直流负反馈电阻
13	C_7	电容器	CC11—63V—1000μF	高频负反馈
14	C_8	电容器	CC11—16V—33μF	交流旁路
15	T_2	三极管	3DG8B	电流放大
16	R_7 R_{12} R_{13} R_{14} R_{15} VD	电阻器 电阻器 电阻器 电阻器 电阻器 二极管	RJ11—0.25W—330Ω RJ11—0.25W—220Ω RJ11—0.25W—47Ω RJ11—0.25W—47Ω RJ11—0.25W—10Ω 2CK73A	基极偏置电阻
17	R_{16} R_{17}	电阻器 电阻器	RJ11—2W—1Ω RJ11—2W—1Ω	发射极偏置电阻
18	C_9	电容器	CC11—16V—100μF	自举电容
19	C_{10}	电容器	CC11—16V—470μF	耦合电容
20	T_3 T_4	三极管 三极管	3DD325 3CD511	互补对称三极管
21	R_{19} C_{11}	电阻器 电容器	RJ11—0.5W—10Ω CC11—16V—0.22μF	相位补偿
22	C_{12}	电容器	CC11—16V—2.2μF	兼有信号耦合与分频作用
23	Y_1 Y_2	扬声器 扬声器	5W—8Ω 5W—8Ω	将电信号转变为音频信号
24	$+U_{CC}$	直流电源	+12V、1.0A	直流供电

4.4.2 电路装配准备

1. 制作工具与仪器设备

（1）电路焊接工具：电烙铁（20～35W）、烙铁架、焊锡丝和松香。

（2）机加工工具：剪刀、剥线钳、尖嘴钳、平口钳、螺丝刀、套筒扳手、镊子和电钻。

（3）测试仪器仪表：万用表、双踪示波器、稳压电源和低频信号发生器。

2. 元器件成形与加工

元器件成形与加工见第 1 章中制作部分。功放输出管加装散热片工艺见第 1 章中制作部分“集成稳压器加装散热片”。

3. 导线加工与处理

导线加工与处理见第 1 章中制作部分。

4.4.3 整 机 装 配

1. 电路板装配

（1）电路板装配步骤

电路板装配应遵循“先高后低”的原则，先安装电阻 R_1～R_{13}、R_{15}、R_{18}、R_{19}，再安装电阻 R_{16}、R_{17}，然后安装三极管 VT_1、VT_2、插座以及测试端子和两个接地测试端子 GND，最后装接电容器 C_{10}。

（2）电路装配工艺要求

① 将热敏电阻器 R_{14} 用硅胶贴在功放管 T_3 的散热片上。

② 其他元器件（零部件）的装配工艺要求见第 1 章中制作部分。

2. 整机连接

根据电路原理图，将元件插到面包板上，再分别将电源端、输入信号端及输出信号端利用导线与电源、信号源及负载进行连线，完成整机电路的连接。

4.4.4 电 路 调 试

1. 电路调试步骤

先调整和测试前置级与功放输出激励、功放输出级两个静态工作点，观测电路的交越失真及交越失真的消除方法，再测试电路最大不失真输出功率，最后测试电路的频率性能。

2. 电路调试方法

（1）前置放大级静态工作点的测试与调整

电路通电后，在输入信号 $U_i=0$ 时，用万用表检测三极管 T_1 的各极直流电压，将测量数据填入表 4.3，并判断三极管是处于放大状态，还是处于放大区的偏截止区或饱和区。

表 4.3　　前置放大级静态工作点测试数据

	集电极电压 U_C/V	基极电压 U_B/V	发射极电压 U_E/V	管型	工作状态
前置放大三极管 T_1					

适当改变三极管 T_1 基极上偏置电阻 R_2 的阻值，可调整其静态工作点，使其处于最佳放大状态。

（2）功放输出激励、功放输出级静态工作点的测试与调整

① “中点电压” U_Z，调整电位器 R_P，使 $U_Z=(1/2)U_{CC}$。

② 静态工作点的测量。“中点电压”调整正确后，用万用表检测三极管 T_2、T_3、T_4 的各极直流电压，将测量数据填入表 4.4，并判断三极管的工作状态。

表 4.4　　功放输出激励、功放输出级静态工作点测试数据

	集电极电压	基极电压 U_B/V	发射极电压 U_E/V	管　型	工 作 状 态
激励三极管 T_2					
激励三极管 T_3					
激励三极管 T_4					

（3）交越失真及其消除方法

① 在“中点电压”调整正确后，用 8Ω/10W 的负载电阻代替扬声器，在电路输入端输入频率为 1kHz 的正弦信号。增大输入信号幅度，观察电路正常时输出信号的波形并将波形图绘入表 4.5。

表 4.5　　交越失真及其消除方法测试数据

电路状态 / 项　目	电路正常时（输出三极管基极加适当偏置电压）	电路正常时（输出三极管基极加适当偏置电压）	交越失真的消除方法
输出信号的波形			

② 保持①中其他条件不变，无基数短接输出三极管 T_3、T_4 基极偏置电路（直接用导线连接 T_3、T_4 的两个基极），观察输出三极管偏置时输出信号的波形并将波形图绘入表 4.4。

③ 比较输出三极管 T_3、T_4 基极正常偏置和无偏置时电路的输出波形，总结电路交越失真的消除方法并填入表 4.4。

适当改变输出管 T_3、T_4 基极偏置电路元件的阻值或压降数值，能够使输出信号波形刚好无交越失真。

（4）电路最大不失真输出功率的测量

用低频信号发生器提供频率为 1kHz 的正弦信号，加到电路输入端，用 8Ω/10W 的负载电阻代替扬声器。增大输入信号幅度，使输出信号波形最大不失真，记录下此时输出信号的幅度 U_{om}，并按公式 $P_{om}=U_{om}/4R_L$ 计算出电路最大不失真输出功率 P_{om}。

4.4.5　故障分析与排除

1. 中点电压不可调

故障范围：故障一般与电路供电电源、各三极管偏置电路、负载电阻以及三极管本身有关，应仔细检查电源是否良好、各电阻焊接是否良好、阻值是否正确、三极管管脚顺序是否焊接错误和三极管性能是否良好等。

检查方法：在仔细检查、核对安装电路的元器件参数、电解电容的极性、三极管的管脚顺序并确认无误后，可采用直流电压法进行检测，即用万用表直流电压挡检测电路中各点电压，根据所测数据大小分析、判断故障所在部位。

2. 输出功率小

故障范围：在各三极管静态工作点正常的前提下，故障一般与信号输入、输出耦合电路以及三极管本身有关，重点检查三极管性能是否良好，耦合电容容量是否符合要求等。

检测方法：在确认各三极管静态工作点正常后，可采用信号波形观测法进行检测，即在电路输入端注入一定频率和大小的正弦交流信号（1kHz 左右），按信号流向从前往后用示波器观测各点波形，根据所测波形分析、判断故障所在部位。

本章小结

功率放大器要求输出足够大的功率，这样输出电压和电流的幅度都很大，对它要求为输出功率大，效率高，非线性失真小，并应保证三极管安全可靠地工作。

互补对称功率放大电路有 OCL 和 OTL 两种电路，前者为双电源供电，后者为单电源供电。

乙类互补对称功率放大电路效率高（可达 78.5%），但存在着交越失真，在实际应用中多采用甲乙类互补对称电路，它可以有效地消除交越失真，效率也较高。

由于大功率对称异型管不易选配，实际中可采用复合管。

集成功率放大电路具有功耗低、失真小、效率高和安装方便等优点，应用日趋广泛。

习题

1. 在功率放大电路中，效率是指_______功率与_______功率之比，甲类放大电路的最大效率是_______ %，OCL 乙类互补对称功放电路的最大效率是_______ %，甲类功放效率低是因为______________。

2. 在乙类互补对称功率放大电路中，当 U_{om}=_______时，管耗最大，当 $U_{om}=U_{CC}$ 时，单管的最大管耗 P_{T1m}=_______。

3. 在OCL和OTL功率放大电路中，互补对称输出管的射极电位静态值分别为______和______。

4. 图 4.16 为功放三极管工作电流的波形，试说明各图中功放三极管分别属于甲、乙、甲乙哪类工作状态。

5. 在单管甲类变压器耦合功率放大器中，$U_{CC}=6\,V$，$R_{CC}=8\,\Omega$，如果向负载输出 50 mW 功率，输出变压器电压比为多少（设变压器传输效率为 80%）？

6. 互补对称功放电路如图 4.17 所示，已知 $u_i=4\sqrt{2}\sin\omega t(V)$，$T_1$、$T_2$ 三极管饱和压降 U_{CES}=0V。

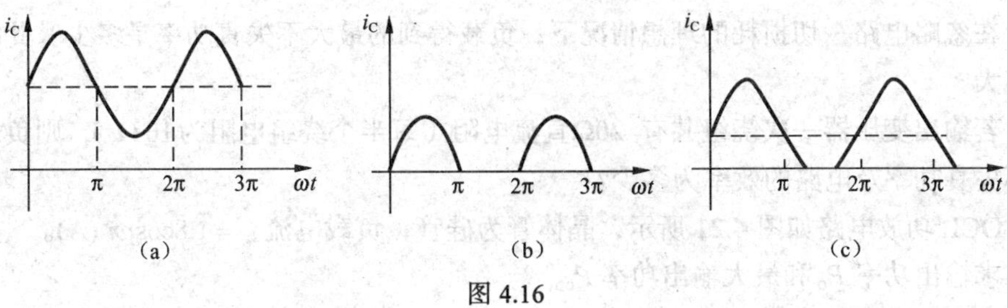

图 4.16

（1）定性画出 u_o 的波形。

（2）负载 R_L 上输出功率 P_o 约为多大？

（3）输入信号 u_i 足够大时，电路能达到的最大输出功率 P_{om} 为多大？

7. 电路如图 4.18 所示，若电容 C 足够大，其交流压降可忽略，R_L=16Ω，功率三极管饱和压降 U_{CES}=2V。

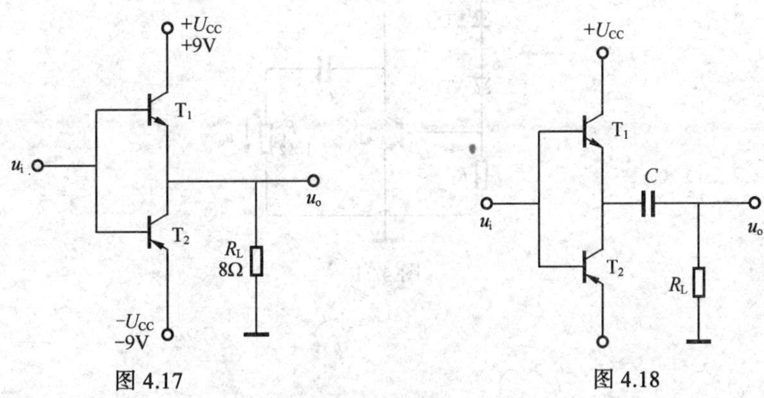

图 4.17　　　　图 4.18

（1）试估算 U_{CC}=+18V 时电路最大输出功率。

（2）若要求最大输出功率 P_{om}=4W，电源电压 U_{CC} 应为多大？

8. 如图 4.19 所示电路中，$R_{B2}=180\,\Omega$，$-U_{CC}=-6\,V$，$R_E=5.1\,\Omega$，$R_L=8\,\Omega$，输出变压器一次绕组匝数为 250，二次绕组匝数为 50，设三极管饱和压降及电路的其他损耗均可不计，试计算负载上获得的最大不失真功率。在这种状态下，R_{b1} 应为多大（设三极管的 U_{BE}=−0.3V）？

9. 在图 4.20 所示变压器耦合甲乙类推挽功率放大器中，若 $U_{CC}=6\,V, R_L=8\,\Omega$。

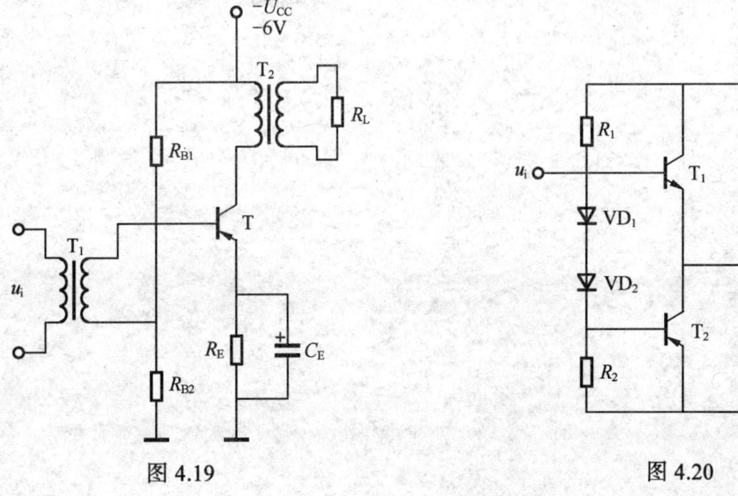

图 4.19　　　　图 4.20

（1）在忽略电路一切损耗的理想情况下，负载得到的最大不失真功率是多少？此时电路的功率为多大？

（2）若输出变压器一次绕组共有 20Ω直流电阻（每半个绕组电阻为10Ω），则负载上得到的最大不失真功率及电路的效率为多少？

10. OCL 功放电路如图 4.21 所示，晶体管为硅管，负载电流 $i_o = 1.8\cos\omega t$ (A)。

（1）求输出功率 P_o 和最大输出功率 P_{om}。

（2）求电源供给的功率 P_U。

（3）说明二极管 VD_1、VD_2 的作用。

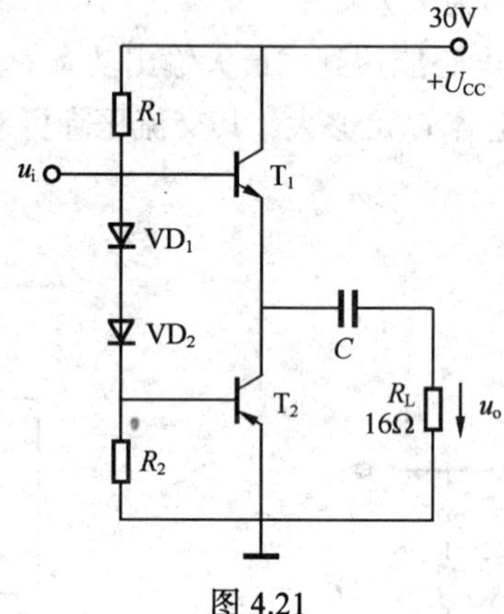

图 4.21

第5章 集成运放电路的应用

集成运算放大器（简称集成运放）是采用专门的制造工艺，把各种电子元件及它们之间的连线所组成的完整电路制作在一起，并具有放大功能的一种器件。集成运放具有体积小、焊点少、可靠性高和调试简单等优点，因此广泛应用于模拟信号的处理和产生的电路上，并且在很多情况下已经取代了分立元件放大电路。本章先介绍集成运放的基础知识，然后重点介绍集成运放电路的线性和非线性应用，最后介绍集成运放在应用中需注意的问题。

5.1 集成运放的基础知识

5.1.1 集成运放的概述

1. 集成运放的组成

集成运放实质上是一个具有高放大倍数的多级直接耦合放大电路。它的内部包含四个基本组成部分，即输入级、中间放大级、输出级和偏置电路，如图 5.1 所示。下面将对各部分功能做简单介绍。

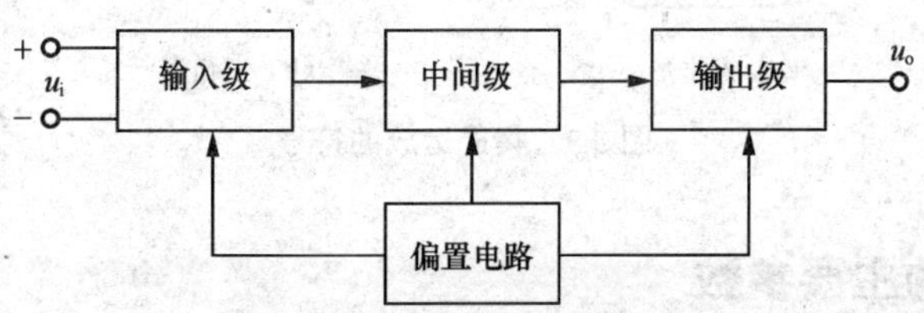

图 5.1 集成运放的结构图

（1）输入级。输入级是提高运算放大器质量的关键部分，要求其输入电阻高，为了能减小零点漂移和抑制共模干扰信号，输入级采用具有恒流源的差动放大电路，也称差动输入级。

（2）中间级。中间级的主要作用是提供足够大的电压放大倍数，故称电压放大级。要求中间级本身具有较高的电压增益。

（3）输出级。输出级的主要作用是输出足够的电流以满足负载的需要，同时还需要有较低的输出电阻和较高的输入电阻以起到将放大级和负载进行隔离的作用。

（4）偏置电路。偏置电路的作用是向各级放大电路提供合适的偏置电流，稳定各级的静态工作点，一般由各种恒流源电路组成。

2. 集成运放的外形和符号

（1）集成运放的外形

常见的集成运算放大器有圆壳式、扁平式和双列直插式等，有 8 管脚和 14 管脚等，如图 5.2 所示。

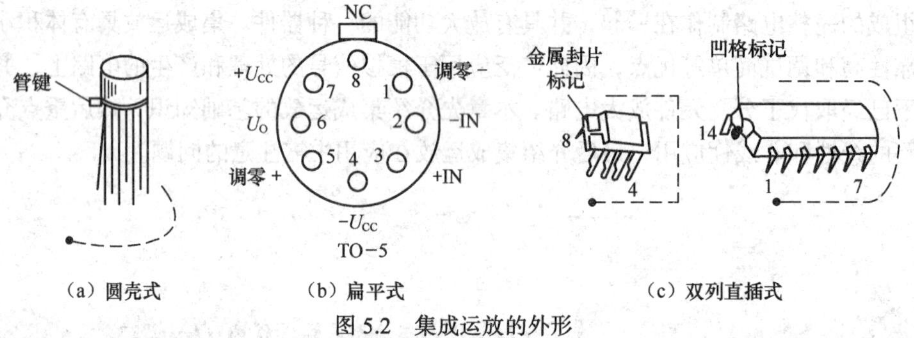

（a）圆壳式　（b）扁平式　（c）双列直插式

图 5.2　集成运放的外形

（2）集成运放的符号

集成运放的符号如图 5.3 所示，有方框形的，如图 5.3（a）所示；也有三角形的，如图 5.3（b）所示。它有两个输入端，一个反向输入端和一个同相输入端，分别用“－”和“+”表示；有一个输出端。输出电压 u_o 与反向输入端输入电压 u_- 的相位相反，而与同相输入端输入电压 u_+ 的相位相同，其输入输出关系式为

$$u_o = A_{od}(u_+ - u_-) \tag{5.1}$$

式中，A_{od} 为集成运算放大器开环电压放大倍数。

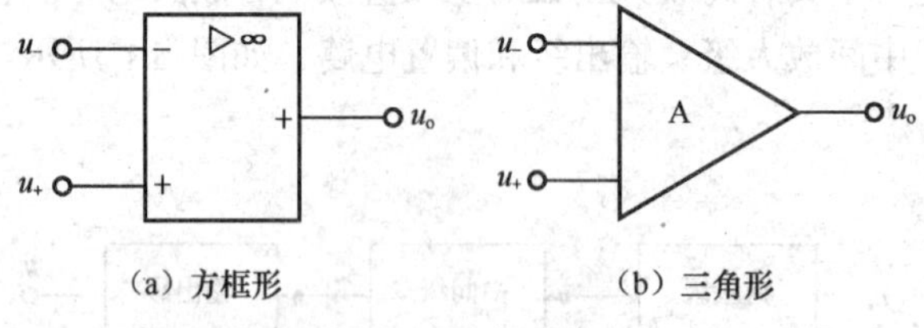

（a）方框形　（b）三角形

图 5.3　集成运放的符号

3. 集成运放的主要参数

集成运放性能的好坏常用一些参数表征，这些参数是选用集成运放的主要依据，下面介绍集成运放的一些主要参数。

（1）开环差模电压放大倍数 A_{uo}

在无反馈回路条件下，运放输出电压与输入差模电压之比称为开环差模电压放大倍数，用

A_{uo}表示。性能较好的集成运放的A_{uo}可达到140dB以上。

（2）输入失调电压U_{IO}和输入失调电流I_{IO}

输入失调主要反映运放输入级差动电路的对称性。当输入为0时，输出并不为0，若使静态时输出端为零电位，运放两输入端之间必须外加直流补偿电压，此补偿电压称为输入失调电压，用U_{IO}表示；当输入信号为0时，放大器两个输入端的基极静态电流存在差值，必须外加直流补偿电流，此补偿电流称为输入失调电流，用I_{IO}表示。性能较好的集成运放其输入失调电压低于1mV，输入失调电流低于1nA。

（3）失调的温漂

在规定的工作温度范围内，U_{IO}随温度的平均变化率称为输入失调电压温漂，用dU_{IO}/dT表示。

在规定的工作温度范围内，I_{IO}随温度的平均变化率称为输入失调电流温漂，用dI_{IO}/dT表示。

（4）输入偏置电流I_{IB}

静态时，输入级两差放三极管基极电流I_{B1}、I_{B2}的平均值，即

$$I_{IB}=\frac{I_{B1}+I_{B2}}{2} \tag{5.2}$$

称为输入偏置电流，用I_{IB}表示。

（5）共模抑制比K_{CMR}

运放差模电压放大倍数与共模电压放大倍数之比的绝对值称为共模抑制比，用K_{CMR}表示，单位为分贝（dB）。

（6）差模输入电阻R_{id}

运放两个差动输入端之间的等效动态电阻称为差模输入电阻，用R_{id}表示。

（7）共模输入电阻R_{ic}

运放每个输入端对地之间的等效动态电阻称为共模输入电阻，用R_{ic}表示。

（8）输出电阻R_O

从运放输出端和地之间看进去的动态电阻称为输出电阻，用R_O表示。

（9）输入电压范围

当加在运放两输入端之间的电压差超过某一数值时，输入级的某一侧晶体管将出现发射结反向击穿而不能工作，则输入端之间能承受的最大电压差称为最大差模输入电压，用U_{dm}表示。

当运放输入端所加共模电压超过某一数值时使放大器不能正常工作，此最大电压值称为最大共模输入电压，用U_{om}表示。

（10）带宽

运放开环电压增益下降到直流增益的$1/\sqrt{2}$倍（−3dB）时所对应的频带宽度，称为运放的−3dB带宽，用BW表示。

运放开环电压增益下降到1时的频带宽度称为运放的单位增益带宽，用BW_G表示。

（11）转换速率（压摆率）S_R

该指标是反映运放对于高速变化的输入信号的响应情况。运放在额定输出电压下，输出电压的最大变化率，即

$$S_R=\left|\frac{du_o}{dt}\right|_{max} \tag{5.3}$$

称为转换速率（压摆率），用 S_R 表示。

（12）静态功耗 P_C

当输入信号为零时，运算放大器消耗的总功率，称为静态功耗，用 P_C 表示。

（13）电源电压抑制比 PSRR

电源电压的改变将引起失调电压的变化，则失调电压的变化量与电源电压变化量之比，即

$$PSRR = \frac{\Delta U_{IO}}{\Delta E} \tag{5.4}$$

定义为电源电压抑制比，用 PSRR 表示。

5.1.2 集成运放线性应用的理想特性

1. 理想集成运放

所谓理想集成运放就是将集成运放的各项技术指标理想化。它具有以下特点。

（1）开环差模电压放大倍数 $A_{uo}\to\infty$。

（2）输入阻抗 $R_{id}\to\infty$。

（3）输出阻抗 $R_o\to 0$。

（4）共模抑制比 $K_{CMR}\to\infty$。

2. 理想集成运放在线性区的特点

（1）虚短

在线性工作范围内，集成运算放大器两个输入端之间的电压为 $u_i = u_+ - u_-$。而理想集成运放 $A_{uo}\to\infty$，输出电压 u_o 又是一个有限值，所以有

$$u_+ - u_- = \frac{u_o}{A_{od}} = 0$$

即 $u_+ = u_-$ （5.5）

上式表示运放同相输入端与反相输入端两点电压相等，如同将该两点短路一样，但是该两点实际上并未真正短路，只是一种虚假的短路，称这种现象为“虚短”。

（2）虚断

因为理想集成运算放大器的 $R_{id}\to\infty$，所以由同相输入端和反相输入端流入集成运算放大器的信号电流为零，即

$$i_+ = i_- = 0 \tag{5.6}$$

上式表示运放同相输入端与反相输入端的电流等于 0，如同该两点被断开一样，称这种现象为“虚断”。

在分析集成运放的实际电路时，常将集成运放看作理想集成运放，利用“虚短”和“虚断”概念来简化分析过程。

5.1.3 集成运放的检测方法

（1）外观检测。型号是否与要求相符，引脚有无缺少或断裂，封装有无损坏痕迹等。

（2）按图 5.4 接线，确定集成运放的好坏（以集成运放 CF741 为例）。

将 3 脚与地短接（使输入电压为 0），用万用表直流电压挡测量电压 u_o 应为 0，然后接入 u_I =5V，测得输出电压 u_o 为 5V，则说明该器件是好的。在接线可靠的条件下，若测得 u_o 始终等于−10V 或+10V，则说明该器件已损坏。

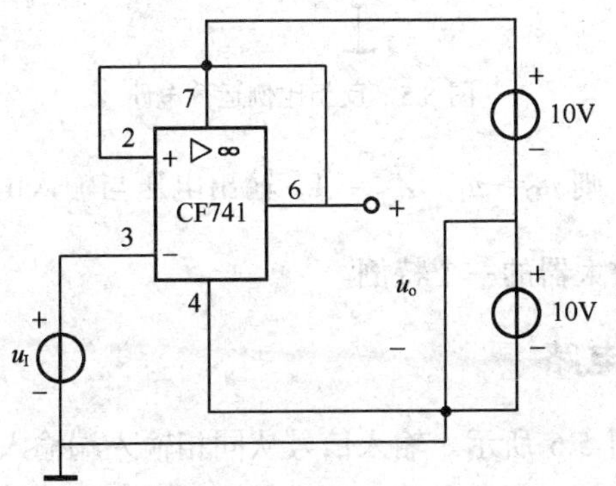

图 5.4　集成运放好坏判别电路

5.2 集成运放的线性应用

由于集成运放的开环放大倍数很大，所以其线性工作范围很窄。为了让运放能在比较大的输入电压范围内工作在线性区，就必须引入深度负反馈降低运放的放大倍数。当运放工作在线性区时，可以组成各类信号运算电路，主要有比例运算、加减法运算和微积分运算等。下面分别加以介绍。

5.2.1 比例运算电路

1. 反相比例运算电路

反相比例运算电路如图 5.5 所示。输入信号从反相输入端输入，反馈信号也从反相输入端输入，而反馈支路直接引自输出端，经过分析可知反相比例运算电路中的反馈组态是电压并联负反馈。

输入信号加在反相端，同相输入端通过电阻 R_2 接地，R_2 为平衡电阻，以保证集成运放的对称性，取 $R_2 = R_1 /\!/ R_f$。

根据“虚地”和“虚断”的特点，即 $u_- = u_+ = 0$，$i_- = i_+ = 0$。

因此

$$i_F = -\frac{u_O}{R_f}$$

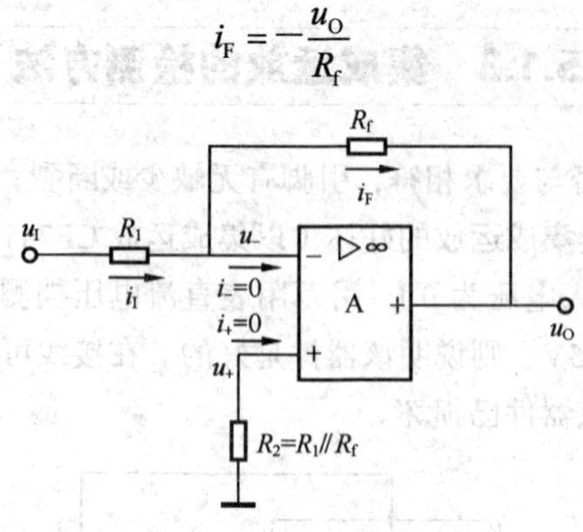

图 5.5　反相比例运算电路

当 $R_f = R_1$ 时，$-\frac{R_f}{R_1}=1$，则 $u_O=-u_I$，$A_{uf}=-1$，输出电压与输入电压大小相等，相位相反，称为反向器，它是反向比例放大器的一个特例。

2. 同相比例运算电路

同相比例运算电路如图 5.6 所示。输入信号从同相输入端输入，反馈信号从反相输入端输入，反馈支路直接引自输出端，因此它的反馈组态是电压串联负反馈。为了使集成运放反向输入端和同相输入端对地的电阻一致，R_2 的阻值仍应为 $R_2=R_1//R_f$。

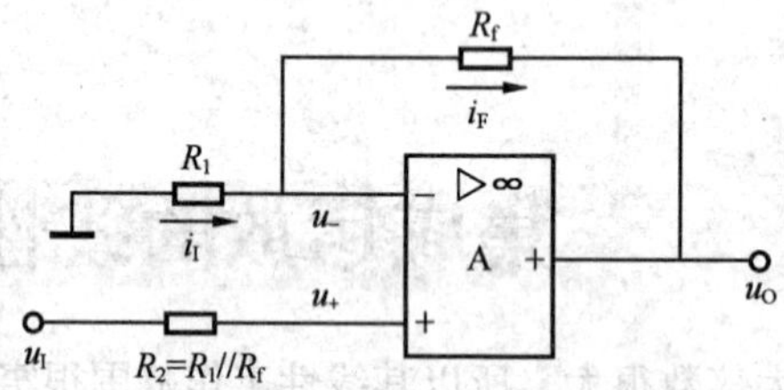

图 5.6　同相比例运算电路

由 $u_+=u_-$，$i_-=i_+=0$，可得

$$u_+ = u_I = u_-$$

$$i_1 = \frac{0-u_-}{R_1} = i_F = \frac{u_- - u_O}{R_f} \tag{5.7}$$

$$u_O = \left(1+\frac{R_f}{R_1}\right)u_I \tag{5.8}$$

$$A_{uf} = \frac{u_O}{u_I} = 1+\frac{R_f}{R_1} \tag{5.9}$$

图 5.6 中，若去掉 R_1，如图 5.7 所示，则有

$$u_O = u_+ = u_- = u_I \tag{5.10}$$

式（5.10）表明，u_O 与 u_I 大小相等，相位相同，起电压跟随作用，故该电路称为电压跟随器。其电压放大倍数

$$A_{uf} = \frac{u_O}{u_I} = 1 \tag{5.11}$$

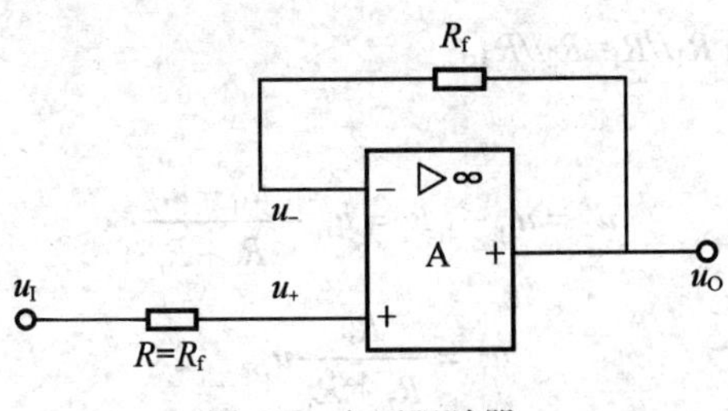

图 5.7　电压跟随器

5.2.2　加、减法运算电路

1．加法运算电路

在图 5.5 所示电路的基础上增加若干个输入回路，就可以对多个输入信号实现代数相加运算，如图 5.8 所示为具有两个输入信号的反相加法运算电路。其中 $R=R_1//R_2//R_f$，运用“虚地”和“虚断”概念可得

$$i_1 = \frac{u_{I1} - u_-}{R_1} \approx \frac{u_{I1}}{R_1}$$

$$i_2 = \frac{u_{I2} - u_-}{R_2} \approx \frac{u_{I2}}{R_2}$$

由于 $i_f = i_1 + i_2$

$$u_O = -i_f R_f = -(\frac{R_f}{R_1}u_{I1} + \frac{R_f}{R_2}u_{I2}) \tag{5.12}$$

若 $R_1 = R_2 = R$，则

$$u_O = -\frac{R_f}{R}(u_{I1} + u_{I2}) \tag{5.13}$$

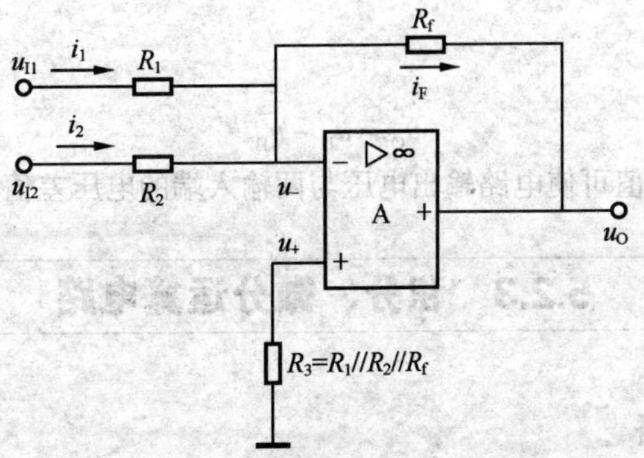

图 5.8　加法运算电路

2. 减法运算电路

图 5.9 所示电路是减法运算电路。两个输入信号分别输入到反相输入端和同相输入端。为了满足电路的平衡条件，取 $R_1//R_f=R_2//R_3$。

由图可知

$$u_- = u_{I1} - i_1 R_1 = u_{I1} - \frac{u_{I1} - u_O}{R_1 + R_f}$$

$$u_+ = \frac{R_3}{R_2 + R_3} u_{I2}$$

由"虚短"的概念 $u_- = u_+$，可得

$$u_{I1} - \frac{u_{I1} - u_O}{R_1 + R_f} R_1 = \frac{R_3}{R_2 + R_3} u_{I2}$$

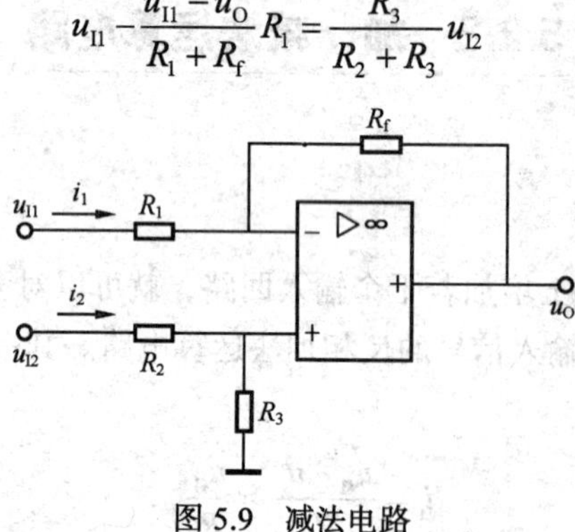

图 5.9 减法电路

整理得

$$\frac{R_1}{R_1 + R_f} u_O = \frac{-R_f}{R_1 + R_f} u_{I1} + \frac{R_3}{R_2 + R_3} u_{I2}$$

$$u_O = \left(1 + \frac{R_f}{R_1}\right)\left(\frac{R_3}{R_2 + R_3} u_{I2}\right) - \frac{R_f}{R_1} u_{I1}$$

当 $R_1 = R_2$，$R_3 = R_f$时

$$u_O = \frac{R_f}{R_1}(u_{I2} - u_{I1}) \tag{5.14}$$

当 $R_1 = R_f$时

$$u_O = u_{I2} - u_{I1} \tag{5.15}$$

可见，适当选配电阻值可使电路输出电压与两输入端的电压差值成正比，实现减法运算。

5.2.3 积分、微分运算电路

1. 积分运算电路

积分运算电路如图 5.10 所示，它把反馈电阻用电容 C 代替。

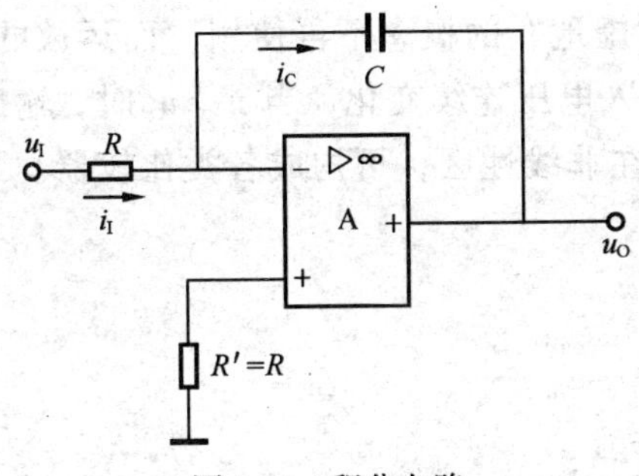

图 5.10　积分电路

因为 $i_- = i_+ = 0$，故有 $u_- = u_+ = 0$

由图可知　　$i_C = i_I = \frac{u_I}{R}$，$i_C = C\frac{du_C}{dt} = -C\frac{du_O}{dt}$

由此可得　　$u_O = -\frac{1}{C}\int i_C dt = -\frac{1}{RC}\int u_I dt$　　（5.16）

上式表明，u_O 与 u_I 成积分关系，积分电路可实现波形变换，例如可将方波电压变换为三角波电压，如图 5.11 所示。

2. 微分运算电路

微分是积分的逆运算，将积分电路的电阻、电容互换就可以实现，如图 5.12 所示。由于输入支路是电容，输入电流与输入电压成微分关系，即 $i_C = C\frac{du_I}{dt}$。

由于 $u_- = u_+ = 0$，$i_C = i_R$，则其输出电压为

$$u_O = -i_R R = -i_C R = -RC\frac{du_I}{dt} \tag{5.17}$$

上式表明，输出电压 u_O 与输入电压 u_I 的微分成正比。

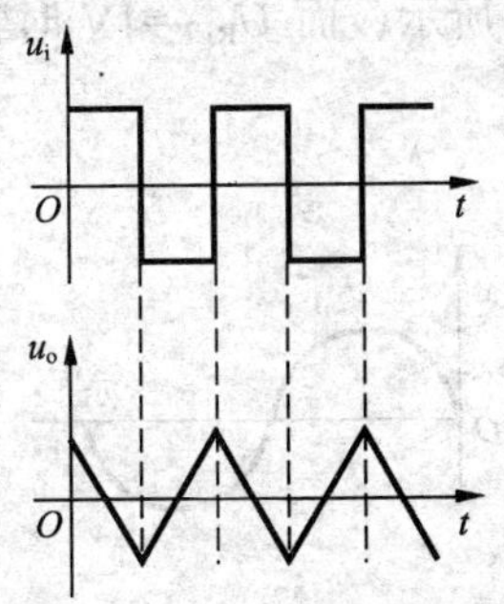

图 5.11　积分电路输入输出波形

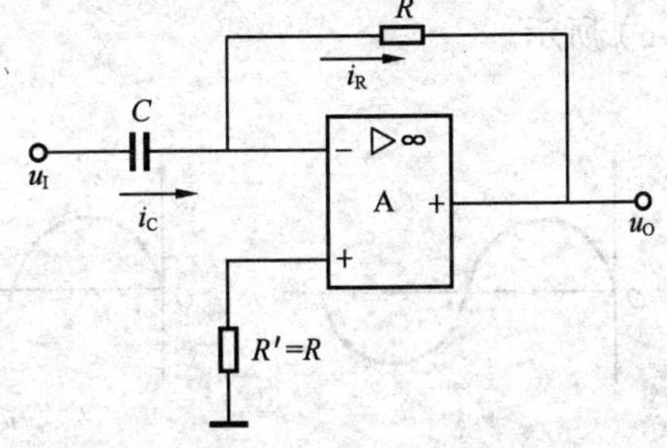

图 5.12　微分运算电路

5.3 集成运放的非线性应用

工作在非线性区的运放电路，一般处于开环或正反馈方式，它与工作在线性区运放电

路的主要区别是"虚短"、"虚地"的概念不再使用，而运放的输入电阻很高，"虚断"仍然适用。输出电压也不随输入电压连续变化，当 $u_+ > u_-$ 时，输出高电平 U_{oH}，当 $u_+ < u_-$ 时，输出低电平 U_{oL}。运放工作在非线性区，可构成各类比较器。下面将分别对各类比较器进行介绍。

1. 过零比较器

（1）工作原理和传输特性

过零比较器指令参考电平 $U_{REF}=0$，输入信号与 0 比较。电路如图 5.13（a）所示，集成运放工作在开环状态，其输出电压为 $+U_{opp}$ 或 $-U_{opp}$。当输入电压 $u_I<0V$ 时，$U_O=+U_{opp}$；当输入电压 $u>0V$ 时，$U_o=-U_{opp}$。电压传输特性如图 5.13（b）所示。

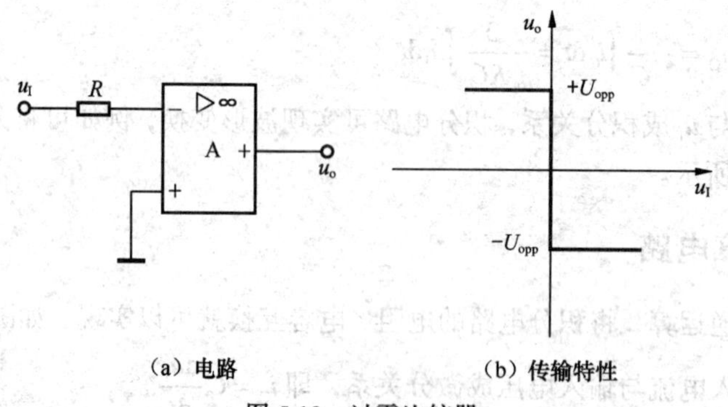

（a）电路　　（b）传输特性

图 5.13　过零比较器

（2）应用

利用过零比较器可以实现信号的波形变换。例如，若输入信号为正弦波，则每过一次零点，比较器的输出就产生一次电压跳变，输出电压为方波，如图 5.14（a）所示。若参考电压不为 0 则转折点也随着改变，例如 $U_{REF}=-1V$ 转折点如图 5.14（b）所示，而 $U_{REF}=1V$ 时转折点如图 5.14（c）所示。

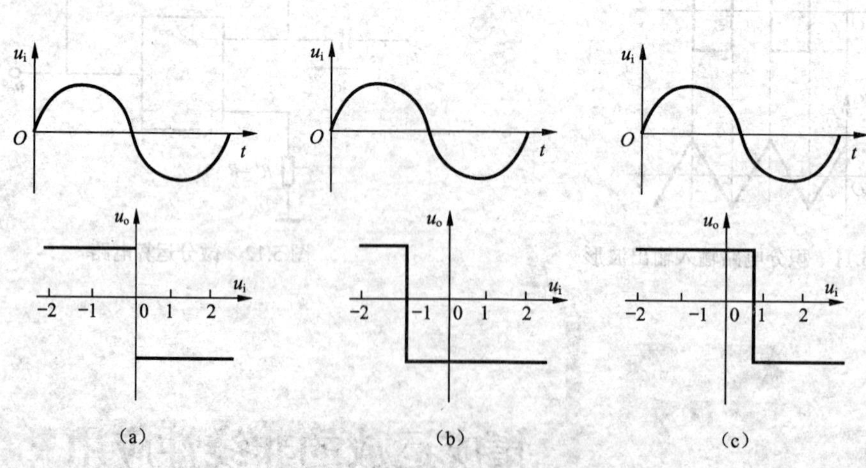

图 5.14　不同参考电压的传输特性

2. 滞回比较器–施密特触发器

上述比较器有一个缺点，如果输入信号因受干扰在零值附近反复发生微小的变化，则比较器的输出电压就会在短时间内跳变多次，而滞回比较器可以克服这个缺点，如图 5.15 所示。由于输入信号由反相端输入，因此为反相滞回比较器。为了限制和稳定输出电压幅度，在电路的输出端接两个互为串联反向连接的稳压二极管。

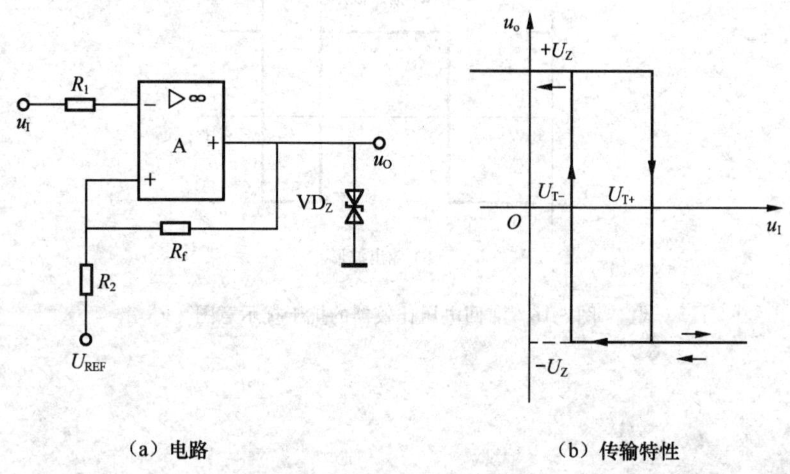

图 5.15 滞回比较器

(1) 工作原理

利用叠加原理可求得集成运算放大器同相输入端的电位为

$$u_+ = \frac{R_F}{R_2 + R_F} U_{REF} + \frac{R_F}{R_2 + R_F} U_O \tag{5.18}$$

若原来 $u_o = +U_Z$，当 u_I 逐渐增大时，使 u_o 从 $+U_Z$ 跳变为 $-U_Z$ 所需要的门限电平用 U_T^+ 表示，由上式可知

$$u_{T+} = \frac{R_F}{R_2 + R_F} U_{REF} + \frac{R_F}{R_2 + R_F} U_Z \tag{5.19}$$

若原来 $u_o = -U_Z$，当 u_I 逐渐减小，使 u_o 从 $-U_Z$ 跳变为 $+U_Z$ 所需要的门限电平用 U_T^- 表示，由上式可知

$$u_{T-} = \frac{R_F}{R_2 + R_F} U_{REF} - \frac{R_F}{R_2 + R_F} U_Z \tag{5.20}$$

由上分析可知，输出电压 u_o 从 $+U_Z$ 跳变为 $-U_Z$ 和从 $-U_Z$ 跳变为 $+U_Z$ 所需要的门限电平的阈值是不同的，电压传输特性如图 5.16（b）所示。

(2) 抗干扰的作用

由于滞回比较器输出高、低电平相互翻转的阈值不同，因此具有一定的抗干扰能力。当输入信号值在某一阈值附近时，只要干扰量不超过两个阈值之差的范围，则输出电压就可以保持高电平或低电平不变。如图 5.16 所示即使有干扰信号叠加，并不影响输出，具有抗干扰作用，这是由于输出一次翻转后阈值电压也随之而改变。

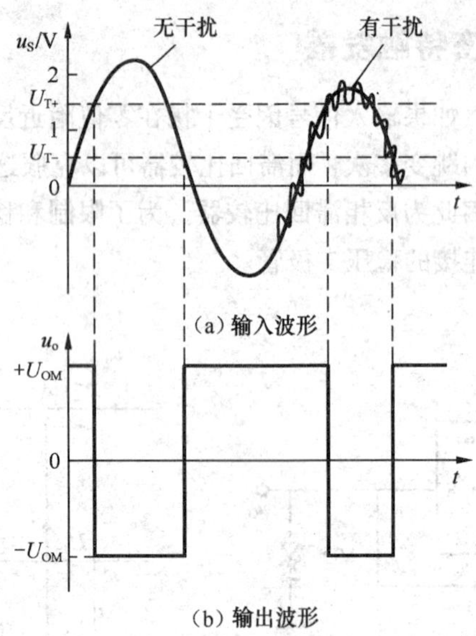

图 5.16　滞回电压比较器的抗干扰示意图

5.4 集成运放在应用中需注意的问题

在使用集成运放组成各种应用电路时，为了使电路能正常、安全地工作，尚需解决几个具体问题，如使用中出现异常现象的分析和排除，集成运放的保护等。

5.4.1 集成运放使用中可能出现的问题

集成运放与外电路接好并加上电源后，有时候会出现一些异常现象。常见的现象有以下几种。

1. 不能调零

有时当输入电压为 0 时，集成运放的输出电压调不到 0，可能输出电压处于两个极限状态，等于正的或负的最大输出电压值。

出现这种异常现象的原因可能是：调零电位不起作用；应用电路接线有误或有虚焊点；反馈极性接触或负反馈开环；集成运放内部已损坏等。如果关断电源后重新接通即可调零，则可能是由于运放输入端信号幅度过大而造成“堵塞”现象，可在运放输入端加上保护措施。

2. 漂移现象严重

如果集成运放的温漂过于严重，并且大大超过手册规定的数值，则属于不正常现象。

造成漂移过于严重的原因可能是：存在虚焊点；运放产生自激振荡或受到强电磁场的干扰；

集成运放靠近发热元件；输入回路的保护二极管受到光的照射；调零电位器滑动端接触不良；集成运放本身损坏或质量不合格等。

3. 产生自激振荡

自激振荡是经常出现的异常现象，表现为当输入信号等于 0 时，利用示波器可观察到运放的输出端存在一个频率较高、近似为正弦波的输出信号。但是这个信号不稳定，当人体或金属物体靠近时，输出波形就产生显著的变化。

常见的消除自激振荡的措施主要有：按规定部位和参数接入校正网络；防止反馈性接触，避免负反馈过强；合理安排接线，防止杂散电容过大等。

5.4.2 集成运放的保护

使用集成运放时，为了防止损坏器件和保证安全，除了应选用具有保护环节，质量合格的器件外，还常在电路中采取一定的保护措施。常用的保护方法有以下几种。

1. 电源端保护

为了防止电源极性接反而引起器件损坏，可利用二极管的单向导电性，在电源连接线中串接二极管来实现保护，如图 5.17 所示。

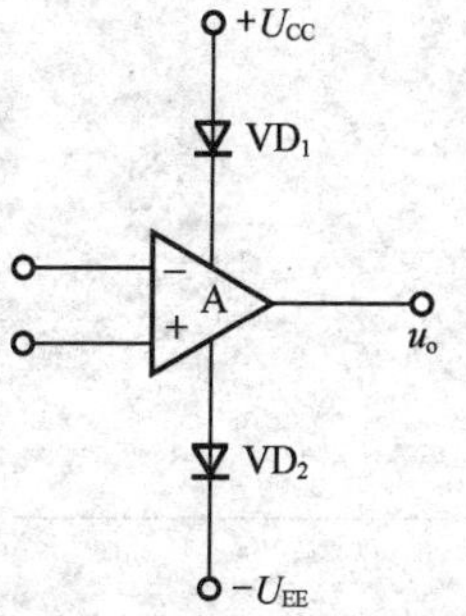

2. 输入端保护

当运放的差模或共模输入信号电压过大时会引起运放输入级的损坏。另外，当运放受到强的干扰信号或同相输入电路应用时，共模信号过大会使输入级三极管的集电结处于正偏，形成集电极与基极的信号极性相同，通过外电路形成正反馈，使输出电压突然骤增而维持不变，可达正电源或负电源电压值，产生了所谓“自锁”（或称“堵塞”）现象，这时运放器件出现不能调零或信号加不进去的现象。集成运放尚未损坏时，暂时切断电源，重新通电后可恢复工作，但自锁严重时也会损坏运放器件。为此，可在运放输入端加限幅保护。如图 5.18（a）所示电路，用于反相输入端对差模信号过大的限幅保护；图 5.18（b）所示电路用于同相输入端对共模信号过大的限幅保护。

图 5.17 电源端保护电路

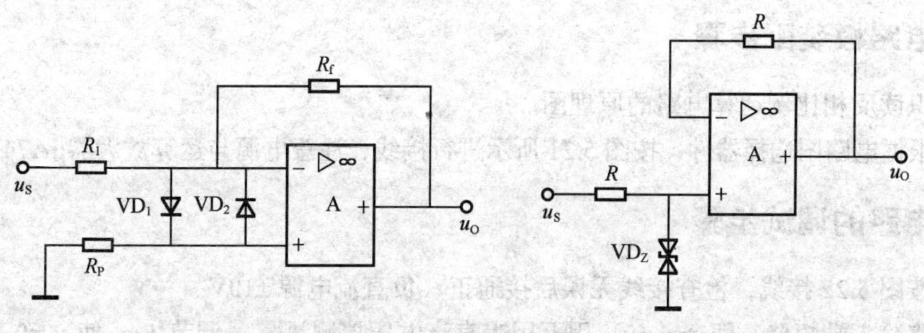

（a）反相输入端保护　　（b）同相输入端保护

图 5.18 输入端保护电路

3. 输出端保护

一般对输出端防止触及外部高电压引起的过流或击穿保护，可在输出端采用如图 5.19（a）、（b）所示的稳压管限幅保护电路。将输出端最大电压幅值限制为±（$U_Z + U_D$）。集成运放的输出端绝对不允许短路，否则器件将会损坏。

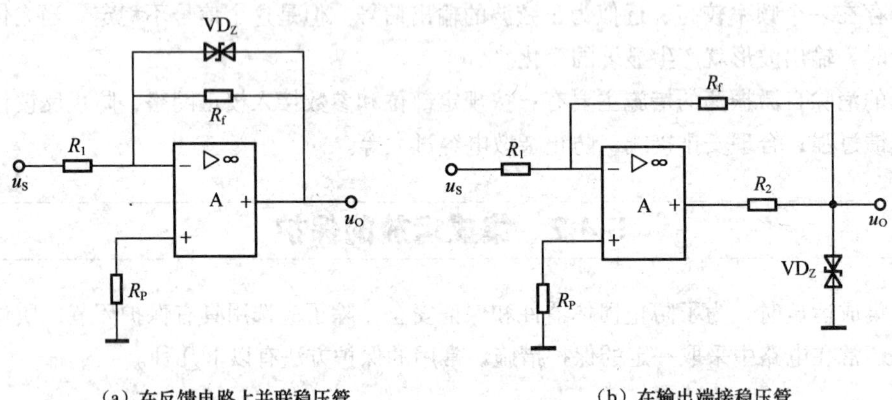

（a）在反馈电路上并联稳压管　　（b）在输出端接稳压管

图 5.19　输出端保护电路

5.5 基本运算电路的制作与调试

5.5.1 反相比例运算电路

1. 电路组成

如图 5.20 所示，集成运算放大器为μA741，R_1的阻值为 10kΩ，R_f的阻值为 100kΩ，R_2的阻值为 9.1kΩ。

2. 电路板装配步骤

（1）识读反相比例运算电路的原理图。

（2）根据电路图选择器件，按图 5.21 所示进行接线，注意电源与运算放大器μA741 的接法。

3. 电路的调试步骤

（1）按图 5.22 接线，检查接线无误后接通正、负直流电源 ±10V 。

（2）将输入端短路，即令 u_I=0，用万用表直流电压挡测量 u_o，调节 R_P，使 u_o=0。

（3）利用函数信号发生器输入频率为 1Hz，u_I的有效值 U_i分别为 0.5V，1V 的信号，用示波器观察输出电压的波形和输出电压的有效值 U_O，分别进行记录填入表 5.1，并分析测量结果。

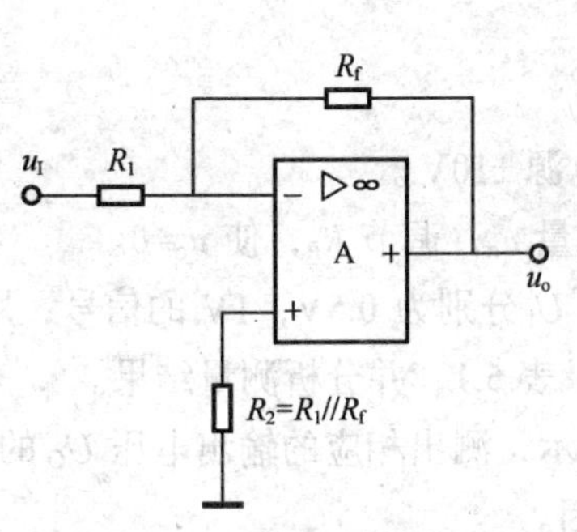

图 5.20 反相比例运算电路

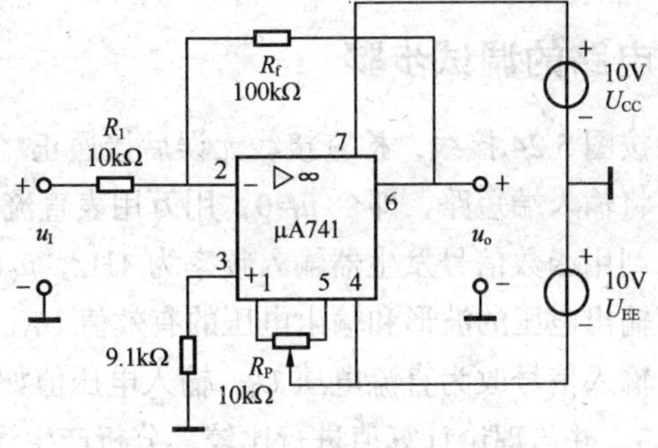

图 5.21 反相比例运算电路的接线

表 5.1 交流反相和同相比例运算电路测试表（动态测试）

U_O/V \ U_i/V	反相比例运算			同相比例运算		
	测量值	理论值	放大倍数 A_u	测量值	理论值	放大倍数 A_u
0.5						
1						

（4）输入信号改为直流电压 U_I，输入电压值如表 5.2 所示，测出相应的输出电压 U_O 的值，填入表 5.2，并与理论计算值进行比较，分析产生误差的原因。

表 5.2 直流反相比例运算电路测试表（静态测试）

U_I/V \ U_O/V	直流								
	1.2	1.0	0.8	0.4	0.0	−0.4	−0.8	−1.0	−1.2
测量值									
理论值									

5.5.2 反相比例运算电路

1. 电路组成

如图 5.22 所示，集成运算放大器为μA741，R_1 的阻值为 10kΩ，R_f 的阻值为 100kΩ，R_2 的阻值为 9.1kΩ。

2. 电路板装配步骤

（1）识读同相比例运算电路的原理图。

（2）根据电路图选择器件，按图 5.23 进行接线。

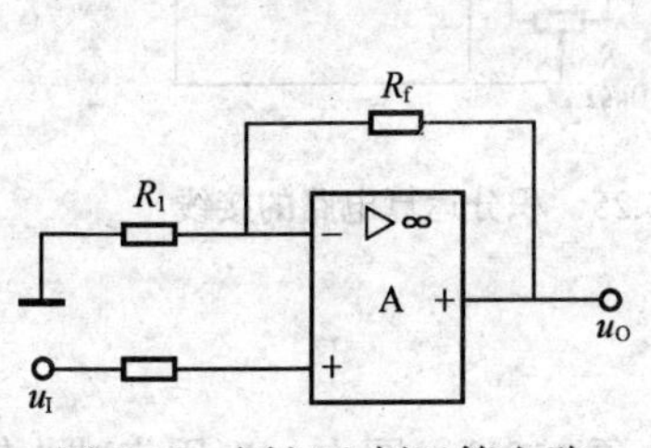

图 5.22 同相比例运算电路

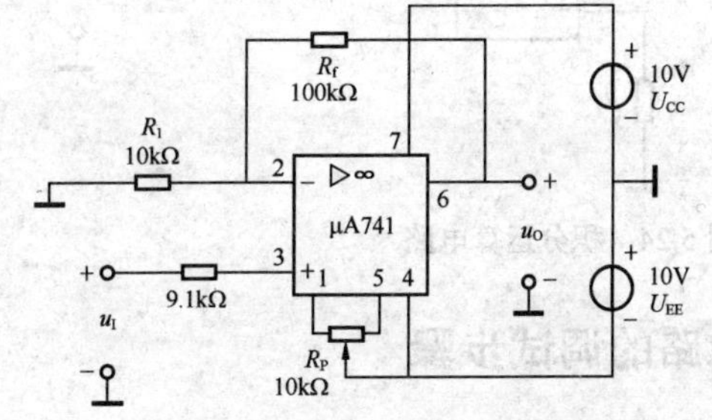

图 5.23 同相比例运算电路的接线

3. 电路的调试步骤

（1）按图 5.24 接线，检查接线无误后接通正、负直流电源 ±10V 。

（2）将输入端短路，即令 u_I=0，用万用表直流电压挡测量 u_o，调节 R_P，使 u_o=0。

（3）利用函数信号发生器输入频率为 1Hz，u_I 的有效值 U_i 分别为 0.5V，1V 的信号，用示波器观察输出电压的波形和输出电压的有效值 U_O，分别记录表 5.1，并分析测量结果。

（4）输入信号改为直流电压 U_I，输入电压值如表 5.3 所示，测出相应的输出电压 U_O 的值，记于表 5.3，并与理论计算值进行比较，分析产生误差的原因。

表 5.3　　同相比例运算电路测试表（静态测试）

U_I/V \ U_O/V	直流								
	1.2	1.0	0.8	0.4	0.0	－0.4	－0.8	－1.0	－1.2
测量值									
理论值									

5.5.3 积分运算电路

1. 电路组成

如图 5.24 所示，集成运算放大器为μA741，R_1 的阻值为 10kΩ，R_f 的阻值为 100kΩ，R_2 的阻值为 9.1kΩ，C 的电容值为 0.058μF。

2. 电路板装配步骤

（1）识读同相比例运算电路的原理图。

（2）根据电路图选择器件，按图 5.25 进行接线。

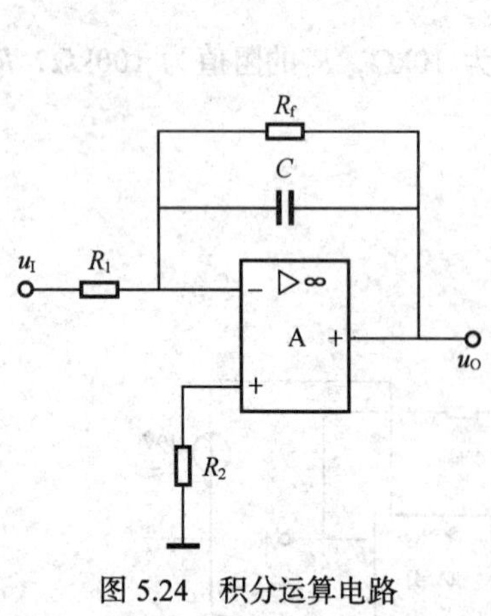

图 5.24　积分运算电路

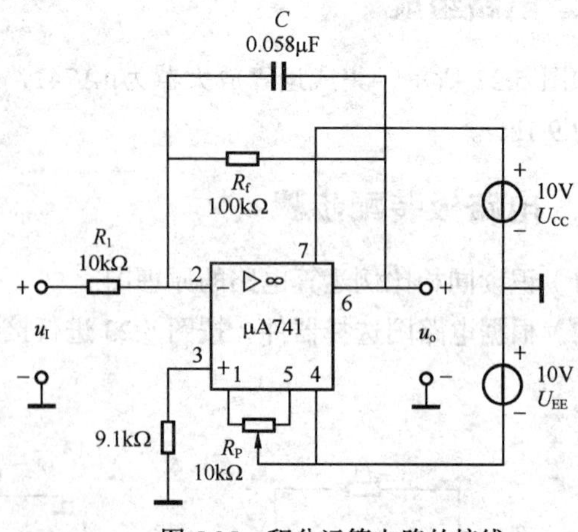

图 5.25　积分运算电路的接线

3. 电路的调试步骤

（1）按图 5.25 接线，检查接线无误后接通正、负直流电源 ±10V 。图中，R_f 用来减小输出端直流漂移，但接入 R_f 会对电容充放电电流产生分流，从而导致积分误差，为了减小误差，一般应满足 $R_fC \gg R_1C$，通常 $R_f > 10R_1$，$C < 1\mu F$。

（2）输入端接入频率为 1kHz、幅度为 4V 的方波信号，用示波器双踪观察 u_I、u_o 的波形，用万用表直流电压挡测出它们的幅度和周期，并在坐标上绘出 u_I、u_o 的波形，并与理论分析结果进行比较。

4. 仪器和元件

（1）仪器：信号源、直流电压表、万用表、晶体管毫伏表和示波器等。

（2）元件：集成运放μA741、可调电位器、各种电阻和电容若干。

5. 报告要求

（1）画出实验用的实际电路。

（2）汇总数据，测试结果，画出观察到的波形。

（3）分析、说明电路的特点。

（4）分析制作过程中出现的问题及解决的方法。

本章小结

集成运算放大器是一种高增益、直接耦合的多级放大器。它通常由输入级、中间放大级、输出级和偏置电路四部分组成。由于集成运放具有体积小、焊点少、可靠性高和调试简单等优点，因此广泛应用于模拟信号处理和产生电路上。

介绍集成运放各种电路的应用，包括线性应用和非线性应用。其中运放在线性应用电路中最基本的电路是反相比例运放电路和同相比例运放电路，分析这两个电路时主要运用的概念是“虚短”和“虚断”。掌握这两种电路的分析方法，其他电路的分析就能迎刃而解。运放在非线性应用电路中，电压比较器是其中的一种典型应用。它能够鉴别两个输入电平的状态，其输出只有两种状态：高电平或低电平。该比较器的缺点是抗干扰能力差，为了克服该缺点引入迟滞比较器，由于“回差”的存在提高了抗干扰能力。

集成运放在组成各种应用电路时经常会出现不能调零和漂移现象严重等问题，一般通过输入端保护、输出端保护等方法来克服以上现象的出现。

习 题

一、判断题

1. 在运算电路中，集成运放的反相输入端均为“虚地”。（　　）

2. 某比例运算电路的输出始终只有半周波形，但器件是好的，这可能是由于运放的电源接法不

正确引起的。（　　）

3. 集成运放调零时，应将运放应用电路输入端开路，调节调零电位器使运放输出电压等于0。（　　）

4. 运算电路中一般应引入正反馈。（　　）

5. 可以利用运放构成积分电路将三角波变换为方波。（　　）

6. 与反向输入运算电路相比，同相输入运算电路有较大的共模输入信号，且输入电阻较小。（　　）

7. 在输入电压从足够低逐渐增大到足够高的过程中，单限比较器和迟滞比较器的输出电压均只跃变一次。（　　）

8. 迟滞比较器具有两个门限电压，因此输入电压从小到大逐渐增大，当经过两个门限电压时会发生两次跳变。（　　）

9. 单限电压比较器中的集成运放工作在非线性状态，迟滞比较器中的集成运放工作在线性状态。（　　）

二、计算分析题

1. 如图5.26所示的电路中，所有运放为理想器件，试求各电路输出电压的大小。

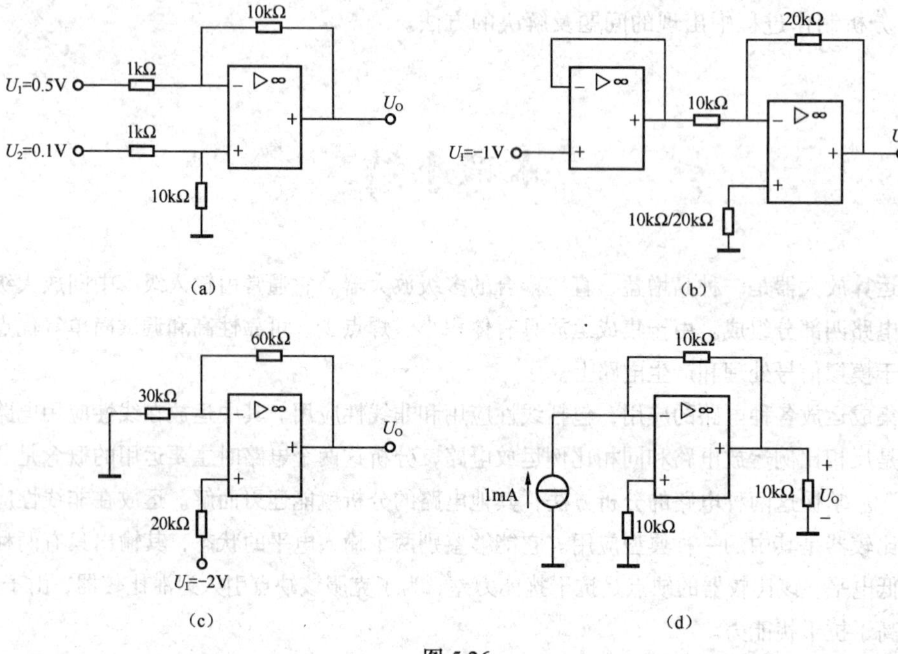

图5.26

2. 如图5.27所示电路的电压放大倍数可由开关S控制，设运放为理想器件，试求开关S闭合和断开时的电压放大倍数A_{uf}。

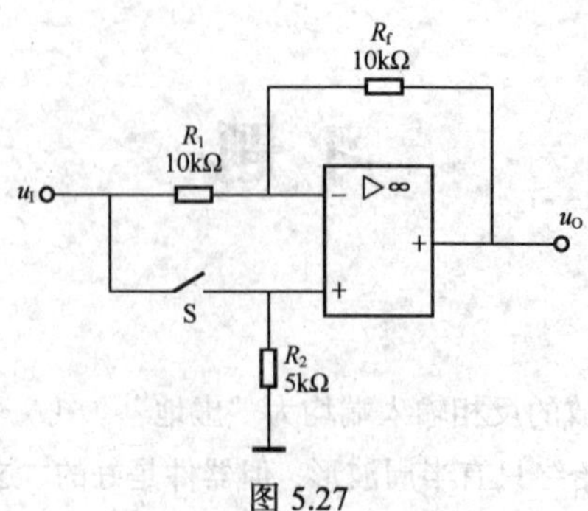

图5.27

3. 理想运放电路如图 5.28 所示，电源电压为±15V，运放最大输出电压幅值为±12V，稳压管稳定电压为 6V，求 U_{O1}、U_{O2}、U_{O3}。

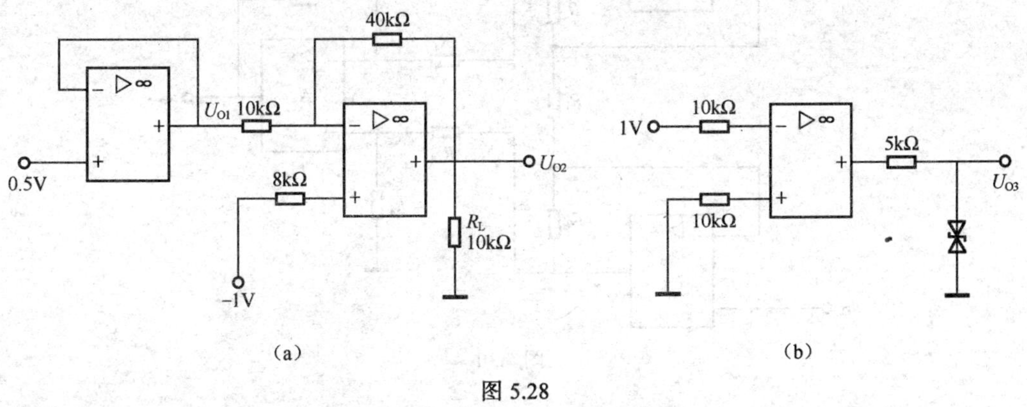

图 5.28

4. 电路如图 5.29 所示，运放为理想器件，求各电路的输出电压 U_O。

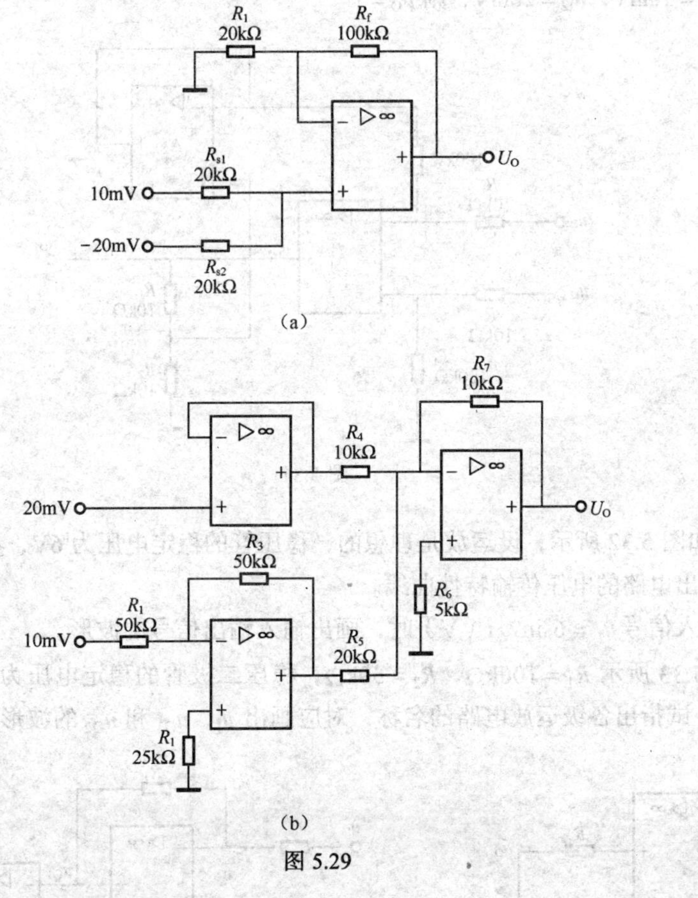

图 5.29

5. 图 5.30 所示电路为仪器放大器，试求输出电压 u_O 与输入电压 u_{I1}、u_{I2} 之间的关系，并指出该电路输入电阻、输出电阻、共模抑制能力和差模增益的特点。

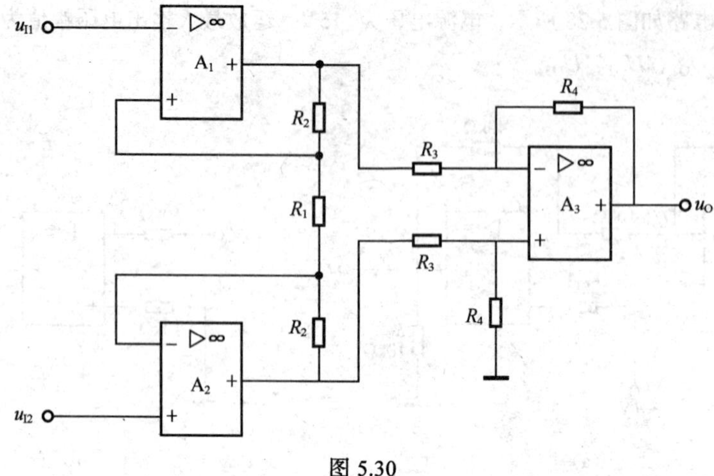

图 5.30

6. 如图 5.31 所示电路中运放为理想器件。

（1）写出 u_O 与 u_{I1}、u_{I2} 的运算关系式。

（2）若 $u_{I1} = 10\text{mV}$，$u_{I2} = 20\text{mV}$，则 $u_O = ?$

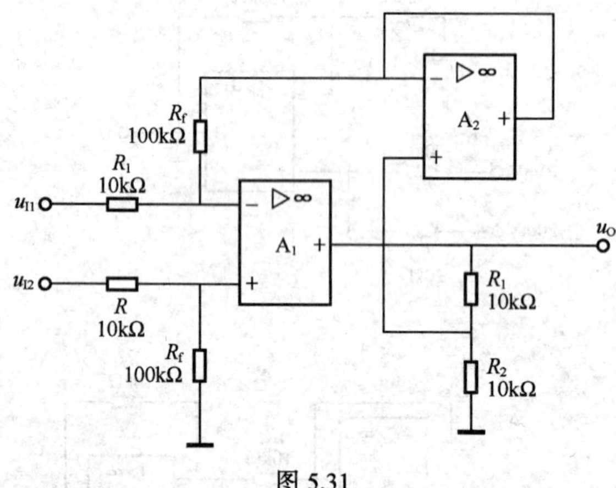

图 5.31

7. 电路如图 5.32 所示，设运放是理想的，稳压管的稳定电压为 6V，参考电压 $U_{REF} = 3\text{V}$。

（1）试画出电路的电压传输特性曲线。

（2）当输入信号 $u_I = 6\sin\omega t$（V）时，画出输入输出信号的波形。

8. 如图 5.33 所示 $R_1 = 100\text{k}\Omega$，$R_2 = 50\text{k}\Omega$，稳压二极管的稳定电压为 5V，输入信号 $u_I = 5\sin\omega t$（V），试指出各级运放电路的名称，对应画出 u_I、u_{O1} 和 u_{O2} 的波形。

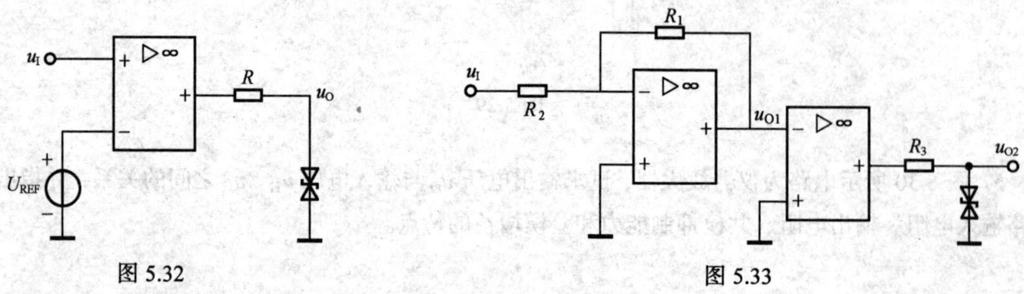

图 5.32　　图 5.33

第6章 信号产生电路

信号产生电路通常也称振荡器，用于产生一定频率和幅度的信号。按输出信号波形不同，可将产生电路分为两大类，即正弦波振荡电路和非正弦波振荡电路。正弦波振荡电路按电路形式可分为 RC 振荡电路、LC 振荡电路和石英晶体振荡电路；非正弦波振荡电路按信号可分为方波、三角波和锯齿波振荡电路。本章首先介绍正弦波振荡电路产生自激振荡的条件，然后重点介绍正弦波振荡电路和非正弦波振荡电路。

6.1 正弦波振荡电路

正弦波振荡电路是一种不需要外加激励信号就能将直流能源转换成具有一定频率和一定幅度的正弦波信号的电路。它在电子测量、通信、广播电视、自动控制、音频设备和农业生产等领域都有广泛的应用。

6.1.1 振荡电路的基本概念

1. 产生正弦波振荡的条件

首先观察一个现象，在一个放大电路的输入端加入正弦波信号 $\dot{X}_i$，在它的输出端输出正弦信号 $\dot{X}_o = \dot{A}\dot{X}_i$，如果通过反馈网络引入正反馈信号 $\dot{X}_f$，使 $\dot{X}_f$ 的相位和幅度都和 $\dot{X}_i$ 相同，即 $\dot{X}_f = \dot{X}_i$，这时即使去掉输入信号，则电路仍能维持输出正弦信号，这种用 $\dot{X}_f$ 代替 $\dot{X}_i$ 构成振荡器的原理如图 6.1 所示。图 6.1（a）所示的放大电路经过引入正反馈电路变为图 6.1（b）所示的振荡电路。

由于 $\dot{X}_f = \dot{X}_i$，有

$$\frac{\dot{X}_f}{\dot{X}_i} = \frac{\dot{X}_o}{\dot{X}_i} \cdot \frac{\dot{X}_f}{\dot{X}_o} = 1$$

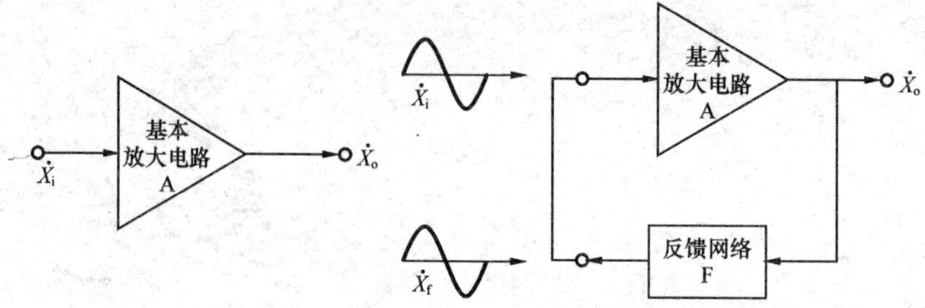

（a）有输入信号的放大器　　（b）用 X_f 代替 X_i 的正反馈电路

图 6.1　正弦波振荡电路方框图

则

$$\dot{A}\dot{F}=1 \tag{6.1}$$

在式（6.1）中，设 $\dot{A}=A\angle\varphi_a$，$\dot{F}=F\angle\varphi_f$，则可得

$$\dot{A}\dot{F}=AF\angle(\varphi_a+\varphi_f)=1$$

即

$$\left|\dot{A}\dot{F}\right|=\left|AF\right|=1 \tag{6.2}$$

$$\varphi_a+\varphi_f=2n\pi\ (n=0，1，2，3\cdots) \tag{6.3}$$

由此可得振荡的平衡条件如下：

（1）幅值平衡条件

$$\left|\dot{A}\dot{F}\right|=\left|AF\right|=1 \tag{6.4}$$

式（6.4）说明，放大电路和反馈网络组成的闭合环路中，环路总的传输系数应为 1，使反馈电压与输入电压大小相等。

（2）相位平衡条件

$$\varphi_a+\varphi_f=2n\pi\ (n=0，1，2，3\cdots) \tag{6.5}$$

式（6.5）说明，放大电路和反馈网络的总相移必须等于 2π的整数倍，使反馈电压与输入电压相位相同以保证正反馈。

作为一个稳态振荡电路，相位平衡条件和振幅平衡条件必须同时得到满足。利用振幅平衡条件可以确定振荡电路的输出信号幅度；利用相位条件可以确定振荡信号的频率。

2. 正弦波振荡电路的组成

一般振荡电路由以下四个部分组成。

（1）放大电路。保证电路能够有一个从起振到动态平衡的过程，以使电路获得一定幅值的输出量，实现能量控制。

（2）选频网络。确定电路的振荡，使电路产生单一频率的振荡。

（3）正反馈网络。引入正反馈使放大电路的输入信号等于反馈信号。

（4）稳幅环节。也就是非线性环节，使输出信号幅度稳定。

在很多实用电路中，将选频网络和正反馈网络“合二为一”，而且对于分立元件放大电路，也不再另加稳幅环节，而依靠晶体管特性的非线性来起稳幅作用。

3. 正弦波振荡电路的分析方法

（1）检查电路中是否存在放大电路、正反馈网络、选频网络和稳幅环节。

（2）检查放大电路能否正常工作，即能否建立合适的静态工作点并能正常放大。

（3）利用瞬时极性法判断电路是否引入了正反馈，即是否满足相位平衡条件。具体方法是：在反馈网络和放大电路输入回路的连接处断开反馈，在断开处加频率为 f_o 的输入信号 $\dot{X}_i$，并给定瞬时极性，如图 6.2 所示，然后以 $\dot{X}_i$ 极性为依据判断输出信号 $\dot{X}_o$ 的极性，从而得到反馈信号 $\dot{X}_f$ 的极性；若 $\dot{X}_f$ 与 $\dot{X}_i$ 极性相同，则说明满足相位平衡条件，电路有可能产生正弦波振荡；否则表明不满足相位平衡条件，电路不可能产生正弦波振荡。

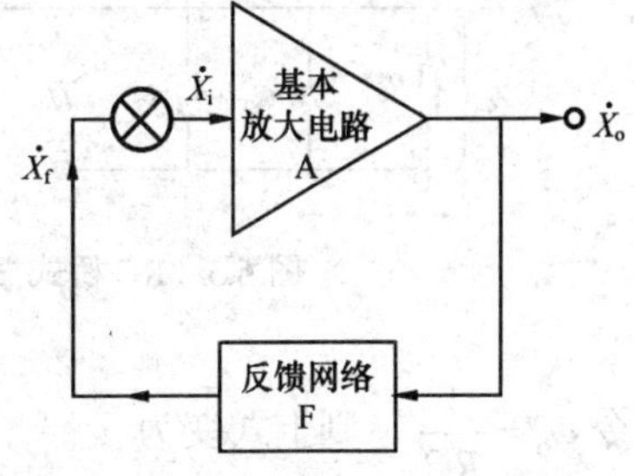

图 6.2 利用瞬时极性法判断

（4）判断电路是否满足正弦波振荡的幅度平衡条件。具体方法是：分别求解电路的 $\dot{A}$ 和 $\dot{F}$，然后判断 $|\dot{A}\dot{F}|$ 是否大于 1。只有在电路满足相位平衡条件下，判断是否满足条件才有意义。若电路不满足相位平衡条件，则不可能振荡，也无需判断是否满足幅度平衡条件了。

6.1.2 RC 正弦波振荡电路

采用 RC 选频网络构成的振荡电路称为 RC 正弦波振荡电路，实用的 RC 正弦波振荡电路多种多样，下面介绍典型的 RC 桥式正弦波振荡电路，它产生的频率在几十千赫以下，目前常用的低频信号源大部分都采用这种正弦波振荡电路。

1. 电路组成

RC 桥式正弦波振荡电路如图 6.3 所示，主要有集成运放 A 构成的同相输入放大电路，R_1、C_1、和 R_2、C_2 组成的串并联电路，即选频反馈网络。

2. RC 串并联选频网络的选频特性

一般情况下，为方便电路的分析与设计通常取 $R_1=R_2=R$，$C_1=C_2=C$，现将图 6.3 中 RC 串并联网络单独画出进行分析，如图 6.4 所示。

由图 6.4 可求得 RC 串并联网络的传递函数，即运算放大器的反馈系数 $\dot{F}$ 为

$$\dot{F}=\frac{\dot{U}_o}{\dot{U}_i}=\frac{Z_2}{Z_1+Z_2}=\frac{R\cdot\frac{1}{j\omega C}}{R+\frac{1}{j\omega C}+R\cdot\frac{1}{j\omega C}}$$

整理得

$$\dot{F}=\frac{1}{3+j\left(\omega RC-\frac{1}{\omega RC}\right)} \tag{6.6}$$

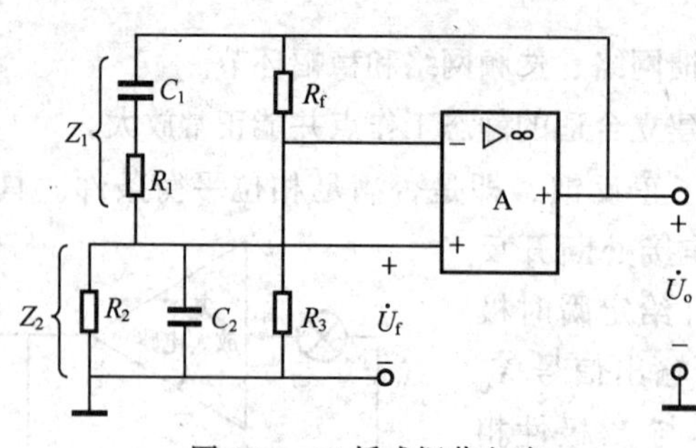

图 6.3　RC 桥式振荡电路

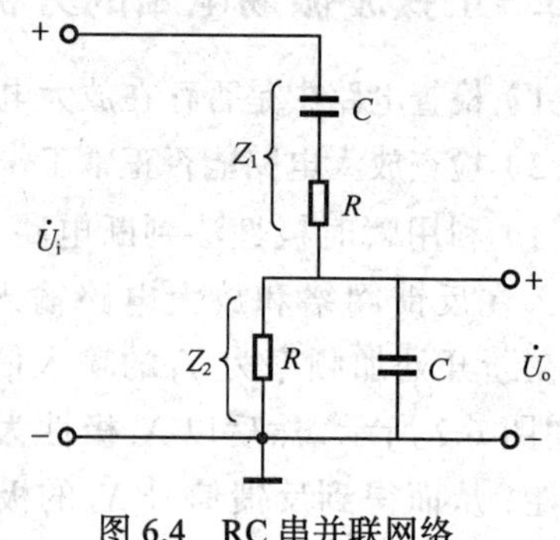

图 6.4　RC 串并联网络

令 $\omega_o = \dfrac{1}{RC}$，则上式变为

$$\dot{F} = \frac{1}{3 + j\left(\dfrac{\omega}{\omega_0} - \dfrac{\omega_0}{\omega}\right)} \tag{6.7}$$

式中，$\omega = 2\pi f$，$\omega_0 = 2\pi f_0$。

由此可得 RC 串并联的幅频特性和相频特性分别为

$$|\dot{F}| = \frac{1}{\sqrt{3^2 + \left(\dfrac{f}{f_0} - \dfrac{f_0}{f}\right)^2}} \tag{6.8}$$

$$\varphi_F = -\mathrm{arctg}\frac{\dfrac{f}{f_0} - \dfrac{f_0}{f}}{3} \tag{6.9}$$

RC 串并联网络的幅频特性和相频特性曲线如图 6.5 所示。

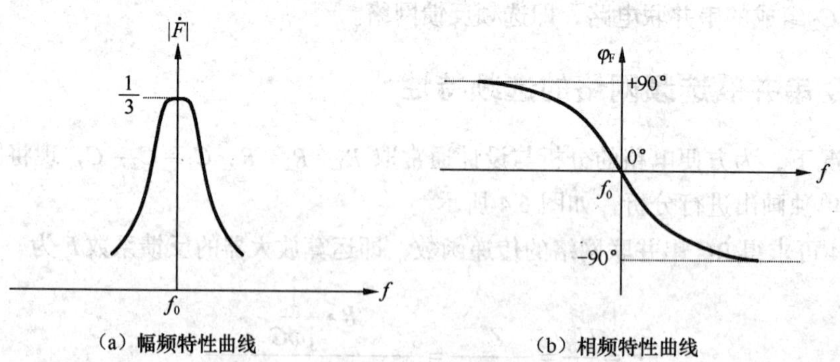

（a）幅频特性曲线　　（b）相频特性曲线

图 6.5　RC 串并联网络的频率特性曲线

由图 6.5 可知，当 $f = f_0$ 时

$$|\dot{F}| = \frac{1}{3} \tag{6.10}$$

此时的相角 $\varphi_F=0°$，说明 RC 串并联网络呈纯电阻特性，即电路为谐振状态，$|\dot{F}|$有最大值为$\frac{1}{3}$。当 $f\neq f_0$ 时，$|\dot{F}|<\frac{1}{3}$，相角 $\varphi_F\neq 0°$。因此 RC 串并联网络具有明显的选频特性。

3. RC 桥式振荡电路分析

（1）相位平衡条件

根据式（6.9）可知，在 $f=f_0=\frac{1}{2\pi RC}$ 时，经 RC 选频网络传输到放大电路输入端的电压和电流同相，即 $\varphi_f=0$，所以 RC 桥式振荡电路的相位平衡条件仅取决于放大电路本身的相位，即

$$\varphi_a=2n\pi\ (n=0,1,2,\ \cdots) \tag{6.11}$$

在图 6.3 所示的电路中，放大电路采用集成运放，反馈网络接在运放的同相端，在 $f=f_0$ 时，$\varphi_a+\varphi_f=0$，而对其他频率则不能满足相位平衡条件，电路的振荡频率为

$$f_0=\frac{1}{2\pi RC} \tag{6.12}$$

（2）幅度平衡条件

由式（6.8）可知，在 $f=f_0$ 时，$|\dot{F}|=\frac{1}{3}$，为了满足振荡的幅度平衡条件，必须满足$|\dot{A}\dot{F}|\geqslant 1$，由此求得振荡电路起振的幅度平衡条件为

$$|\dot{A}|\geqslant 3 \tag{6.13}$$

在图 6.3 电路中，基本放大电路是由 R_f、R_1 和运放 A 组成的同相比例运算电路，可得

$$\dot{A}_u=\frac{\dot{U}_o}{\dot{U}_i}=1+\frac{R_f}{R_3}\geqslant 3$$

即
$$R_f\geqslant 2R_3 \tag{6.14}$$

（3）稳幅措施

在 RC 桥式振荡电路中只有$|\dot{A}|$略大于 3 时，其输出波形为正弦波，如果$|\dot{A}|$的值远大于 3，则因振荡的增长，使放大器在非线性区域，波形将产生严重的非线性失真。为了改善输出电压幅度的稳定问题，一般可以采用以下两种方法：一种是利用放大器件本身的非线性；另一种是采用正负温度系数的热敏电阻。

4. RC 正弦波振荡电路的应用

（1）采用负温度系数的热敏电阻稳幅

热敏电阻具有正负温度系数，利用它的非线性可以自动稳幅。图 6.6 所示为采用负温度系数的热敏电阻稳幅电路。起振时，由于 $\dot{U}_o=0,\dot{I}_f=0,|\dot{A}_u\dot{F}_u|=1$，流过 R_4 的电流 $\dot{I}_f=0$，热敏电阻 R_4 处于冷态，且阻值比较大，放大器的负反馈较弱，$|\dot{A}_u|$很高，振荡很快建立。随着振荡幅度的增大，流过 R_4 的电流 $\dot{I}_f$ 也增大，使 R_4 的温度升高，其阻值减小，负反馈加深，$|\dot{A}_u|$自动下降，在运算放大器还未进入非线性工作区时，振荡电路即达到平衡条件$|\dot{A}_u\dot{F}_u|=1$，$\dot{U}_O$ 停止

增长。同理，当振荡建立后，由于某种原因使得输出电压幅度发生变化，可通过 R_4 电阻的变化，自动稳定输出电压。如当某种原因导致 $\dot{U}_O$ 降低，流过 R_4 的电流 $\dot{I}_f$ 也将减小，使 R_4 的温度下降，其阻值增大，负反馈减小，$|\dot{A}_u|$ 升高，迫使 $\dot{U}_O$ 上升到原来的大小。若热敏电阻是正温度系数，电路将如何修改，请读者思考。

（2）利用二极管的非线性特性进行稳幅

利用二极管的非线性特性进行稳幅的电路如图 6.7 所示。将 R_f 分为 R_p 和 R_3，R_3 并联二极管。起振时，由于 $\dot{U}_O$ 很小，VD_1、VD_2 不导通，$R_p + R_3$ 略大于 $2R_4$。随着 $\dot{U}_O$ 的增加，VD_1、VD_2 逐渐导通，R_3 被短接，$|\dot{A}_u|$ 自动下降，使 $|\dot{A}_u| = 3$，$\dot{U}_O$ 幅度趋于稳定。

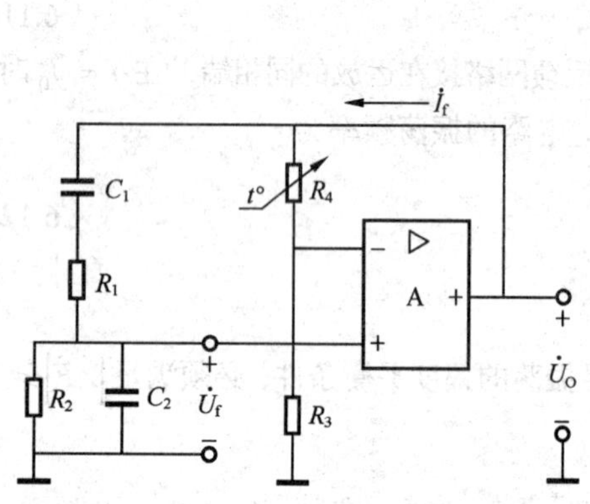

图 6.6　采用负温度系数的热敏电阻稳幅

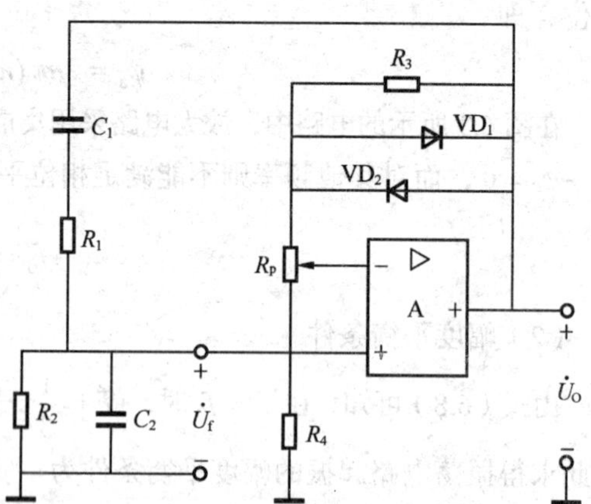

图 6.7　利用二极管非线性特性进行稳幅的电路

6.1.3　LC 正弦波振荡电路

采用 LC 谐振回路作为选频网络的振荡电路称为 LC 振荡电路，它主要用来产生高频正弦振荡信号，一般在 1MHz 以上。根据反馈形式的不同，LC 振荡电路可分为变压器反馈式、电感三点式和电容三点式振荡电路。

1. LC 振荡电路选频特性

LC 并联回路如图 6.8 所示。图中 R 表示电感 L 的等效损耗电阻，电容的损耗电阻很小，忽略不计。由图可得并联谐振回路的等效阻抗为

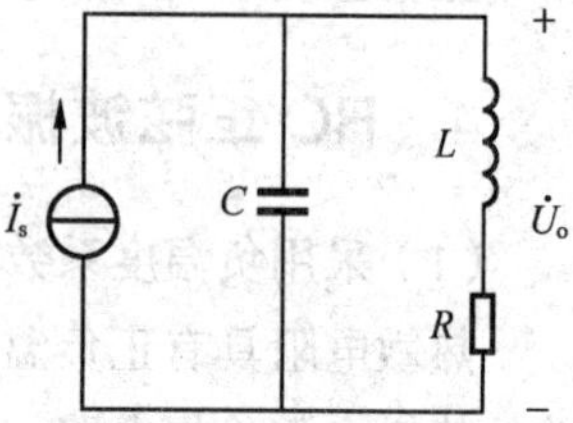

图 6.8　LC 并联谐振电路

$$Z = \frac{\frac{1}{j\omega C}(R + j\omega L)}{\frac{1}{j\omega C} + R + j\omega L}$$

通常有 $R \ll \omega L$，所以

$$Z \approx \frac{\frac{1}{\mathrm{j}\omega C}\cdot \mathrm{j}\omega L}{R+\mathrm{j}\left(\omega L-\frac{1}{\omega C}\right)}=\frac{\frac{L}{C}}{R+\mathrm{j}\left(\omega L-\frac{1}{\omega C}\right)}=\frac{\frac{L}{CR}}{1+\mathrm{j}Q\left(\frac{\omega}{\omega_0}-\frac{\omega_0}{\omega}\right)} \tag{6.15}$$

式中，$\omega_0=\frac{1}{\sqrt{LC}}$，$Q=\frac{1}{R}\sqrt{\frac{L}{C}}$，其中，$\omega_0$ 为并联谐振频率，Q 为 LC 并联谐振回路的品质因数，是用来评价回路损耗大小的指标。R 越小，Q 值越高，回路的谐振阻抗越大，一般 Q 值在几十到几百范围内。

由式（6.15）可得并联谐振回路的阻抗幅频特性和相频特性分别为

$$|Z|=\frac{Z_0}{\sqrt{1+Q^2\left(\frac{f}{f_0}-\frac{f_0}{f}\right)^2}} \tag{6.16}$$

$$\varphi_{\mathrm{z}}=-\mathrm{arctg}Q\left(\frac{f}{f_0}-\frac{f_0}{f}\right) \tag{6.17}$$

幅频特性和相频特性曲线如图 6.9 所示。

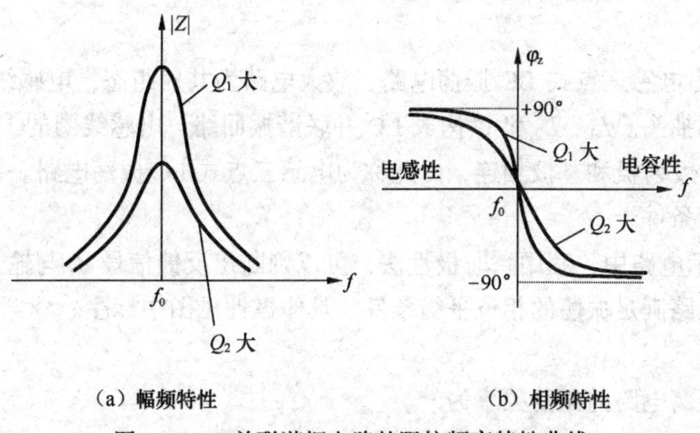

（a）幅频特性　　（b）相频特性

图 6.9　LC 并联谐振电路的阻抗频率特性曲线

由图 6.9 可见，当信号频率 $f=f_0$ 时，Z 为最大且纯阻特性，$\varphi=0°$；当 $f\neq f_0$ 时，阻抗减小；$f<f_0$ 时，Z 呈感性，$\varphi>0°$；当 $f>f_0$ 时，Z 呈容性，$\varphi<0°$。回路的 Q 值愈高，谐振曲线愈尖锐，回路的选频作用愈显著，选择性愈好。

2. 变压器反馈式 LC 振荡电路

（1）电路组成

图 6.10 所示为变压器反馈式 LC 振荡电路。图中三极管 VT 等构成共射放大电路，C 和变

压器的一次绕组 L 既是三极管集电极负载又是选频网络，变压器二次绕组 L_1 是正反馈网络，变压器 L_2 为输出绕组，C_B 为耦合电容，C_E 为旁路电容。

（2）相位平衡条件

为了分析电路的相位平衡条件，可以利用瞬时极性法。假设在反馈点处断开，同时输入 $\dot{U}_i$ 为正极性信号，由于LC回路谐振时，LC回路呈纯电阻性，共射电路具有倒相作用，即 $\dot{U}_o$ 与 $\dot{U}_i$ 的相位差为π，因此集电极电位瞬时极性为负，根据变压器一次、二次绕组的同名端接法，$\dot{U}_f$ 与 $\dot{U}_o$ 的相位差也为π。因此，$\dot{U}_f$ 与 $\dot{U}_i$ 同相，满足相位平衡条件。

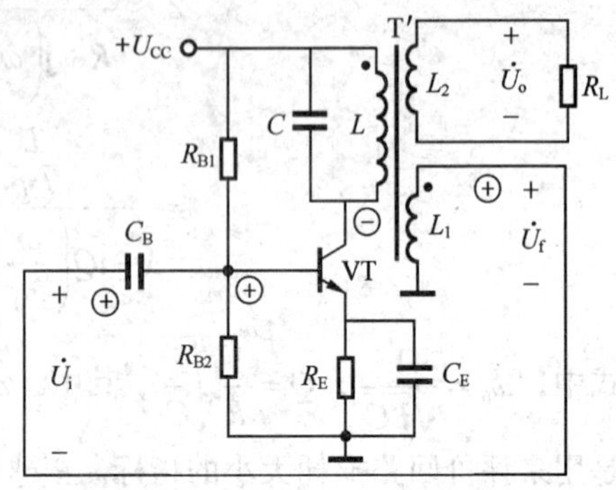

图6.10　变压器反馈式LC振荡电路

（3）振荡频率

由于变压器反馈式LC振荡电路的选频网络由LC并联谐振回路构成，因此变压器反馈式LC振荡电路的振荡频率与并联LC谐振电路相同，即

$$f_0 = \frac{1}{2\pi\sqrt{LC}} \tag{6.18}$$

（4）电路特点

该电路具有电路结构简单，易起振，输出幅度大，调节方便，调节频率时输出幅度变化不大和调整反馈时基本不影响振荡频率等优点。缺点是高频时由于分布电容的存在，频率稳定性较差。因此这种电路适用于振荡频率不太高的场合，一般为中短波段。

3. 电感三点式振荡电路

（1）电路组成

图6.11所示为电感三点式LC振荡电路，放大电路为共射组态，电感线圈 L_1 和 L_2 是一个线圈，②点是中间抽头。L_1、L_2 和 C 构成LC并联谐振回路，电感线圈的①、②、③端分别与三极管的集电极、发射极和基极相连，因此称为电感三点式LC振荡电路。

（2）相位平衡条件

在图6.11所示电路中，利用瞬时极性法，可以判断出反馈信号 $\dot{U}_f$ 与输入信号 $\dot{U}_i$ 同相，形成了正反馈，即电路满足振荡的相位平衡条件。具体极性见图中标注。

（3）振荡频率

电感三点式振荡电路的振荡频率为

$$f_0 = \frac{1}{2\pi\sqrt{(L_1 + L_2 + 2M)C}} \tag{6.19}$$

式中，M 为电感 L_1 和电感 L_2 的互感。

若令 $L = L_1 + L_2 + 2M$ 为回路的总电感，则振荡频率为

$$f_0 = \frac{1}{2\pi\sqrt{LC}} \tag{6.20}$$

（4）电路特点

该振荡电路简单，易于起振。但由于反馈信号取自电感 L_1，电感对高次谐波的感抗大，因而输出振荡电压的谐波分量增大，波形较差，常用于对波形要求不高的设备中，其振荡频率通

常在几十赫兹以下。

4. 电容三点式振荡电路

（1）电路组成

电感三点式 LC 振荡电路中的 L_1 和 L_2 换成对高次谐波呈低阻抗的电容 C_1 和 C_2，同时将电容 C 换成电感 L，就构成了电容三点式 LC 振荡电路，如图 6.12 所示。图中 C_1、C_2 和 L 构成 LC 并联谐振回路，两个串联电容的①、②、③端分别与三极管的集电极、发射极和基极相连，因此称为电容三点式 LC 振荡电路。

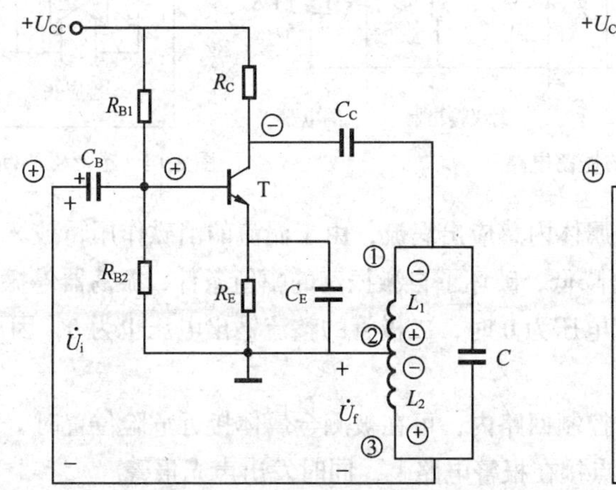

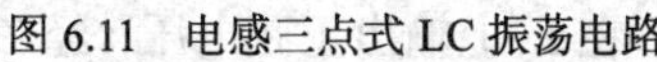
图 6.11　电感三点式 LC 振荡电路

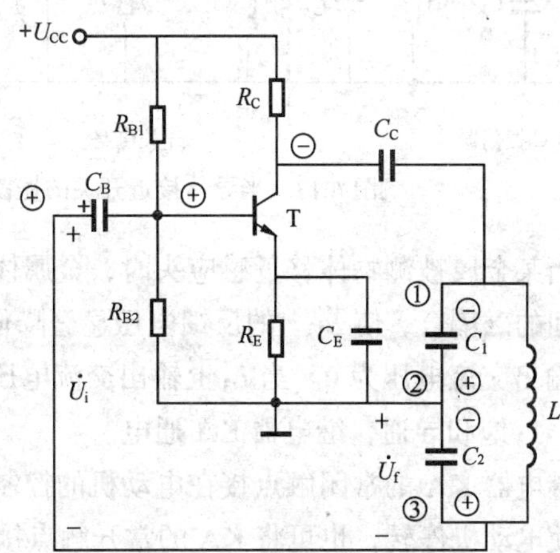

图 6.12　电容三点式 LC 振荡电路

（2）相位平衡条件

在图 6.12 电路中，利用瞬时极性法，可以判断出反馈信号 $\dot{U}_f$ 与输入信号 $\dot{U}_i$ 同相，形成了正反馈，即电路满足振荡的相位平衡条件。具体极性见图中标注。

（3）振荡频率

电容三点式 LC 振荡电路的振荡频率由 C_1 和 C_2 串联再与 L 构成的 LC 并联谐振回路决定，即

$$f_0=\frac{1}{2\pi\sqrt{LC}}=\frac{1}{2\pi\sqrt{L\dfrac{C_1C_2}{C_1+C_2}}} \tag{6.21}$$

（4）电路特点

该电路由于反馈信号取自电容 C_2，对高次谐波的阻抗较小，高次谐波被短路，因此反馈和输出波形中高次谐波分量较少，振荡输出波形好。缺点是该种电路调节频率不方便，因为 C_1 和 C_2 的改变会直接影响反馈信号的大小，改变起振条件容易引起停振，因而频率调节范围小。这种电路常用于对波形要求较高，振荡频率固定的设备。

5. LC 振荡电路应用举例

图 6.13 是半导体接近开关的振荡电路，它由 LC 振荡器、开关电路、射极输出器和继电器四部分组成。其中 LC 振荡器采用变压器反馈式振荡电路，它是接近开关的核心部分，L_1、L_2 及 L_3 绕在如图 6.14 所示的磁心上（又称感应头）。

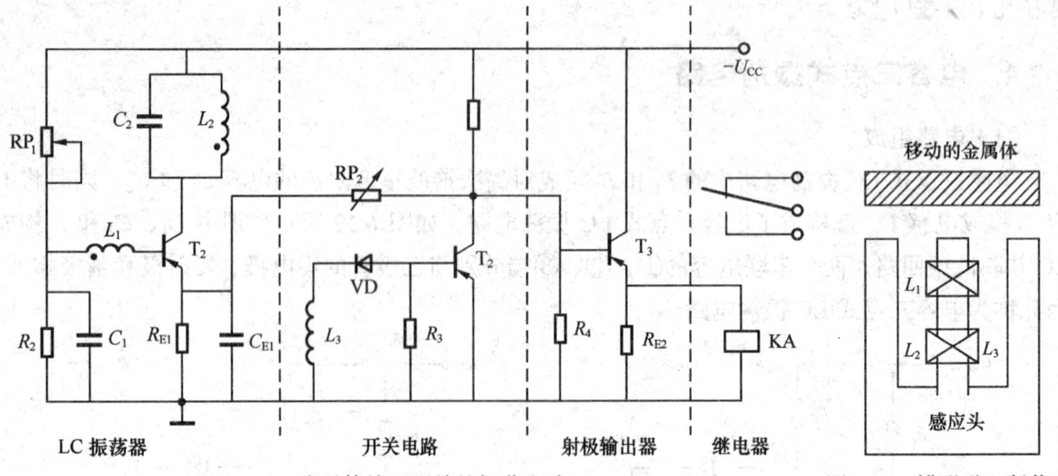

图 6.13 半导体接近开关的振荡电路

图 6.14 罐形磁心断截面

当某金属被测物体移近感应头时，金属体内感应出涡流，由于涡流的消磁作用，破坏了线圈之间的磁耦合，使 L_1 上的反馈电压显著降低，破坏了自激振荡的幅值条件，振荡器停振，使 L_3 上输出交流电压为 0。当 L_3 上输出交流电压为 0 时，二极管的整流输出电压也为 0，因此 T_2 截止，T_3 饱和导通，继电器 KA 通电。

继电器 KA 的常闭触点接在电动机的控制回路内，可在被测金属体接近危险位置时，立即断电使电动机停转，也可将 KA 的常开触点接在报警电路上，同时发出声光报警。

当金属被测物体离开感应头后，振荡电路立即起振，在 L_3 上输出正弦电压，经二极管的整流后，使 T_2 饱和导通，T_3 截止，继电器 KA 断电，常闭触点重新闭合，电动机运转。

RP_1 用来调节振荡输出幅度，RP_2 可使振荡电路迅速而可靠地停振，也能促使振荡电路在被测金属物体离开感应头时迅速地恢复振荡。

6. 石英晶体振荡电路

随着电子技术的迅速发展，对振荡器频率的精确性和稳定性要求越来越高。LC 振荡器因 LC 回路的 Q 值不高（一般低于 200），使频率的稳定度很难突破 10^{-5} 数量级。而石英晶体振荡器的 Q 值高达 10^4 以上，频率稳定性可达 10^{10} 数量级。因此，它在各类电子设备中得到了广泛应用。

（1）石英晶体的基本特性与等效电路

① 石英晶体的压电效应。

石英晶体是一种各向异性的结晶体。从一块晶体上按一定的方位切下的薄片称为晶片，然后在晶片的两个对应表面上涂敷银层并装上一对金属板，就构成石英晶体产品，如图 6.15 所示，一般用金属外壳密封，也有用玻璃壳封装的。

若在晶片的两极板间加一电场，会使晶体产生机械力；反之，若在极板间施加机械力，又会在相应的方向上产生电场，这种现象称为压电效应。如果在极板间所加的是交变电压，就会产生机械变形振动，同时机械变形振动又会产生交变电场。一般来说，这种机械振动的振幅是比较小的，其振动频率则是很稳定的。当外加交变电压的频率与晶片的固有频率（决定于晶片的尺寸）相等时，机械振动的幅度将急剧增加，这种现象称为压电谐振，因此石英晶体又称石英晶体谐振器。

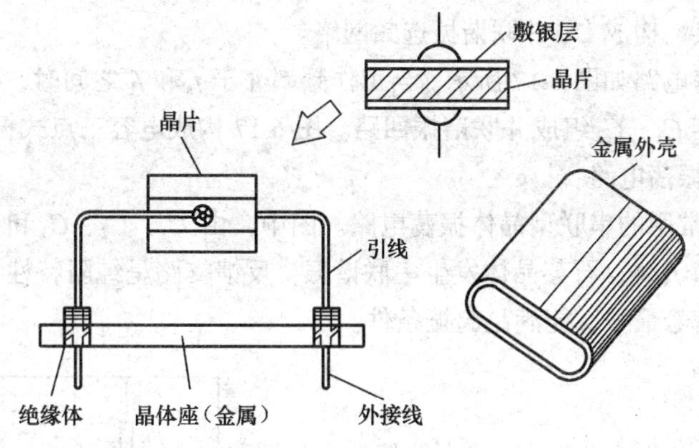

图 6.15　石英晶体的结构

② 石英晶体等效电路和符号。

石英晶振的内部结构可以等效成如图 6.16（a）所示的等效电路，图 1.16（b）所示是其电路符号。

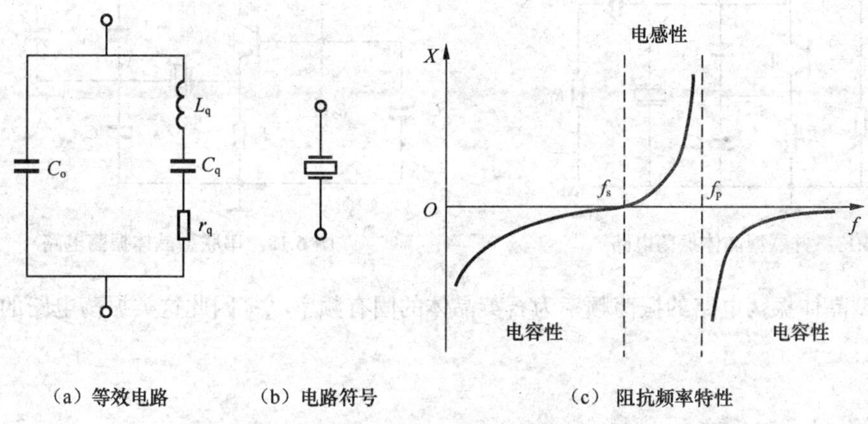

（a）等效电路　　（b）电路符号　　（c）阻抗频率特性

图 6.16　石英晶振的等效电路、阻抗频率特性及符号

由等效电路可见，石英晶体有两个谐振频率，即

① 当 L_q、C_q、r_q 串联支路发生谐振时，其串联的谐振频率为

$$f_s = \frac{1}{2\pi\sqrt{L_q C_q}} \tag{6.22}$$

② 当频率高于 f_s 时，L_q、C_q、r_q 串联支路呈感性，可与电容 C_0 发生并联谐振，并联谐振频率为

$$f_P = \frac{1}{2\pi\sqrt{L_q \dfrac{C_q C_0}{C_q + C_0}}} = f_s\sqrt{1+\frac{C_q}{C_0}} \tag{6.23}$$

图 6.16（c）为石英晶体谐振器的电抗-频率特性。在 f_P 与 f_s 之间呈感性，在其他区域呈容性。

（2）石英晶体振荡电路

① 并联型晶体振荡电路。

并联型晶体振荡电路的工作原理和一般三点式 LC 振荡电路相同，只是把其中的一个电感元件用石英晶体置换，构成 LC 并联谐振选频网络。

并联型晶体振荡电路如图 6.17 所示。当工作频率介于 f_s 和 f_P 之间时，石英晶片等效为一个电感元件，它与电容 C_1、C_2 组成并联谐振回路。图 6.17 构成电容三点式振荡器。

② 串联型晶体振荡电路。

图 6.18 所示为常用的串联型晶体振荡电路。图中，由 C_1、C_2、C_3 和石英晶体构成正反馈通路，当振荡频率为 f_s 时，石英晶体发生串联谐振，反馈支路呈纯阻特性，阻抗最小，且相移为零，因此正反馈信号最强，能满足起振条件。

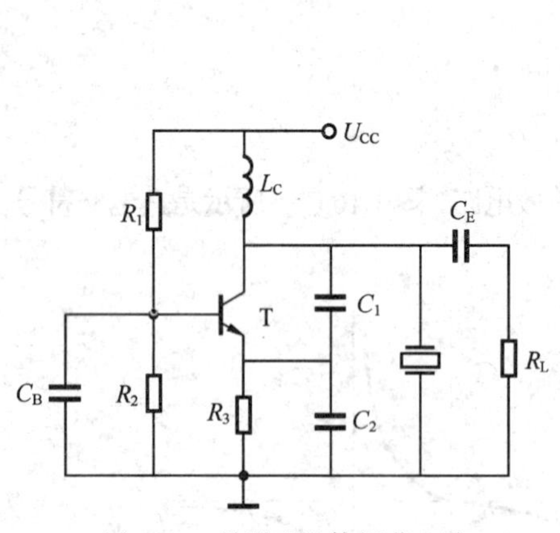

图 6.17　并联型晶体振荡电路

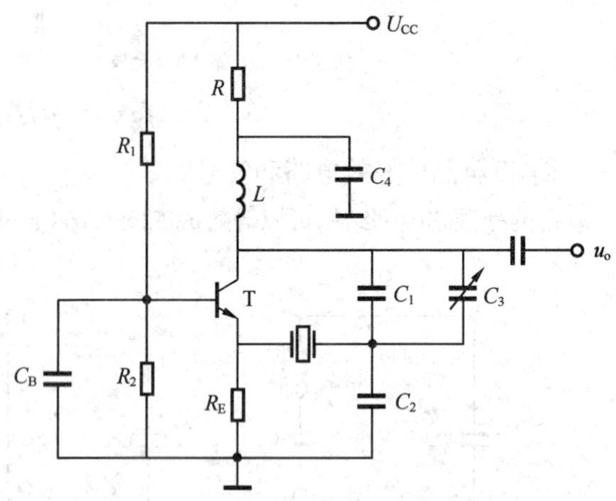

图 6.18　串联型晶体振荡电路

串联型晶体振荡电路的振荡频率为石英晶体的固有频率 f_s，因此这类振荡电路的频率稳定度非常高。

6.2 非正弦波振荡电路

常用的非正弦波振荡电路有矩形波发生器、三角波发生器和锯齿波发生器等。

6.2.1 矩形波发生器

1. 电路的组成

矩形波发生器电路如图 6.19（a）所示，它是由反相输入的滞回比较器和 RC 电路组成。RC 回路既作为延迟环节，又作为反馈网络，通过 RC 充放电实现输出状态的自动转换。

2. 工作原理

在图 6.19（a）中滞回比较器输出电压 $\pm U_T = \pm\dfrac{R_1}{R_2}U_Z$，阈值电压为 $\pm U_T = \pm\dfrac{R_2}{R_2+R_3}\cdot U_Z$，

电压传输特性如图 6.19（b）所示。

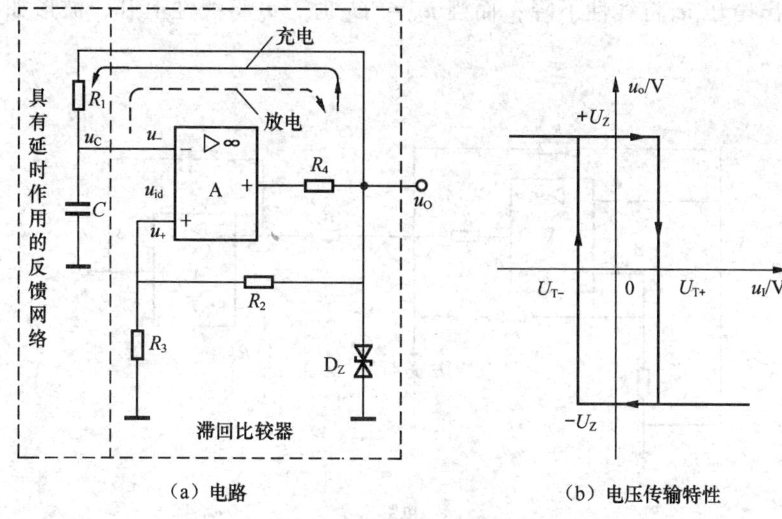

（a）电路　　　　（b）电压传输特性

图 6.19　矩形波发生电路

在运放接通电源时，电容上初始电压 $u_C = 0$，设此时 u_o=+U_Z，则 u_+=U_{T+}，u_o 开始通过 R_1 向 C 充电，通过地形成回路，u_C 按指数曲线上升。当 $u_C \geqslant U_{T+}$时，输出发生翻转，使 u_o=−U_Z，如图 6.20 所示 0～t_1 期间波形，这时 u_+变为 U_{T-}。由于 u_C=U_{T+}＞u_o=−U_Z，故电容 C 通过 R_1 和 D_Z 到地形成放电回路，u_C 按指数曲线下降，当 $u_C \leqslant U_{T-}$时，输出又发生翻转，使 u_o=+U_Z，如图 6.20 所示 t_1～t_2 期间波形。以后电容 C 又被充电，此时 u_C 由 U_{T-}开始上升并达到 U_{T+}，u_o 又发生翻转，使 u_o=−U_Z，如图 6.20 所示 t_2～t_3 期间波形。以后按上述过程周而复始地形成振荡，输出的 u_o 为方波。

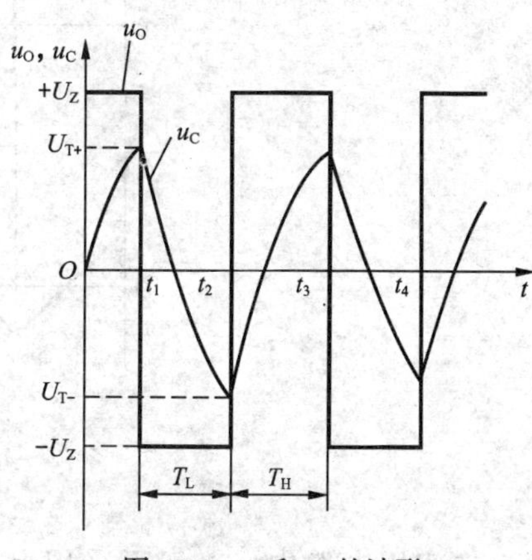

图 6.20　u_C 和 u_o 的波形

3. 波形分析和参数

如图 6.20 所示电路电容正、反向充电时间常数均为 R_1C，而且充电的幅度也相等，因而在一个周期内 u_o=+U_Z 的时间和 u_o=−U_Z 的时间相等，u_o 为对称的波形，u_o 的波形如图 6.20 所示，可求得该电路的振荡周期为

$$T = T_L + T_H = 2R_1C\ln\left(1+\frac{2R_3}{R_2}\right) \tag{6.24}$$

通过以上分析可知，调整电路参数 R_2、R_3 和 U_Z 可以改变方波发生电路的振荡幅度，调整 R_1、R_2、R_3 和电容 C 的数值可以改变电路的振荡频率。

6.2.2　三角波发生器

要得到三角波，实际上只要将方波电压作为积分运算电路的输入，在积分运算电路的输出就可得到三角波，如图 6.21（a）所示，当方波发生器电路输出电压 $u_{o1}=+U_Z$ 时，积分运算电路的输出电压 u_o 将线性下降；而当 $u_{o1}=-U_Z$ 时，u_o 将线性上升，波形如图 6.21（b）所示。

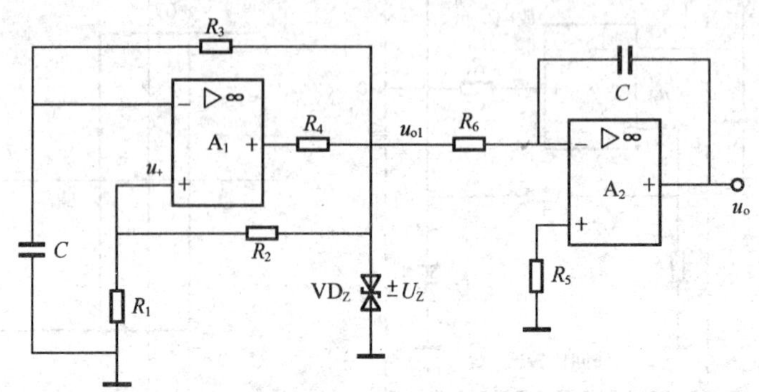

（a）电路

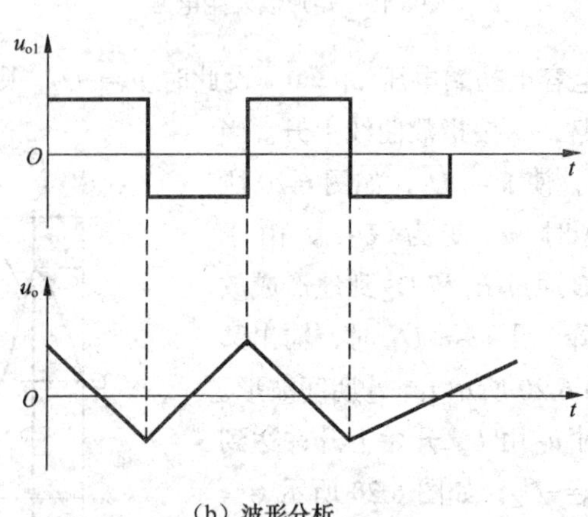

（b）波形分析

图 6.21　三角波发生器

在实用电路中，一般不采用上述波形变换的方法获得三角形，而是将方波发生器中 *RC* 充放电回路用积分运算电路来取代，滞回比较器和积分电路的输出互为另一个电路的输入，如图 6.22（a）所示。在该电路中，虚线左边为同相输入滞回比较器，右边为积分运算电路。

可以分析得到，u_o 是三角波，幅值为 $\pm U_T$，u_{o1} 是方波，幅值为 $\pm U_Z$，如图 6.22（b）所示。由于电路引入深度电压负反馈，所以在负载电路相当大的变化范围内，三角波电压几乎不变。三角波的幅度为

$$\pm U_T = \pm\frac{R_1}{R_2}U_Z \tag{6.25}$$

振荡周期为

$$T=\frac{4R_1R_3C}{4R_2} \tag{6.26}$$

调节电路 R_1 和 R_2 的阻值，可以改变三角波的幅值。调节 R_1、R_2、R_3 和电容 C 的容量，可以改变振荡频率。

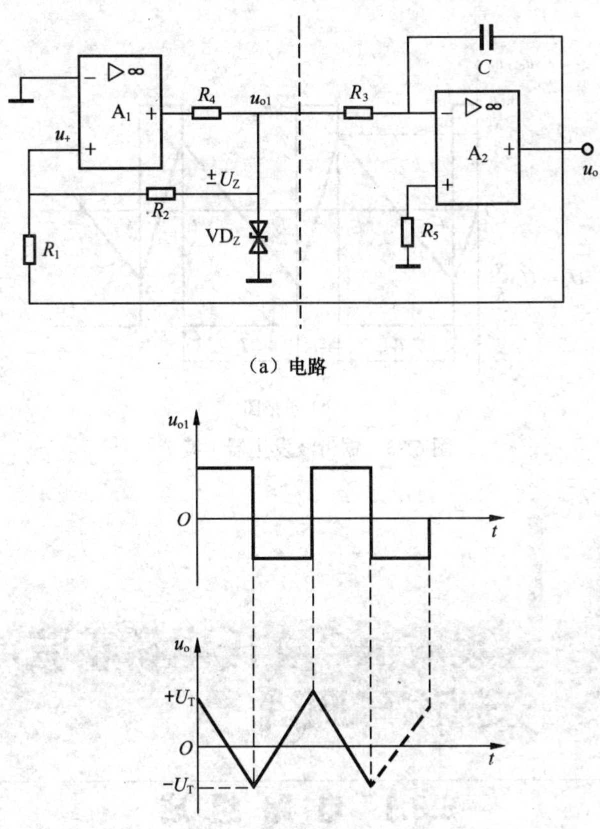

（a）电路

（b）波形分析

图 6.22　三角波发生器

6.2.3　锯齿波发生器

锯齿波的产生电路如图 6.23（a）所示。它包括同相输入滞回比较器（A_1）和充放电时间常数不等的积分器（A_2）两部分，其中 A_2 的输出 u_o 返送到 A_1 作为输入信号。该电路由于电容 C 的正向与反向充电时间常数不相等，输出波形 u_o 为锯齿波电压，u_{o1} 为矩形波电压，如图 6.23（b）所示。可以证明，在忽略二极管正向电阻的情况下，其振荡周期为

$$f = \frac{1}{T} = \frac{1}{2(R_P' + R_P'') \cdot C} \cdot \frac{R_1}{R_2} = \frac{1}{2R_P \cdot C} \cdot \frac{R_1}{R_2} \tag{6.27}$$

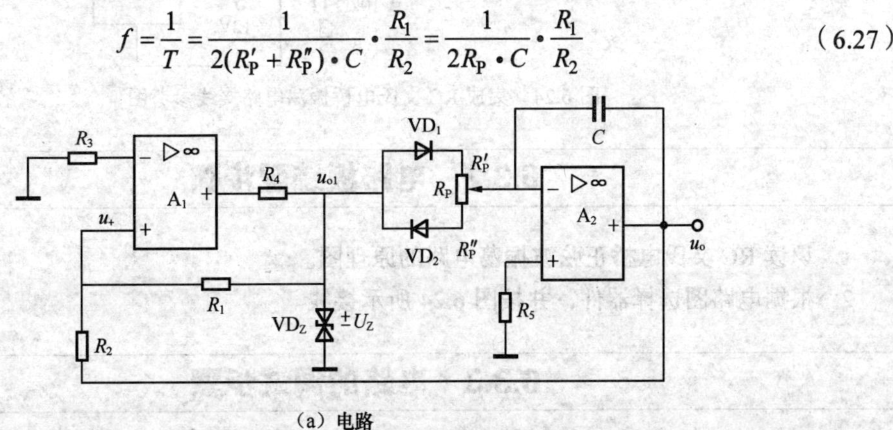

（a）电路

图 6.23　锯齿波发生器

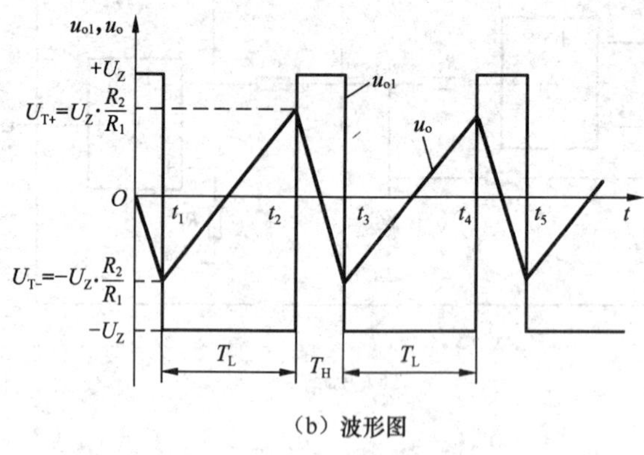

（b）波形图

图 6.23　锯齿波发生器（续）

6.3 集成 RC 文氏电桥正弦波振荡器的制作与调试

6.3.1 电 路 组 成

集成 RC 文氏电桥正弦波振荡电路如图 6.24 所示。

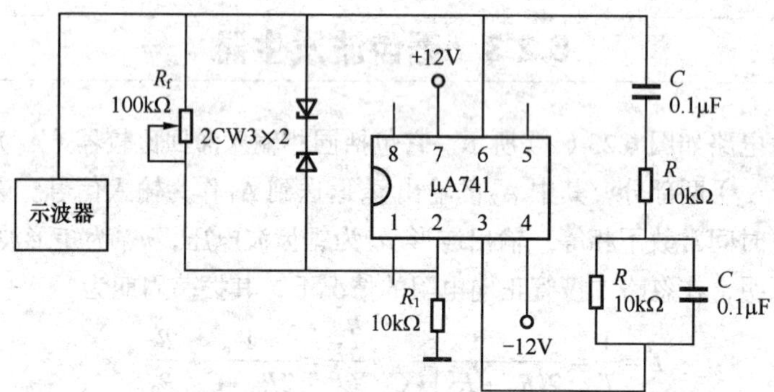

图 6.24　集成 RC 文氏电桥振荡电路接线参考图

6.3.2 电路板装配步骤

1. 识读 RC 文氏电桥正弦波振荡电路的原理图。
2. 根据电路图选择器件，并按图 6.24 所示接线。

6.3.3 电路的调试步骤

1. 接通电源和示波器，观察电路有无输出波形，若无输出波形则调节 R_f 电位器直至输出波形无明显失真。

2. 测出输出信号的频率，填入表 6.1 中，并与理论值进行比较。

3. 按照表 6.1 中的给定参数改变 RC 串并联选频网络的参数值，继续测出输出信号的频率，填入表 6.1 中。

表 6.1　　振荡电路频率测试

测试条件	第一组		第二组		第三组	
	R/kΩ	C/μF	R/kΩ	C/μF	R/kΩ	C/μF
参数值	10	0.1	100	0.1	10	0.01
测量频率						
理论频率						

4. 将两个稳压二极管断开，观察振荡波形的变化情况。

6.3.4　故障分析与排除

由于本电路结构简单，只要采用合格的元器件且焊接无误，便能获得正弦波输出。在调试和检修中应重点注重 R_f 的调节，以满足该电路的起振条件，同时保证能输出完好的正弦波形。若电路不能起振而无正弦波输出，必要时可先断开选频、正反馈网络，将低频信号发生器产生的 1kHz 左右的正弦波信号输入到 IC_1 的同相输入正反馈网络，检查 IC_1 及外围元件，调节 R_f 使 u_o 端能正常输出放大后的正弦波再接入选频、正反馈网络进行调试。

6.3.5　仪器和元件

（1）仪器：信号源、直流电压表、万用表和示波器等。

（2）元件：集成运放μA741、可调电位器、各种电阻和电容若干。

6.3.6　报告要求

（1）画出实验用的实际电路。

（2）汇总数据和测试结果。

（3）分析、说明电路的特点。

（4）分析制作过程中出现的问题及解决的方法。

本章小结

正弦波振荡电路一般由放大电路、正反馈网络、选频网络和稳幅电路四个环节组成，其产生自激振荡的条件有幅度条件和相位条件。为了使信号能够由弱到强进行振荡，必须满足起振的条件；为了维持振荡必须满足幅度平衡条件和相位平衡条件。

按照选频网络构成元件的不同，正弦波振荡电路分为RC正弦波振荡电路、LC正弦波振荡电路和石英晶体正弦波振荡电路。RC正弦波振荡电路常用于产生频率较低的信号，LC正弦波振荡电路常用于产生频率较高的信号，但它们振荡信号的频率稳定性较差，而石英晶体正弦波振荡电路常用于要求频率稳定性高的场合。

非正弦波振荡电路中没有选频网络，它通常由比较器、积分电路和反馈电路等组成，其状态的翻转依靠电路中定时电容能量的变化，改变定时电容的充放电电流的大小就可以调节振荡周期。按照产生信号的不同，非正弦波振荡电路有矩形波发生器、三角波发生器和锯齿波发生器。

习题

一、填空题

1. 电容三点式和电感三点式两种振荡电路相比，容易调节频率的是________三点式电路，输出波形较好的________三点式电路。

2. 正弦波振荡电路的振幅平衡条件是________，相位平衡条件是_______。

3. 在RC桥式正弦波振荡电路中，通过RC串并联网络引入的反馈是________反馈。

4. 根据反馈形式的不同，LC振荡电路可分为________反馈式和三点式两类，其中三点式振荡电路又分为________三点式和________三点式两种。

5. 并联型晶体振荡电路中，石英晶体用作高Q值的________元件。和普通LC振荡电路相比，晶体振荡电路的主要优点是________________。

6. 采用________选频网络构成的振荡电路称为RC振荡电路，它一般用于产生________频正弦波；采用________作为选频网络的振荡电路称为LC振荡电路，它主要用于产生________频正弦波。

二、判断题

1. 信号产生电路是用来产生正弦波信号的。（　　）

2. 并联型晶体振荡电路中，石英晶体的作用相当于电感；串联型晶体振荡电路中，石英晶体的作用相当于电容。（　　）

3. 同正弦波信号产生电路一样，非正弦波信号产生电路也需要选频网络才能产生一定频率的信号。（　　）

4. 负反馈放大电路不可能产生自激振荡。（　　）

5. RC桥式振荡电路中，RC串并联网络既是选频网络又是正反馈网络。（　　）

三、计算分析题

1. 试判断图6.25所示各电路是否可能产生振荡，若能则指出构成什么类型的正弦波振荡电路；若不能则指出其中错误并加以修改，指出修改后的电路构成什么类型的正弦波振荡电路。

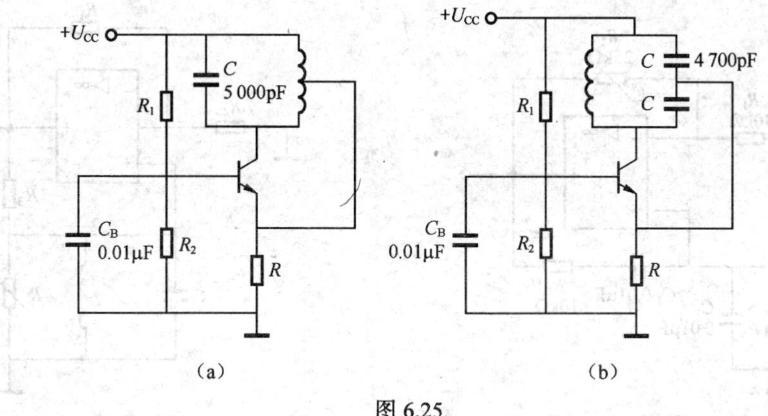

图 6.25

2. 图 6.26 中，欲构成 RC 桥式振荡电路，但有两处错误使它不能产生正弦波，请在图中改正，并计算振荡频率。

3. 图 6.27 所示 RC 桥式振荡电路中，已知 $R_1 = 3\text{k}\Omega$，$R_2 = 5\text{k}\Omega$，$R = 10\text{k}\Omega$，$C = 0.01\mu\text{F}$，R_p 在 0 到 10kΩ范围内可调，振幅稳定后二极管呈现的电阻值近似为 $r_\text{d} = 0.5\text{k}\Omega$。

（1）求稳定输出正弦波时 R_p 的阻值。

（2）求输出正弦波的频率。

（3）指出图中二极管的作用。

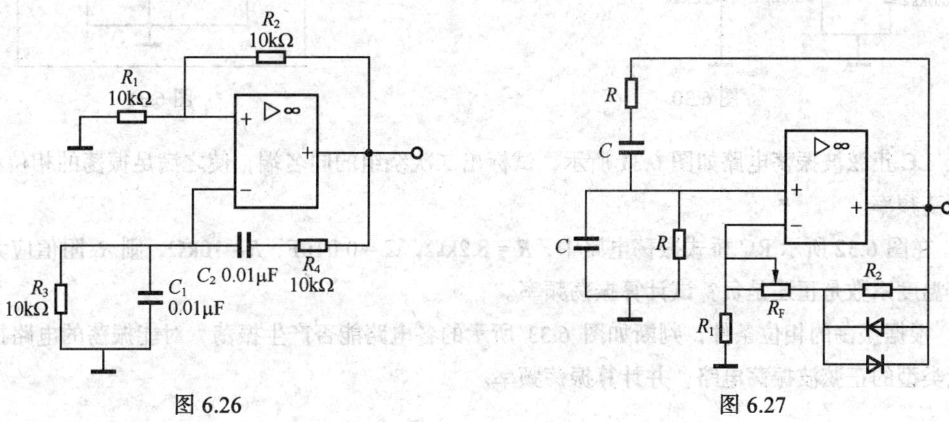

图 6.26　　　　图 6.27

4. 试分析图 6.28 所示电路。

（1）判断能否产生正弦波振荡。

（2）若能振荡，计算振荡频率，指出图中热敏电阻温度系数的正负。

（3）电路中存在哪几种反馈，分别计算稳定输出时各反馈电路的反馈系数。

5. 图 6.29 所示电路中，$R_1 = 47\text{k}\Omega$，$R_2 = 4.7\text{k}\Omega$，$R_3 = 10\text{k}\Omega$，电容 $C = 330\text{pF}$，电感 $L = 1\mu\text{H}$，LC 回路的损耗可以忽略，试判断该电路是否满足振荡的相位起振条件？若能振荡，则电阻 R 的阻值应调为多大？并计算振荡频率。

6. 设运放是理想的，试分析如图 6.30 所示正弦波振荡电路。

（1）正确连接 A、B、P、N 四点，使之成为 RC 桥式振荡电路。

（2）求出该电路的振荡频率。

（3）若 $R_1 = 2\text{k}\Omega$，试分析 R_F 的阻值应大于多少？

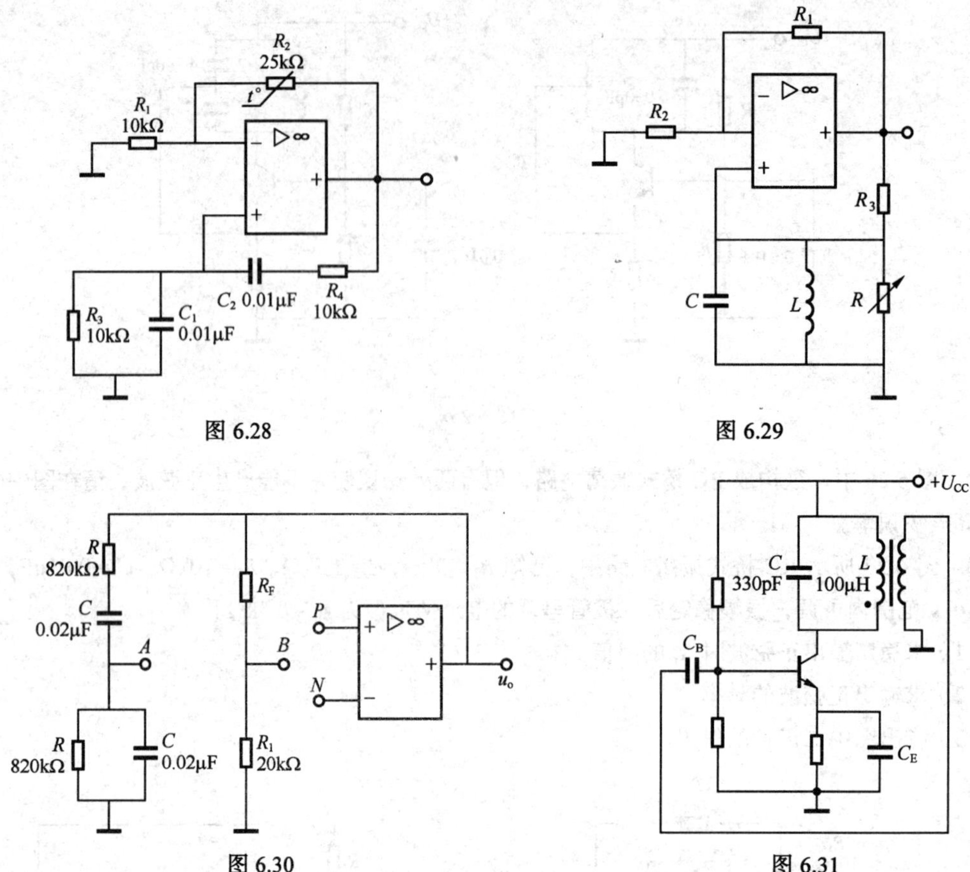

图 6.28

图 6.29

图 6.30

图 6.31

7. LC 正弦波振荡电路如图 6.31 所示，试标出二次绕组的同名端，使之满足振荡的相位条件，并求振荡频率。

8. 在图 6.32 所示 RC 桥式振荡电路中，$R = 8.2\text{k}\Omega$，$C = 0.01\mu\text{F}$，R_1=10kΩ，则 R_F 阻值应大于多少？其温度系数是正还是负？试计算振荡频率。

9. 根据振荡的相位条件，判断如图 6.33 所示的各电路能否产生振荡，对能振荡的电路指出构成什么类型的正弦波振荡电路，并计算振荡频率。

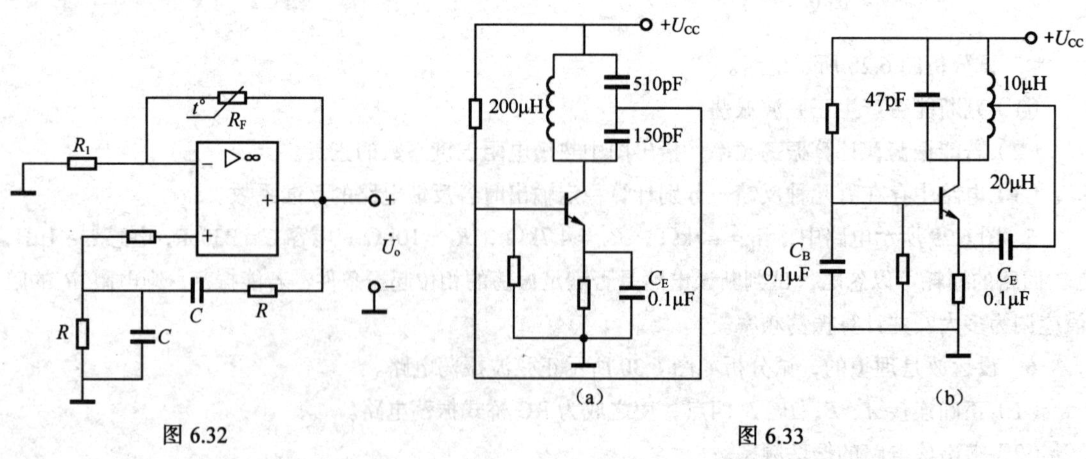

图 6.32

图 6.33

第7章 晶闸管及其应用

晶体闸流管简称晶闸管（VT），曾称为可控硅（SCR），是一种大功率可控半导体器件。它具有体积小、重量轻、耐压高、效率高、控制灵敏、使用寿命长和操作方便等优点。晶闸管既有单向导电的整流作用，又有可控制的开关作用，具有弱电控制强电的特点。它在可控整流、可控开关、交直流电动机调速系统、调光、调压、温控与时控等方面都获得了广泛的应用。

7.1 晶闸管

7.1.1 晶闸管基本结构

晶闸管是在晶体管的基础上发展起来的一种大功率半导体器件，由四层半导体 P_1、N_1、P_2、N_2 制成，形成三个 PN 结 J_1、J_2、J_3，如图 7.1（a）所示。由 P_1 层引出的电极为阳极 A，由 N_2 层引出的电极为阴极 K，由中间的 P_2 层引出的电极为控制极（或称门极）G，然后用外壳封装起来。晶闸管的图形符号如图 7.1（b）所示。

普通型晶闸管有螺栓式和平板式两种，图 7.2（a）所示为螺栓式晶闸管，图中带有螺栓的是阳极引出端，同时可以利用它固定散热片，另一端较粗的一根引出线是阴极引出线，另一根较细的是控制极引出线。另外，图 7.2（b）所示为平板式晶闸管。

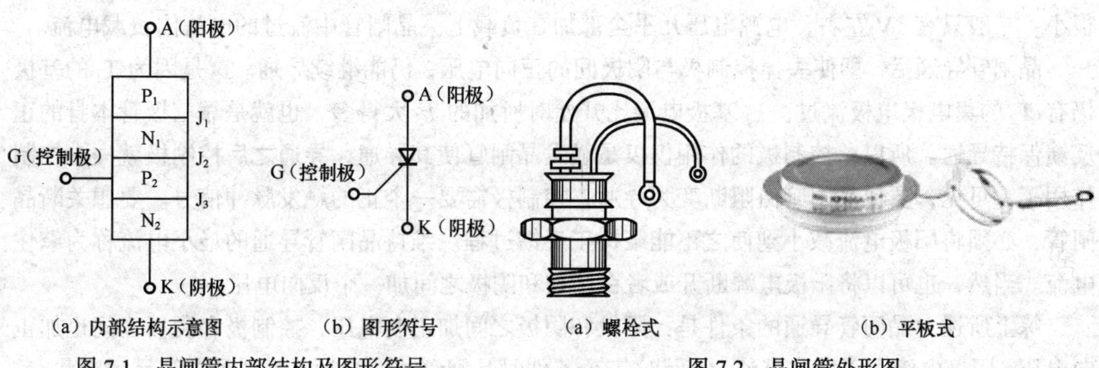

（a）内部结构示意图　（b）图形符号

图 7.1　晶闸管内部结构及图形符号

（a）螺栓式　（b）平板式

图 7.2　晶闸管外形图

7.1.2 晶闸管工作原理

为了说明晶闸管的工作原理，把晶闸管看成由一个 NPN 型晶体管 T_1 和一个 PNP 型晶体管 T_2 连接而成，阴极 K 相当于 T_1 的发射极，阳极 A 相当于 T_2 的发射极，中间的 P_2 层和 N_1 层为两管共用，每一个晶体管的基极与另一个晶体管的集电极相连接，如图 7.3 所示。

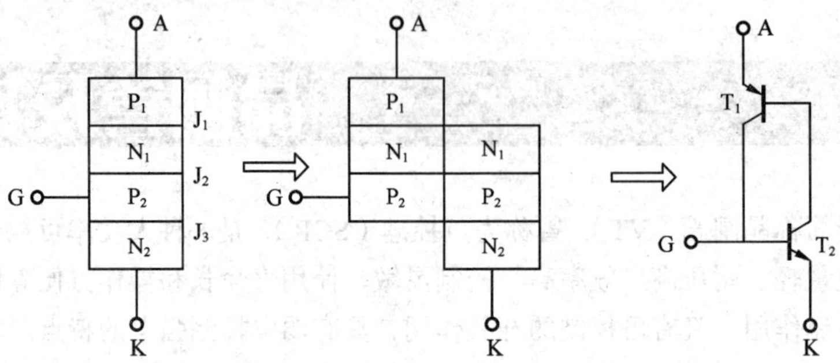

图 7.3 晶闸管等效为晶体管的示意图

在控制极不加电压（开路）的情况下，当阳极 A 和阴极 K 之间加正向电压（A 为高电位，K 为低电位）时，由图 7.3 可知，PN 结 J_1 和 J_3 正向偏置，J_2 反向偏置，且 $I_G = 0$，故 T_1 不能导通，晶闸管处于截止状态（又称阻断状态）。当阳极 A 和阴极 K 之间加反向电压时，则 J_2 正向偏置，而 J_1 和 J_3 反向偏置，T_1 仍不能导通，故晶闸管还是处于阻断状态。可见，当控制极不加电压时，无论阳极和阴极之间所加电压极性如何，晶闸管都处于阻断状态。

在控制极 G 和阴极 K 之间加正向电压（G 为高电位，K 为低电位），阳极 A 和阴极 K 之间也加正向电压的情况下，当控制极电流 I_G 达到一定数值时晶闸管导通，如图 7.4 所示。可以这样来理解：在控制极正向电压作用下，产生控制极电流 I_G（即 T_1 的基极电流 I_{B1}），经 T_1 放大后 T_1 的集电极电流 $I_{C1}=\beta_1 I_{B1}=\beta_1 I_G$，它又是 T_2 的基极电流 I_{B2}，再经 T_2 放大后 T_2 的集电极电流 $I_{C2}=\beta_2 I_{B2}=\beta_1\beta_2 I_G$，此电流又作为 T_1 的基极电流再进行放大。如此循环下去，形成强烈的正反馈，使两个晶体管 T_1 和 T_2 很快达到饱和导通，这就是晶闸管的导通全过程，这个过程一般只有几微秒。晶闸管导通后，阳极和阴极间的压降很小，一般只有 1V 左右，电源电压几乎全部加在负载上，晶闸管中流过的电流同负载电流。

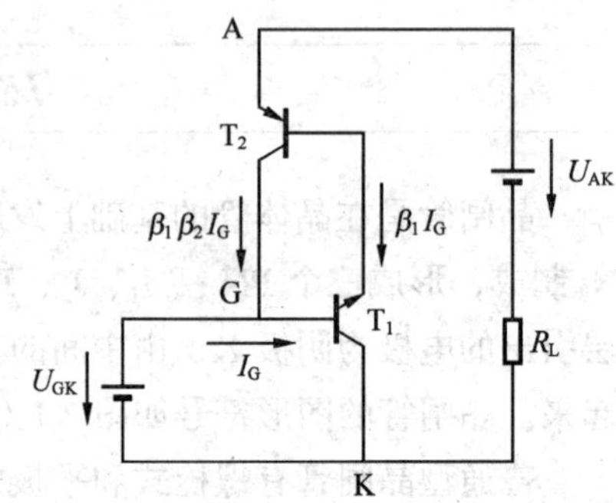

图 7.4 晶闸管工作原理电路

晶闸管导通后，即使去掉控制极与阴极间的正向电压，仍能继续导通。这是因为 T_1 的基极仍有 T_2 的集电极电极流过，T_1 基极电流比开始时所加的 I_G 大得多，也就是靠三极管本身的正反馈保持导通。所以，控制极的作用仅仅是触发晶闸管使其导通，导通之后控制极就失去控制作用了。可见，要使晶闸管由阻断变为导通，控制极需要一个正的触发脉冲信号。要想关断晶闸管，必须将阳极电流减小到使之不能维持正反馈过程。维持晶闸管导通的最小电流称为擎住电流。当然，也可以将阳极电源断开或者在阳极和阴极之间加一个反向电压。

综上所述，晶闸管导通的条件是：阳极和阴极之间加正向电压，控制极和阴极之间也加正向电压，阳极电流大于擎住电流。满足这三个条件时晶闸管才能导通，否则晶闸管呈阻断状态，所以晶闸管是一个可控的导电开关。它与二极管相比，不同之处是其正向导通受控制极电流的控制；与三极管相比，不同之处是晶闸管对控制极电流没有放大作用。

7.1.3 晶闸管伏安特性

晶闸管的导通和阻断这两个工作状态是由阳极电压 U_{AK}、阳极电流 I_A 和控制极电流 I_G 等决定的。这几个量又是互相有联系的，在实际应用时常用实验曲线表示它们之间的关系，这就是晶闸管的伏安特性曲线，如图 7.5 所示。

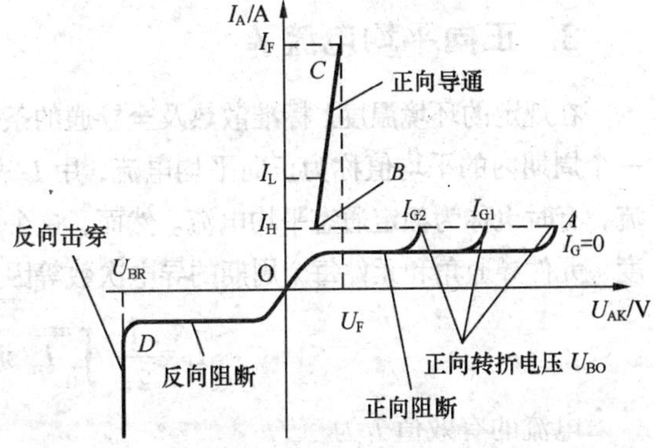

图 7.5 晶闸管伏安特性曲线

晶闸管阳极和阴极之间加正向电压，控制极不加电压（$I_G=0$），图 7.3 中的 J_1、J_3 处于正向偏置状态，J_2 处于反向偏置状态，其中只流过很小的正向漏电流。这时，晶闸管阳极和阴极之间呈现很大的电阻，处于正向阻断状态，如图 7.5 所示特性曲线的 *OA* 段。当正向电压增大到某一数值时，J_2 被击穿，漏电流突然增大，晶闸管由阻断状态突然转变为导通状态。特性曲线由 *A* 点突然跳到 *B* 点。晶闸管由阻断状态转变为导通状态所对应的电压称为正向转折电压 U_{BO}。导通后的正向特性与一般二极管的正向特性相似，特性曲线靠近纵轴且陡直，流过晶闸管的电流很大，而它本身的管压降只有 1V 左右，如图 7.5 所示的 *BC* 段。晶闸管导通后，若减小正向电压或增大负载电阻，当阳极电流减小到小于维持电流 I_H 时，晶闸管由导通状态又转变为阻断状态。

当晶闸管的阳极和阴极之间加反向电压（控制极仍不加电压）时，J_1 和 J_3 反向偏置，晶闸管处于阻断状态，其中只流过很小的反向漏电流，其伏安特性与二极管类似，如图 7.5 所示的 *OD* 段。如果再增加反向电压，反向漏电流急剧增大，使晶闸管反向导通，此时所对应的电压称为反向击穿（转折）电压 U_{BR}。

控制极不加电压，迫使晶闸管由阻断变为导通，这种正、反向击穿导通很容易造成晶闸管的不可恢复性击穿而使元件损坏，在正常工作时是不宜采用的。正常工作时，晶闸管的控制极必须加正向电压，控制极电路中就有电流 I_G，晶闸管的导通受控制极电流 I_G 大小的控制。控制极电流愈大，正向转折电压愈低，特性曲线左移，如图 7.5 所示。

7.1.4 晶闸管主要参数

为了正确地选择和使用晶闸管，还必须了解它的电压、电流等主要参数的意义。其主要参数有以下几项。

1. 正向重复峰值电压 U_{FRM}

在控制极开路、元件额定结温和晶闸管正向阻断的条件下，可以重复加在晶闸管两端的正向峰值电压（允许每秒重复 50 次，每次持续时间不大于 10ms）称为正向重复峰值电压，用 U_{FRM} 表示。规定正向重复峰值电压为正向转折电压的 80%。

2. 反向重复峰值电压 U_{RRM}

在控制极开路、元件额定结温的条件下，阳极和阴极间允许重复加的反向峰值电压称为反向重复峰值电压，用 U_{RRM} 表示。规定反向重复峰值电压为反向转折电压的 80%。

一般将 U_{FRM} 和 U_{RRM} 中数值较小的一个定为晶闸管的额定电压。选择晶闸管时应考虑瞬间过电压可能会损坏晶闸管，因此额定电压一般为晶闸管工作时所加电压幅值的 2～3 倍。

3. 正向平均电流 I_F

在规定的环境温度、标准散热及全导通的条件下，晶闸管允许连续通过的工频正弦半波电流在一个周期内的平均值称为正向平均电流，用 I_F 表示。通常所说晶闸管的安培数就是指正向平均电流，有时也称为额定通态平均电流。然而，这个电流值不是固定不变的，它要受冷却条件、环境温度、元件导通角和元件每个周期的导电次数等因素的影响。如果正弦半波电流的最大值为 I_m，则

$$I_F=\frac{1}{2\pi}\int_0^{\pi} I_m \sin\omega t \mathrm{d}(\omega t)=\frac{I_m}{\pi} \tag{7.1}$$

电流的有效值 I_t 为

$$I_t=\sqrt{\frac{1}{2\pi}\int_0^{\pi}(I_m \sin\omega t)^2 \mathrm{d}(\omega t)}=\frac{I_m}{2} \tag{7.2}$$

因此，电流有效值和平均值之比为

$$\frac{I_t}{I_F}=\frac{\pi}{2}\approx 1.57 \tag{7.3}$$

所以在使用时，对于全导通的晶闸管，流过晶闸管的电流的有效值 I_t 应不超过正向平均电流 I_F 的 1.57 倍。选择晶闸管时应留有一定的安全裕量，一般情况下取

$$I_F=(1.5\sim 2)I_t/1.57 \tag{7.4}$$

4. 通态平均电压 U_F

在规定条件下，当通过正弦半波额定通态平均电流时，元件阳极和阴极间电压降的平均值称为通态平均电压，用 U_F 表示，其数值一般为 0.6～1V。

通态平均电压和正向平均电流的乘积称为正向损耗，它是造成元件发热的主要原因。

5. 维持电流 I_H

在规定的环境温度下，控制极开路时维持晶闸管继续导通的最小电流称为维持电流，用 I_H 表示，当晶闸管的正向电流小于维持电流时，晶闸管将自动关断。

6. 擎住电流 I_L

使晶闸管刚从断态转入通态并在去掉触发信号后能维持导通所需要的最小电流称为擎住电流，一般用 I_L 表示，对于同一晶闸管一般 $I_L=(2\sim 4)I_H$。

7. 控制极触发电压 U_G 和触发电流 I_G

在规定的环境温度下，当晶闸管阳极和阴极之间加 6V 正向直流电压时，使晶闸管由阻断

状态转变为导通状态的控制极最小的直流电压和电流，分别称为触发电压和触发电流，用 U_G 和 I_G 表示。由于制造工艺上的问题，同一型号晶闸管的触发电压和触发电流也不尽相同。如果触发电压过低，则晶闸管容易受干扰电压的影响而造成误触发；如果触发电压过高，又会造成触发电路设计上的困难。因此，规定了常温下各种规格晶闸管的触发电压和触发电流值的范围。

目前我国生产的晶闸管的型号及其含义如下：

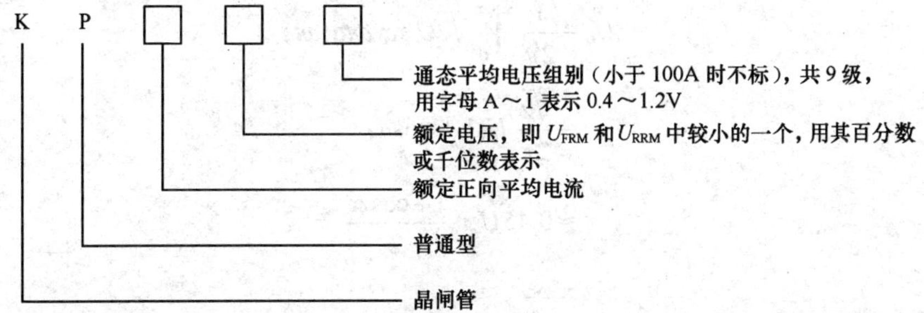

例如，KP30—12 表示额定正向平均电流为 30A、额定电压为 1 200V 的普通型晶闸管。

目前我国晶闸管生产技术也有了很大的提高，已制造出电流在千安以上、电压达到上万伏的晶闸管，使用频率也已高达几十千赫。

7.2 单相可控整流电路

7.2.1 单相半波可控整流电路

把不可控的单相半波整流电路中的二极管换为晶闸管就构成了单相半波可控整流电路。下面分析这种可控整流电路接电阻性负载和电感性负载时的工作情况。

1. 电阻性负载

图 7.6 所示电路是单相半波电阻性负载可控整流电路。设电源变压器二次电压为 $u=\sqrt{2}U\sin\omega t$，波形如图 7.7（a）所示。如果控制极未加触发电压，晶闸管在电压 u 的正、负半周内均不导通。在输入交流电压 u 的正半周内某一时刻 $t_1(\omega t_1=\alpha)$给控制极加上触发脉冲 u_G，如图 7.7（b）所示。晶闸管导通，忽略管压降，电压 u 全部加在负载电阻 R_L 上。当电源电压下降到接近 0 时，晶闸管正向电流小于维持电流，晶闸管阻断。在电压 u 的负半周内，晶闸管承受反向电压不能导通，负载电压和电流均为 0。在交流电压 u 的第二个正半周内的 t_2 时刻（$\omega t_2=2\pi+\alpha$）加入触发脉冲，晶闸管又导通。如果触发脉冲周期性地重复加在控制极上，那么负载电阻 R_L 上就可以得到如图 7.7（c）中实线部分所示的波形，它是单向脉动电压 u_o 和电流 i_o。晶闸管阻断时承受的正向、反向电压波形如图 7.7（d）所示，其最高正向电压和最高反向电压均等于输入交流电压的幅值 $\sqrt{2}U$。晶闸管承受正向电压时，不导通的范围（加入触发脉冲，使晶闸管开

始导通前的角度）称为控制角，也称移相角，用α表示。在一个周期内晶闸管导通的范围称为导通角，用θ表示，且$\theta=\pi-\alpha$。控制角的变化范围称为移相范围，其变化范围是0～π。显然，改变加入控制极触发脉冲的时刻，即改变控制角α负载电阻R_L上得到的电压波形就随之改变，这样就控制了负载上输出电压的大小，从而达到可控整流的目的。控制角α愈小，导通角θ愈大，输出电压平均值愈大。由图7.7（c）可知，经晶闸管整流后的输出电压平均值U_o与控制角α的关系为

$$\begin{aligned} U_o &= \frac{1}{2\pi}\int_0^{\pi}\sqrt{2}U\sin\omega t\mathrm{d}(\omega t) \\ &= \frac{\sqrt{2}}{2\pi}U(1+\cos\alpha) \\ &\approx 0.45U\cdot\frac{1+\cos\alpha}{2} \end{aligned} \tag{7.5}$$

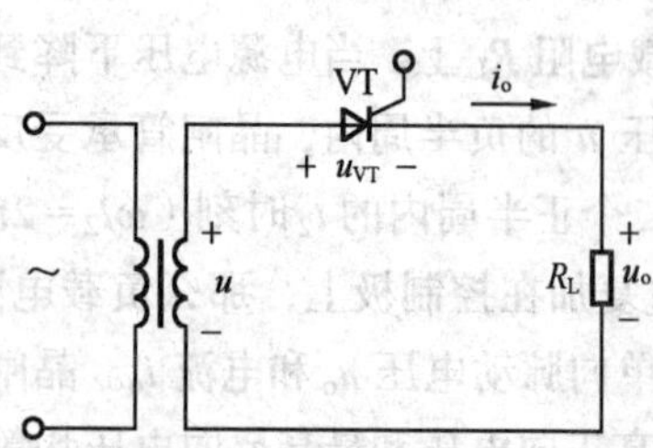

图7.6 电阻性负载的单相半波可控整流电路

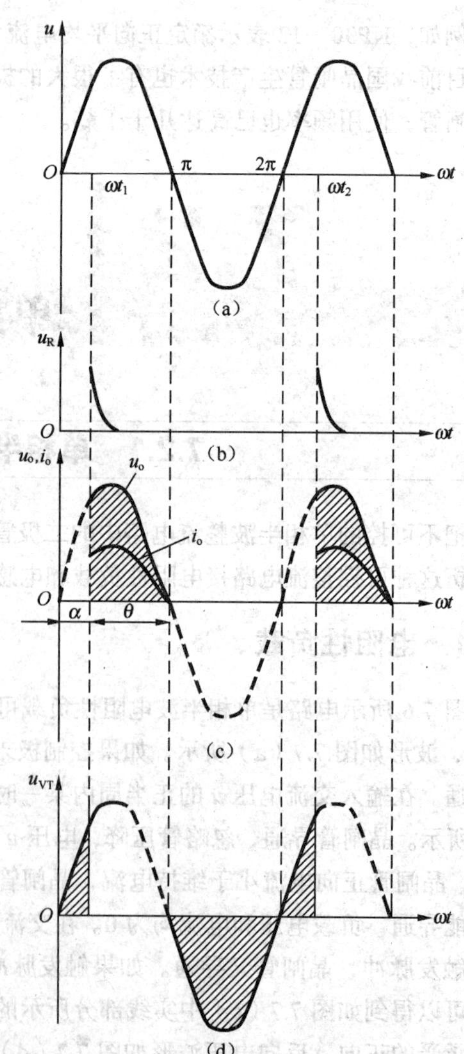

图7.7 电阻性负载单相半波可控整流电路电压、电流波形

由式（7.5）可知，当 $\alpha=0$，$\theta=\pi$ 时，晶闸管在正半周全导通，输出电压最高，$U_o\approx 0.45U$，相当于不可控单相半波整流电路。当 $\alpha=\pi$，$\theta=0$ 时，$U=0$，晶闸管完全阻断。

输出电压的有效值为

$$U_R=\sqrt{\frac{1}{2\pi}\int_{\alpha}^{\pi}(\sqrt{2}U\sin\omega t)^2\,\mathrm{d}(\omega t)}$$

$$=U\sqrt{\frac{1}{4\pi}\sin 2\alpha+\frac{\pi-\alpha}{2\pi}} \qquad (7.6)$$

输出电流的有效值 I_R，也就是流过晶闸管的电流的有效值 I_t 为

$$I_R=I_t=\frac{U_R}{R_L}$$

$$=\frac{U}{R_L}\sqrt{\frac{1}{4\pi}\sin 2\alpha+\frac{\pi-\alpha}{2\pi}} \qquad (7.7)$$

【例 7-1】单相半波可控整流电路如图 7.6 所示，已知变压器二次电压 $U=127$V，晶闸管的控制角 $\alpha=\pi/4$，负载电阻 $R_L=10\Omega$。求晶闸管的导通角 θ、输出电压的平均值 U_o、输出电流的平均值 I_o 和有效值 I_R。

2. 电感性负载

上面介绍的是电阻性负载的情况，实际上遇到较多的是电感性负载，例如各种电机的励磁绕组和各种带铁芯线圈的电器等，它们既含有电阻又含有电感。有时负载虽然是纯电阻，但串联电感滤波后也变为电感性负载。整流电路接电阻性负载和电感性负载时的情况将大不相同。

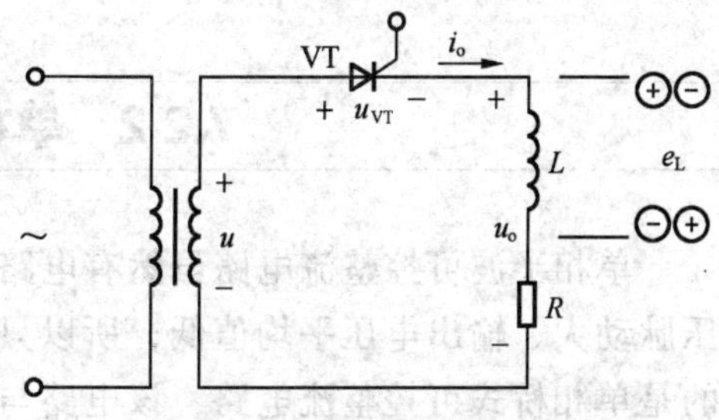

图 7.8 电感性负载单相半波可控整流电路

电感性负载可用电感 L 和电阻 R 串联表示，如图 7.8 所示。在电源电压 u 的正半周内，当 $\alpha=\omega t_1$ 时，控制极加入触发脉冲。当晶闸管刚导通时，电感元件中产生阻碍电流变化的感应电势 e_L，其极性为上正下负，电感中的电流不能跃变，只能由 0 逐渐增大。当电流达到最大值时，感应电动势为 0。当瞬时值 u 由正幅开始下降时，电流开始减小，感应电动势也就改变为上负下正，此后在交流电压到达零值之前，e_L 和 u 极性相同，晶闸管导通。即使电压 u 经过零值变负之后，只要 e_L 大于 u，晶闸管继续承受正向电压。只要电流大于维持电流，晶闸管就不会关断，电流继续流通，负载上出现负电压，使输出电压平均值减小。在某一时刻 $\omega t_2=\alpha+\theta$，e_L 和 u 负半周电压接近，当流过晶闸管的电流小于维持电流时，晶闸管阻断并承受反向电压，输出电压和电流均为 0，电压、电流波形如图 7.9 所示。

由以上分析可知，单相半波可控整流电路接电感性负载时，由于电感的作用，晶闸管的导通角 θ 大于 $\pi-\alpha$。负载电感愈大，导通角愈大，在一个周期中负载上负电压所占的比例愈大，整流输出电压和电流的平均值愈小。为了使晶闸管在电源电压 u 降到零值时能立刻阻断，使负载上不出现负电压，必须采取相应措施。可以在电感负载两端并联一个二极管 VD，该二极管称为续流二极管，如图 7.10 所示。当交流电压 u 过零值变负后，续流二极管

因承受正向电压而导通，于是负载上由感应电势 e_L 产生的电流经过续流二极管形成回路。这时负载两端电压近似为 0，晶闸管因承受反向电压而阻断。负载电阻上消耗的能量是电感元件释放的能量。

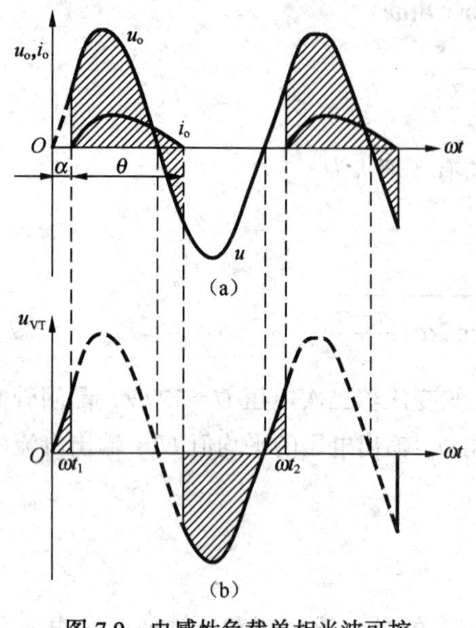

图 7.9　电感性负载单相半波可控整流电路电压、电流波形

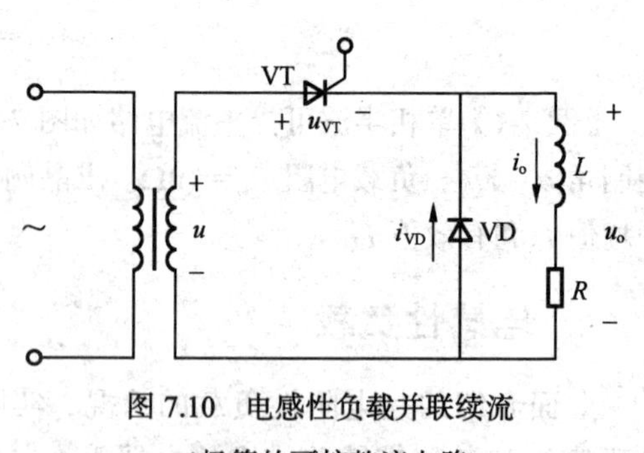

图 7.10　电感性负载并联续流二极管的可控整流电路

7.2.2　单相桥式可控整流电路

单相半波可控整流电路虽然有电路简单、使用元件少和调整方便的优点，但是输出电压脉动大、输出电压平均值低，所以只适用于小容量和要求不高的可控整流设备。较常用的是单相桥式可控整流电路，该电路与单相不可控整流电路相似，只是电桥四臂中采用 4 只晶闸管，称为单相全控桥式整流电路。如果采用两只二极管和两只晶闸管组成电桥，称为半控桥式整流电路（简称半控桥）。下面仅分析电阻性负载半控桥式整流电路的工作情况。

负载为电阻 R_L 的单相桥式半控整流电路如图 7.11 所示。在电源电压 u 的正半周（a 端为正，b 端为负）内，晶闸管 VT_1 和二极管 VD_2 承受正向电压。若在某一时刻（$\omega t_1=\alpha$）对晶闸管 VT_1 引入触发脉冲，则 VT_1 和 VD_2 导通，电流的通路是 $\alpha \rightarrow VT_1 \rightarrow R_L \rightarrow VD_2 \rightarrow b \rightarrow a$。这时 VT_2 和 VD_1 都因承受反向电压而截止。晶闸管和二极管导通后，管压降很小，u 几乎全都降落在负载电阻 R_L 上，即 $u_o=u$。当电压 u 接近 0 时，VT_1 阻断，VD_2 截止。同样，在 u 的负半周（a 端为负，b 端为正）内，VT_2 和 VD_1 承受正向电压，若在某一时刻（$\omega t_2=\pi+\alpha$），对晶闸管 VT_2 引入触发脉冲，则 VT_2 和 VD_1 导通，电流的通路是 $b \rightarrow VT_2 \rightarrow R_L \rightarrow VD_1 \rightarrow a \rightarrow b$。这时 VT_1 和 VD_2 都因承受反向电压而阻断。当 u 接近 0 时，VT_2 和 VD_1 阻断。因此在交流电压 u 的正、负半周内，流过负载电阻 R_L 的电流方向是相同的。改变控制角 α 的大小，可以达到改变输出电压的目的，输出电压和电流的波形如图 7.12（c）所示。

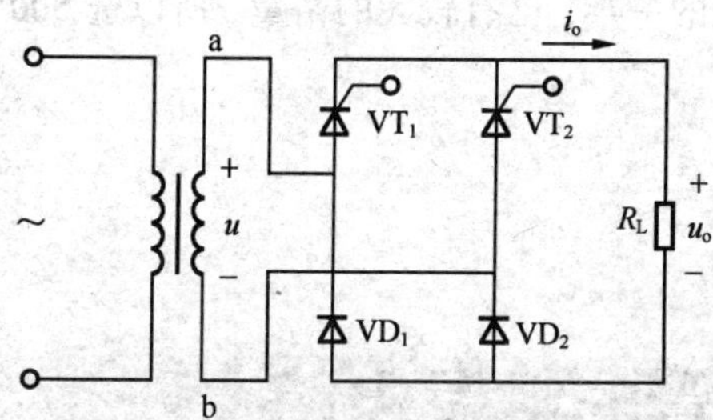

图 7.11 电阻性负载单相桥式半控整流电路

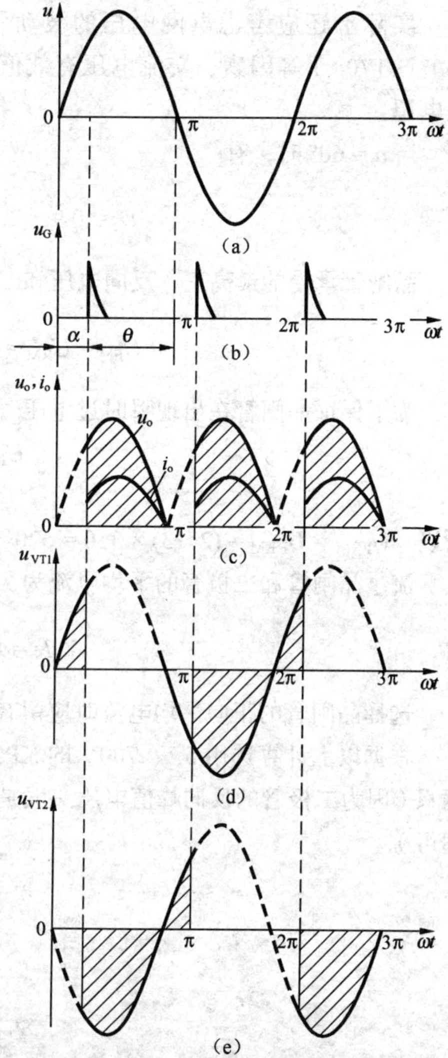

图 7.12 电阻性负载单相桥式半控整流电路电压、电流波形

整流输出电压平均值 U_o 为

$$U_o=\frac{1}{\pi}\int_{\alpha}^{\pi}\sqrt{2}U\sin\omega t\mathrm{d}(\omega t)$$

晶闸管所承受的最高正向电压 U_{FM}、最高反向电压 U_{RM} 和二极管所承受的最高反向电压都为 $\sqrt{2}U$。

【例 7-2】有一纯电阻性负载，需要可调的直流电压 $U_o=0\sim180V$，电流 $I_o=0\sim6A$，采用单相桥式半控整流电路。试求电源电压的有效值，并选择整流元件。若控制角 $\alpha=60°$ 时，输出电压 U_o 为多少？

【解】设晶闸管导通角 $\theta=180°(\alpha=0°)$时，$U_o=180V$，交流电压有效值为

$$U=\frac{U_o}{0.9}=\frac{180}{0.9}=200\,(V)$$

实际上还应考虑电网电压的波动、管压降以及导通角一般达不到 180°（一般只有 160°～170°）等因素，交流电压有效值要比计算值适当加大 10%左右，可直接接 220V 交流电源。

当 $\alpha = 60°$ 时，有

$$U_o = 0.9 \times 220 \times \frac{1+\cos 60°}{2} \approx 148.5(\mathrm{V})$$

晶闸管承受的最高正、反向电压和二极管承受的最高反向电压为

$$U_{FM} = U_{RM} = \sqrt{2}U = 1.41 \times 220 \approx 310(\mathrm{V})$$

为了保证晶闸管在出现瞬时过电压时不致损坏，通常根据下式选取晶闸管的 U_{FRM} 和 U_{RRM}

$$U_{FRM} \geqslant (2 \sim 3)U_{FM}$$

$$U_{RRM} \geqslant (2 \sim 3)U_{RM}$$

所以，$U_{FRM} = U_{RRM} = (2 \sim 3) \times 310 = 620 \sim 930(\mathrm{V})$

流过晶闸管和二极管的平均电流为

$$I_F = I_D = \frac{1}{2}I_o = \frac{6}{2} = 3(\mathrm{A})$$

选择晶闸管的正向平均电流时应留有裕量，通常取 $I_F = 4.5 \sim 6\mathrm{A}$。

根据以上计算选用 5A、700V 的 KP5—7 型晶闸管两只，5A、500V 的 2CZ5/500 型二极管两只（因为二极管的反向峰值电压一般是反向击穿电压的一半，已有较大的裕量，所以选 500V 即可）。

7.3 单结晶体管的触发电路

要使晶闸管导通，除了阳极和阴极之间加正向电压外，在控制极和阴极之间还必须加正向触发电压。产生控制极触发电压的电路称为晶闸管的触发电路。触发电路的种类很多，本节只介绍单结晶体管触发电路。

为了保证晶闸管可靠稳定地工作，对触发电路有以下几点基本要求。

① 触发电路应输出足够的触发电压和电流，即具有足够大的触发功率。

② 触发脉冲必须有足够的宽度，因为普通晶闸管的开通时间为 6μs 左右，所以触发脉冲宽度必须大于 6μs，一般为 20～50μs，对于电感性负载，触发脉冲的宽度还应加大。

③ 为使触发时间准确，触发脉冲的上升沿要陡，一般要求前沿时间在 10μs 以内。

④ 晶闸管不触发时，触发电路的输出电压应小于 0.25V。为了避免误触发和提高抗干扰能力，必要时可在控制极加一定的负电压。

⑤ 触发脉冲必须与主电路交流电源同步，以保证主电路在每个周期内晶闸管的控制角相等，触发脉冲的相位能平稳地前后移动并具有足够宽的移相范围。

此外，还要求触发电路简单、体积小、重量轻、价格便宜和使用维护方便安全等。

7.3.1 单结晶体管的结构和伏安特性

1. 单结晶体管的结构

单结晶体管的外形和普通晶体管相似，也有三个电极，即一个发射极和两个基极，故又称双基极二极管。图 7.13 是单结晶体管的结构示意图和表示符号。在一块低掺杂、高电阻率的 N 型硅片一侧的两端各引出一个电极，分别称为第一基极 B_1 和第二基极 B_2。在硅片的另一侧靠近 B_2 处掺入 P 型杂质，形成一个 PN 结（故称单结晶体管），并引出一个铝质电极称为发射极 E。两个基极间的电阻（包括硅片本身的电阻和基极与硅片之间的电阻）为 R_{BB}，一般在 2～15kΩ 之间。第一基极与 PN 结之间的电阻为 R_{B1}，第二基极与 PN 结之间的电阻为 R_{B2}，则两个基极之间的电阻 $R_{BB} = R_{B1} + R_{B2}$。

由于 PN 结相当于二极管，因此单结晶体管可以看成是由一个二极管 VD 和两个电阻 R_{B1}、R_{B2} 组成的等效电路，如图 7.14 所示。如果在两个基极之间加上一定的电压 U_{BB}，则 R_{B1} 上的电压为

$$U_{B1} = U_A = \frac{R_{B1}U_{BB}}{R_{B1} + R_{B2}} = \eta U_{BB} \tag{7.8}$$

式中，$\eta = R_{B1}/(R_{B1} + R_{B2}) = R_{B1}/R_{BB}$，称为分压比（或分压系数），其数值与晶闸管的结构有关，$\eta = 0.5$～0.9，是单结晶体管的主要参数之一。

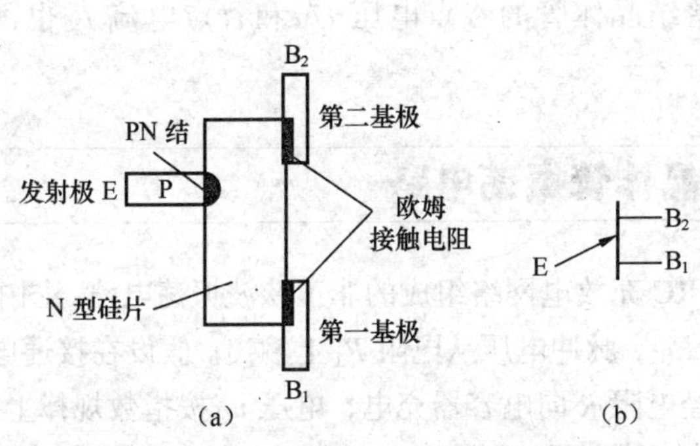

图 7.13 单结晶体管结构示意图及表示符号

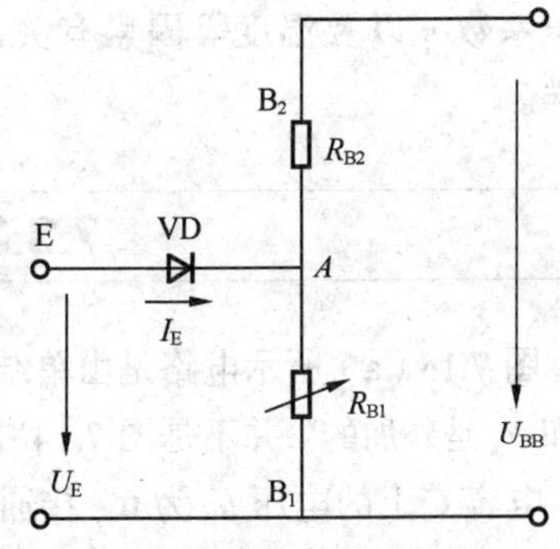

图 7.14 单结晶体管等效电路

2. 单结晶体管的伏安特性

如果基极 B_1、B_2 间的电压 U_{BB} 等于常数，而在发射极 E 和第一基极 B_1 之间加一电压 U_E，使 U_E 从零逐渐增大，则可以得到发射极电流 I_E 与发射极电压 U_E 之间的关系曲线，即伏安特性曲线。

$$I_E = f(U_E)\,|U_{BB} = \text{常数} \tag{7.9}$$

当 U_E 比较小（$U_E < \eta U_{BB}$）时，单结晶体管内的 PN 结处于反向偏置状态，只有很小的反向电流流过 PN 结，E 与 B_1 之间呈现很大的电阻，单结晶体管处于截止状态。随着 U_E 的提

高，反向电流逐渐变成一个大约几微安的正向漏电流，单结晶体管仍未导通，这一段曲线称为截止区。

当 $U_E = U_P = U_A + U_{DF} = \eta U_{BB} + U_{DF}$（$U_{DF}$ 为 PN 结的正向压降）时，PN 结正向偏置开始导通，发射极电流 I_E 突然增大，这个突变点称为峰点 P，对应该点的电压 U_E 称为峰点电压 U_P，电流称为峰点电流 I_P，如图 7.15 所示。

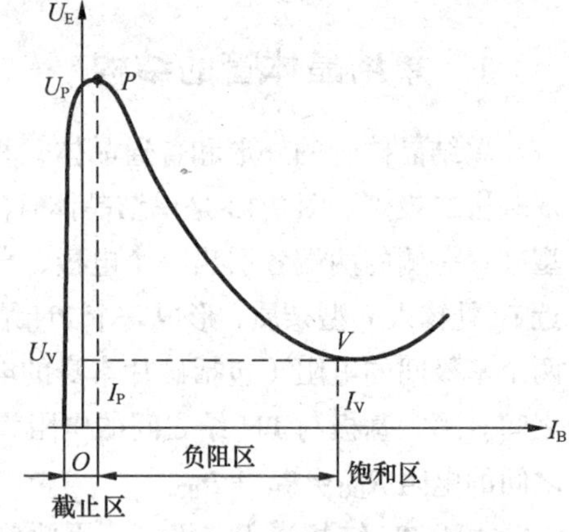

图 7. 15　单结晶体管的伏安特性曲线

单结晶体管的 PN 结导通后，从发射区（P 区）向基区（N 区）发射大量空穴型载流子，I_E 增长很快，E 和 B_1 之间呈低阻导通状态，R_{B1} 迅速减小而 E 和 B_1 之间的电压也随之下降，这一段特性曲线的动态电阻 $\Delta U_E/\Delta I_E$ 为负值，称为负阻区。B_2 的电位高于 E 的电位，空穴型载流子不会向 B_2 移动，电阻 R_{B2} 基本不变。当 I_E 增大到某一数值时，U_E 下降到最低点，特性曲线上的这一点称为谷点 V，此点对应的电压称为谷点电压 U_V，电流称为谷点电流 I_V。此后，I_E 继续增大，U_E 略有上升但变化不大，此时单结晶体管进入饱和导通状态。谷点右边的特性曲线称为饱和区。单结晶体管导通后，当 $U_E < U_V$ 时单结晶体管恢复截止状态。

综上所述，单结晶体管特性曲线上的 P 点和 V 点是管子工作状态的两个转折点。当 $U_E < U_P$ 时，E、B_1 处于截止状态，对应于曲线的截止区；当 $U_E \geqslant U_P$ 时，单结晶体管导通，I_E 增大，U_E 反而减小，对应于曲线的负阻区。单结晶体管导通后，当 $U_E < U_V$ 时，又由导通变为截止状态。此外，单结晶体管的峰点电压 U_P 不是固定值，与外加固定电压 U_{BB}、分压系数 η 以及温度等因素有关。不同的单结晶体管的谷点电压 U_V 和谷点电流 I_V 也都不一样。

7.3.2　单结晶体管振荡电路

图 7.16（a）所示电路是由单结晶体管和 RC 充放电网络组成的非正弦波振荡电路。图中的 R_1 和 R_2 是外加的，并不是图 7.14 中的 R_{B1} 和 R_{B2}，脉冲电压从电阻 R_1 上输出。假设在接通电源前，电容 C 上的电压 u_C 为 0。接通电源后，经电阻 R 向电容器充电，电压 u_C 按指数规律上升，电容 C 上的电压就加在单结晶体管的发射极 E 和第一基极 B_1 之间。当 u_E 小于单结晶体管的峰点电压 U_P 时，单结晶体管处于截止状态；当 u_E 增大到等于 U_P 后，单结晶体管由截止状态转变为导通状态，电阻值 R_{B1} 急剧减小，电容 C 向 R_1 放电。由于 R_1 的阻值一般都较小，放电很快，放电电流在 R_1 上形成一个脉冲电压 u_G，如图 7.16（b）所示。由于电阻 R 的阻值较大，当电容电压 u_C 下降到单结晶体管的谷点电压 U_V 时，电源经过电阻 R 供给的电流小于单结晶体管的谷点电流 I_V，于是单结晶体管又由导通状态转变为截止状态，输出电压近似为 0。然后电源再次经 R 向电容 C 充电，重复上述过程。这样电容反复充电和放电形成振荡，在电阻 R_1 上输出周期性的正脉冲电压 u_G。

如果使单结晶体管振荡电路产生振荡，除了依赖于单结晶体管的负阻特性外，电阻 R 必须满足以下两个条件。

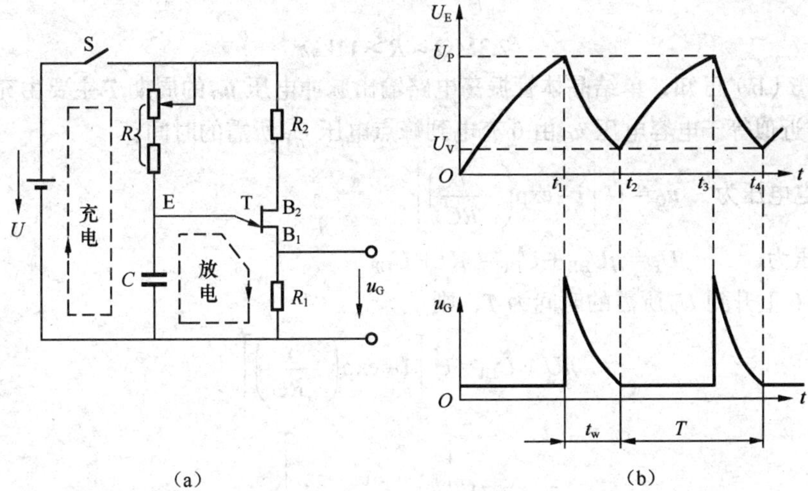

图 7.16 单结晶体管振荡电路

① 当发射极电压 u_E 上升到等于峰点电压 U_P 时，为了保证单结晶体管由截止状态转变为导通状态，电阻 R 的阻值不能太大，以使通过电阻 R 流入单结晶体管的电流 I'_P 大于峰点电流 I_P，即

$$I'_P = \frac{U-U_P}{R} = I_P$$

所以

$$R < \frac{U-U_P}{I_P}$$

② R 的阻值也不能太小，否则单结晶体管导通后，电源经 R 供给的电流较大，单结晶体管的电流不能降到谷点电流 I_V 之下，导致单结晶体管不能截止，而造成单结晶体管的直通现象。因此，当发射极电压 u_E 下降到等于谷点电压 U_V 时，为保证单结晶体管由导通状态恢复到截止状态，通过 R 流入单结管的电流 I'_V 必须小于谷点电流 I_V，即

$$I'_V = \frac{U-U_V}{R} = I_V$$

所以

$$R < \frac{U-U_V}{I_V}$$

由上述两式得到电阻 R 的范围为

$$\frac{U-U_P}{I_P} > R > \frac{U-U_V}{I_V} \tag{7.10}$$

【例 7-3】在图 7.16（a）所示的振荡电路中，单结晶体管为 BT35A 型，其参数为：$I_P = 4\mu A$，$\eta = 0.5$，$U_V = 3.5V$，$I_V = 1.5mA$，电源电压 $U = 20V$，$R_1 = 51\Omega$。求使电路能产生振荡的 R 的取值范围。

【解】设 $U_{DF} = 0.7V$，则 $U_P = \eta U_{BB} + U_{DF} = 0.5 \times 20 + 0.7 = 10.7(V)$

代入式（7.10），得

$$\frac{20-10.7}{4}M\Omega > R > \frac{20-3.5}{1.5}k\Omega$$

即

$$2.3\text{M}\Omega > R > 11\text{k}\Omega$$

由图 7.16（b）可知，单结晶体管振荡电路输出脉冲电压 u_G 的周期 T 主要由充电时间常数 RC 决定，它近似等于电容电压 u_C 由 0 充电到峰点电压 U_P 所需的时间。

电容充电电压为 $u_C = U\left[1-\exp\left(-\dfrac{t}{RC}\right)\right]$

峰点电压为 $U_P = \eta U_{BB} + U_{DF} = \eta U + U_{DF}$

设 u_C 由 0 上升到 U_P 所需的时间为 T，则

$$\eta U + U_{DF} = U\left[1-\exp\left(-\frac{t}{RC}\right)\right]$$

则

$$T = RC\ln\left[\frac{1}{(1-\eta)-\dfrac{U_{DF}}{U}}\right]$$

因 $U_{DF} >> U$，故上式可简化为

$$T \approx RC\ln\frac{1}{1-\eta} \tag{7.11}$$

在振荡时，电容充电初始时刻 $u_C = U_V$，但一般 $U_V << U_P$，近似认为 $U_V = 0$。又由于充电时间常数远大于放电时间常数，故可近似认为振荡频率为

$$f = \frac{1}{T} \approx \frac{1}{RC\ln\dfrac{1}{1-\eta}} \tag{7.12}$$

由式（7.11）和式（7.12）可知，对于已选定的单结晶体管，η 是常数，改变 R 或 C 的数值即可改变输出脉冲电压的周期（或频率）的大小。

输出脉冲电压 u_G 的宽度 t_W，主要决定于电容 C 的放电时间常数，可推导出 t_W 与 U_P 和 U_V 的关系

$$t_W \approx R_1 C\ln\frac{U_P}{U_V} \tag{7.13}$$

由式（7.13）可知，当单结晶体管及电容 C 一定时，改变 R_1 可适当调节脉冲宽度。R_1 或 C 太小时，放电速度快，触发脉冲宽度小，不能使晶闸管触发导通。因为晶闸管由阻断到完全导通需要一定时间，所以触发脉冲的宽度应在 10μs 以上。若 $C = 0.1$～$1\mu\text{F}$，$R_1 = 50$～100Ω，可以得到数十微秒的脉冲宽度。但如果 C 很大，由于充电时间常数 RC 的最小值决定于最小控制角，则 R 必须很小，这样又将引起单结晶体管直通现象。R_1 的阻值也不应太大，否则单结晶体管尚未导通时其漏电流就可能在 R_1 上产生较大的电压，使晶闸管误触发导通。

输出脉冲电压的幅值为

$$U_{Gm} \approx U_P \tag{7.14}$$

由以上分析还可知，当充电时间常数 RC 一定时，U_P 越高，则周期 T 越长，振荡频率 f 越低。为了得到一个输出脉冲频率稳定的振荡电路，则必须使 U_P 很稳定。$U_P = \eta U_{BB} + U_{DF}$，分压比 η 几乎不能随温度变化，而 U_{DF} 将随温度上升而略有下降，这样 U_P 就要随温度变化，这是我

们不希望的。图 7.16（a）所示电路中的电阻 R_2 是作温度补偿用的，假设温度升高，因极间电阻 R_{BB} 具有正温度系数，其阻值增大，电流 $I_B = U/(R_2 + R_{BB} + R_1)$ 就随之减小，R_1 和 R_2 上的压降也相应减小，所以加在单结晶体管 B_1、B_2 上的电压 U_{BB} 就略微增大，于是补偿了 U_{DF} 因温度上升而下降的值，从而使峰点电压 U_P 稳定。

7.3.3 单结晶体管同步触发电路

在可控整流电路中晶闸管接在交流电源上，需要当它承受正向电压时送去触发脉冲，而且在每个正半周内控制极上获得第一个触发脉冲的时刻都应该相同，即要求触发脉冲与主电路的电源电压同步。为此，将触发电路与主电路接在同一交流电源上。在主电路的交流电源电压过零时，单结晶体管上的电压也为 0，触发电路中电容上的电荷全部放完，下一个正半周电容从 0 开始充电，这样才能保证每个正半周产生的第一个触发脉冲的时间保持不变。实现同步的触发电路如图 7.17 所示。

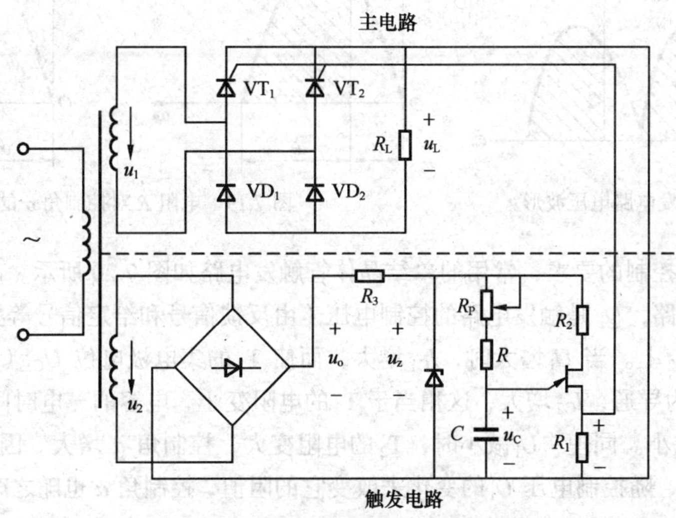

图 7.17 单结晶体管同步触发电路

图 7.17 所示的主电路和触发电路由同一变压器提供交流电压，因此变压器不仅是整流变压器，而且还起同步作用，故也称为同步变压器。电源电压 u_2 经单相桥式整流后，再经由电阻 R_3 和稳压管组成的削波稳压电路，然后在稳压管两端得到梯形电压 U_Z，如图 7.18（b）所示。U_Z 作为单结晶体管振荡电路的同步电源，当电源电压 u_2 过零时，电压 U_Z 过零，U_{BB} 也为 0，电容 C 迅速放电至 0。因此电容 C 每次都在电源电压过零时，再从零状态开始充电，保证触发电路与主电路同步。触发电路每次发出的第一个触发脉冲使承受正向电压的晶闸管导通。第一个触发脉冲发出后电容再次充电，随后发出一系列脉冲。由于第一个触发脉冲已使晶闸管导通，于是控制极失去控制作用，以后的脉冲便不起作用。电路各电压波形如图 7.18 所示。要改变整流电路输出电压的大小就必须改变控制角 α 的大小，即改变第一个触发脉冲发出的时刻。由前面分析已知，必须改变充电时间常数 RC，一般通过改变 R 的阻值控制电容 C 充电的快慢。减小 R 的阻值时电容 C 充电加快，第一个触发脉冲发出的时刻前移，控制角 α 减小，晶闸管导通角 θ 加大，整流输出电压增大，反之亦然。电阻 R 对控制角的影响如图 7.19 所示。

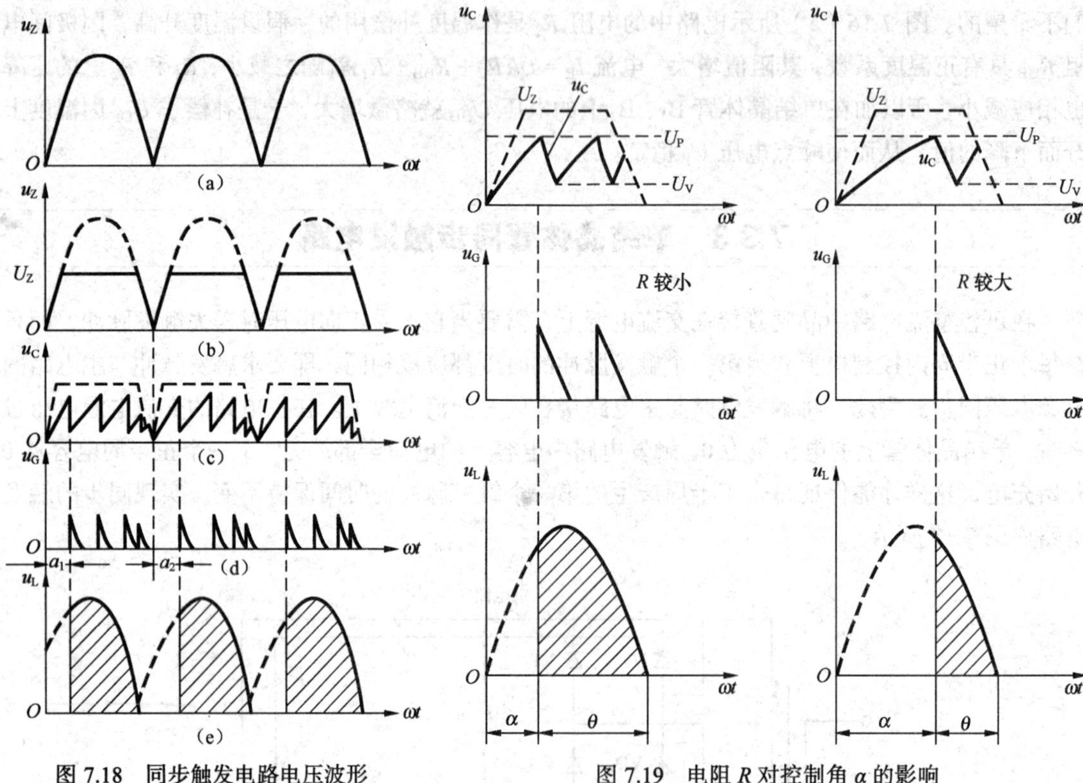

图 7.18　同步触发电路电压波形　　　　图 7.19　电阻 R 对控制角 α 的影响

为了满足自动控制的要求，常用的单结晶体管触发电路如图 7.20 所示。晶体管 T_1 和 T_2 组成直接耦合放大电路，U_i 是触发电路的控制电压（由反馈信号和给定信号等叠加而成），U_i 经 T_1 放大后再加到 T_2 上。当 U_i 增大时，I_{C1} 增大，而使 T_1 的集电极电位 U_{C1}（即 T_2 的基极电位 U_{B2}）降低，T_2 更为导通，I_{C2} 增大，这相当于 T_2 的电阻变小，电容的充电时间常数减小，充电加快，控制角 α 减小。同理，U_i 减小时，T_2 的电阻变大，控制角 α 增大。因此，晶体管 T_2 相当于一个可变电阻，随控制电压 U_i 的变化来改变它的阻值，控制角 α 也随之改变，达到输出脉冲移相的目的。

图 7.20 中触发脉冲由脉冲变压器输出，采用脉冲变压器后使触发电路和晶闸管主电路的电位隔离，对高电压下的安全操作有利，而且单结晶体管漏电流的影响也减小了。脉冲变压器的二次绕组还可以多绕几个绕组，分别触发不同的晶闸管。晶闸管的控制极与阴极间所允许的反向电压很小，为了防止反向击穿，在脉冲变压器二次侧串联二极管 VD_1 时可将反向电压隔开，而并联二极管 VD_2 时可将反向电压短路。

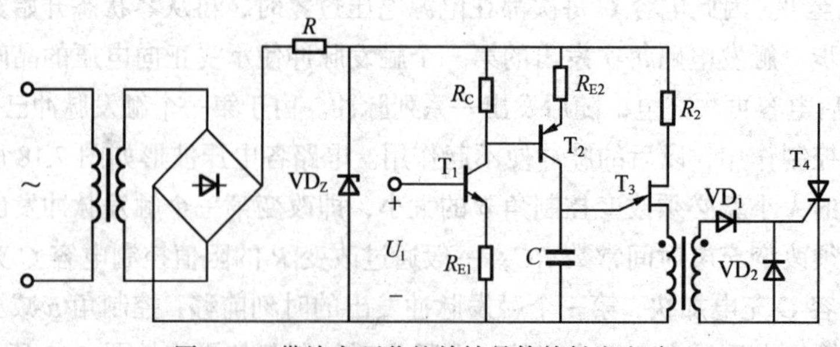

图 7.20　带放大环节的单结晶体管触发电路

单结晶体管触发电路具有电路简单、调整方便、触发脉冲前沿较陡和对温度的稳定性较好等优点。其缺点是脉冲宽度较窄，移相范围小，不适用于触发大功率或带大电感性负载的晶闸管电路，而且触发脉冲的移相范围（控制角 α 大小）与控制电压 U_i 是非线性关系，对要求较高的自动控制系统是不适用的。

触发电路的种类还有很多，例如晶闸管触发电路和集成触发电路等，特别是集成触发电路的应用日趋广泛，它具有体积小、功耗低和线性度好等优点，读者可参阅其他有关资料进一步学习。

7.4 晶闸管的应用及其保护

晶闸管的应用范围非常广泛，如大功率高压直流输电系统、电动机调速系统、弧焊电源以及多种家用电器等。下面仅介绍几个方面的应用。

7.4.1 晶闸管交流调压电路

前面介绍的晶闸管整流电路实质上是一种直流调压电路。在实际生产中有的还需要交流调压，例如电炉温度控制和灯光调节等方面。

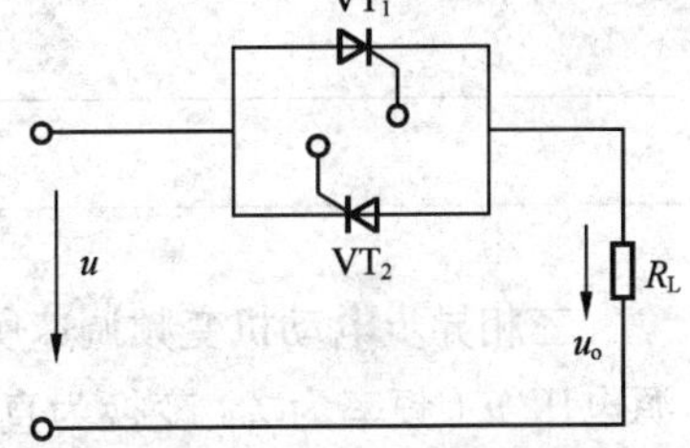

图 7.21 晶闸管交流调压电路

图 7.21 所示电路是最简单的晶闸管交流调压电路，它将两只晶闸管反向并联后串联在交流电路中。在电源电压正半周内晶闸管 VT_1 承受正向电压，这时将 VT_1 触发导通，负载上得到正半周电压；到电源电压负半周时，将 VT_2 触发导通，负载上得到负半周电压。通过控制它们正、反向导通时间就可以达到调节交流电压的目的。

在一个周期内，要使两只晶闸管轮流导通，就要对 VT_1 和 VT_2 分别触发，使其中承受正向电压的一个导通，对于触发电路仍可以采用图 7.20 所示的单结晶体管触发电路，这里必须换用有两个副绕组的脉冲变压器，而改变控制角 α 就可以调节 u_o 的有效值。负载的电压波形如图 7.22 所示。

负载电压 u_o 的有效值为

$$U_o=\sqrt{\frac{1}{\pi}\int_0^{\pi}(\sqrt{2}U\sin\omega t)^2\,\mathrm{d}(\omega t)}$$

$$=U\sqrt{\frac{1}{2\pi}\sin2\alpha+\frac{\pi-\alpha}{\pi}}$$

显然，控制角 α 的移相范围为 0～π，交流调压范围为 0～U。

目前交流调压多采用双向晶闸管。双向晶闸管是具有 4 个 PN 结的 NPNPN 五层结构的器件，它相当于两个晶闸管反向并联。如图 7.23 所示为双向晶闸管的结构示意图、表示符号和伏安特性曲线。图中，A_2 为阳极，A_1 为阴极，G 为控制极，一个控制极可控制两个方向的导通。

G 和 A_1 间加触发脉冲，不论正、负脉冲都能触发导通，并且电路简单，使用方便。

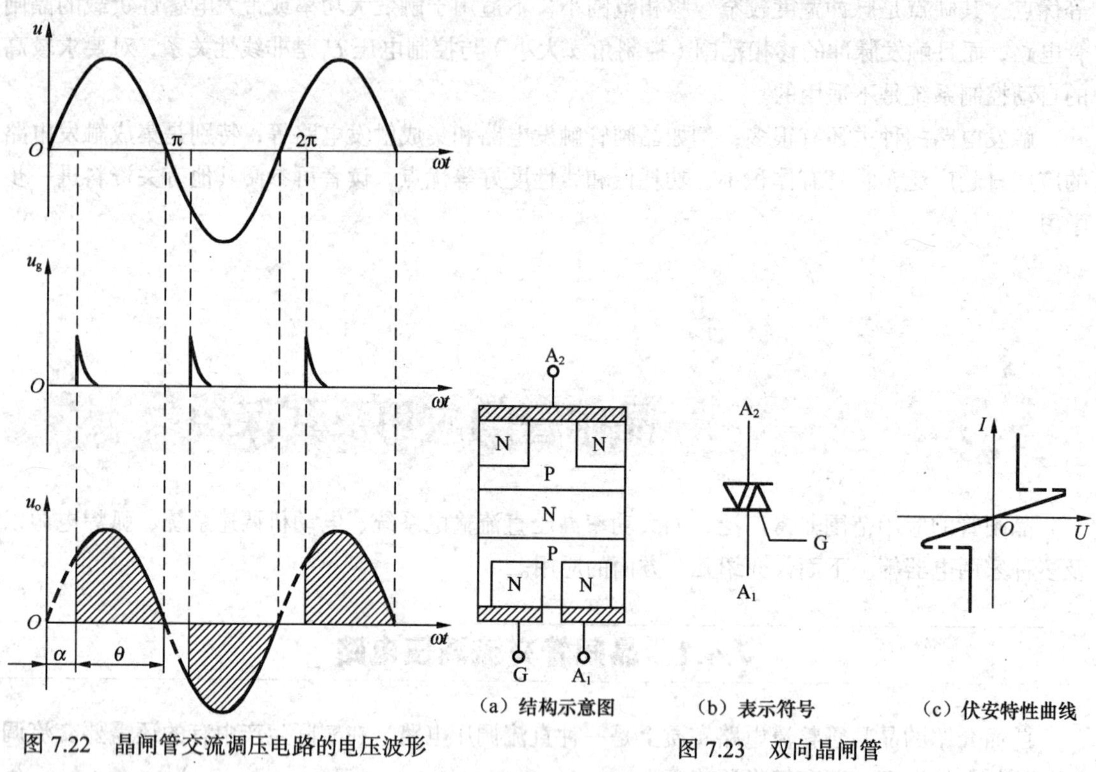

（a）结构示意图　（b）表示符号　（c）伏安特性曲线

图 7.22　晶闸管交流调压电路的电压波形

图 7.23　双向晶闸管

7.4.2　晶闸管的逆变电路

三相异步电动机变频调速所用的变频器是由整流器和逆变器两部分组成。整流器将交流电源电压 u（频率为 f_1）变换为直流电压 U_d。整流器可用二极管作为整流元件，输出的直流电压 U_d 不能调节，也可用晶闸管作为整流元件，输出的直流电压 U_d 可以控制。逆变器的作用与整流器相反，它是将直流电压 U_d 变换为幅值和频率可单独或同时调节的交流电压 u_o。逆变器可以采用不同的开关元件，例如功率晶体管（GTR）、功率场效应管（VDMOS）和晶闸管。变频器作为电源可用于交流调速、感应加热、弧焊电源和不间断电源等场合。

图 7.24 所示电路为电压型单相桥式逆变电路。图中所用的不是普通型晶闸管，而是一种具有自关断能力的快速功率开关元件——可关断晶闸管（GTO）。当可关断晶闸管的阳极和阴极之间加

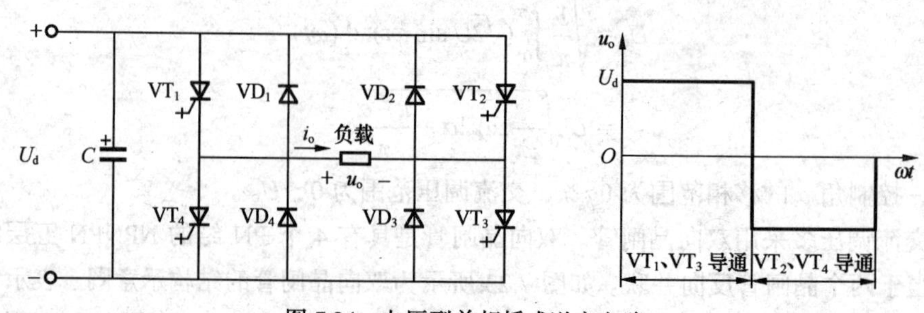

图 7.24　电压型单相桥式逆变电路

正向电压时，在控制极上加正脉冲可使其导通；在控制极上加负脉冲可使其关断，并且用其构成逆变电路不需要复杂的换流电路。

U_d是整流器输出的直流电压。若令晶闸管 VT_1、VT_3和 VT_2、VT_4轮流切换导通，则可在负载上得到交流电压 u_o，它是一矩形波电压。该电压幅值为 U_d，其频率f_o则由晶闸管切换导通的时间或次数来决定。如果是电感性负载，由于 i_o滞后于电压 u_o，应当给各晶闸管反向并联二极管 VD_1～VD_4。当 VT_1、VT_3触发导通时，负载电流 i_o的方向如图 7.24 所示。但当刚切换为 VT_2、VT_4的导通瞬间，i_o的方向尚未改变，此时可经过二极管 VD_2→电源→VD_4回路将电感性负载的能量反馈回电源，其中连接的二极管称为反馈二极管。如果是电阻性负载，二极管中不会有电流，它们不起作用。

以上仅为介绍晶闸管主电路的工作情况，其触发电路读者可参阅其他资料。对于三相异步电动机变频调速则要采用三相逆变电路。

7.4.3 晶闸管的过电流保护

由于晶闸管的热容量小，一旦发生过电流时温度会上升很快，很可能把 PN 结烧坏，造成元件内部短路或开路。

晶闸管发生过电流的主要原因有：①负载端过载或短路。②某个晶闸管被击穿短路，例如某桥臂晶闸管短路会造成相邻桥臂中的晶闸管交流短路而产生过电流。③触发电路工作不正常或受干扰，使晶闸管误触发导通也会引起过电流。晶闸管承受过电流能力差的特点是仅持续 0.02s，否则将因过热而损坏，所以，过电流保护的作用就在于发生过电流时，在允许的时间内切断电流防止元件的损坏。晶闸管过电流的保护措施有以下几种。

1. 快速熔断器

普通熔断器熔丝熔断时间较长，用它来保护晶闸管时往往晶闸管已烧坏而熔丝还没有熔断，这样便起不到保护作用。因此必须采用专用于保护晶闸管的快速熔断器。快速熔断器的银质熔丝在同样过电流倍数下，可以在晶闸管损坏之前熔断，也就是它的熔丝熔断时间极短，所以快速熔断器是晶闸管过电流的主要保护措施。

快速熔断器的接入方式有三种，如图 7.25 所示。第一种是快速熔断器接在直流输出侧，这种方法对输出回路的过载或短路起保护作用，但对元件本身故障引起的过电流不起保护作用。第二种是快速熔断器与晶闸管串联，对元件本身的故障起保护作用。以上两种方法一般要同时采用。第三种方式是快速熔断器接在交流输入侧，但熔断器熔断后不能立即判断故障发生的位置。

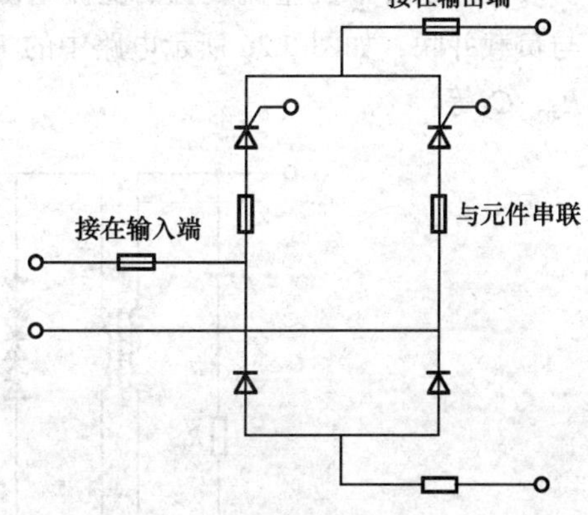

图 7.25 快速熔断器的接入方式

快速熔断器熔体的额定电流是指电流有效值，而晶闸管的额定电流是正弦半波电流平均值，因此在选择快速熔断器时，应按电路实际工作电流有效值来考虑。

2. 过电流断电器

在输出直流侧装直流过电流断电器，或在输入交流侧经电流互感器接入灵敏的过电流断电器，都可在过电流故障时动作使交流输入端的开关跳闸。这种保护措施对过载效果比较好，由于过电流断电器的动作和自动开关的跳闸都需要一定的时间，只有在短路电流不大的情况下才能起到保护晶闸管的作用，如果短路电流较大这种保护方法不太有效。

3. 过电流截止保护

在电路中设置电流检测装置，利用过电流信号去控制触发电路，使晶闸管的触发脉冲快速后移或瞬时停止触发器发出脉冲，使晶闸管导通角减小或阻断来抑制过电流。过电流保护措施还有其他方式，例如在交流进线中串接电抗器以限制短路电流，但它在负载上有较大的压降，大中容量的整流装置还常采用快速自动开关作为过电流保护等。

7.4.4 晶闸管的过电压保护

晶闸管承受过电压的能力较差，当电路中电压超过其反向击穿电压时，即使时间极短也很容易损坏。如果正向电压超过其转折电压则晶闸管误导通，如果误导通次数频繁，电流较大时，则可能使元件特性变差或损坏。因此，必须采取措施消除晶闸管上可能出现的过电压。引起过电压的主要原因有两种：一种是由于雷击等原因从电网侵入的浪涌电流；另一种为操作过电压，因为电路中一般有电感性元件，在切断和接通电路，或一个元件导通转换为另一个元件导通，或熔断器熔断等电磁过程都会引起过电压。

1. 阻容保护

由电阻和电容组成的阻容装置，利用电容器两端电压不能跃变的特点来吸收过电压，其实质是将造成过电压的能量转变为电场能量储存到电容器中，然后将电场能量释放到电阻中消耗掉，电阻还可以用来防止电容和电感产生谐振，这种方法是过电压保护的基本方法。阻容保护装置可以并联在整流装置的交流电源侧，如图 7.26 所示电路中的 R_1、C_1；也可以在直流侧与负载并联，如图 7.26 所示电路中的 R_2、C_2；还可以与晶闸管并联，如图 7.26 所示电路中的 R_3、C_3 等。

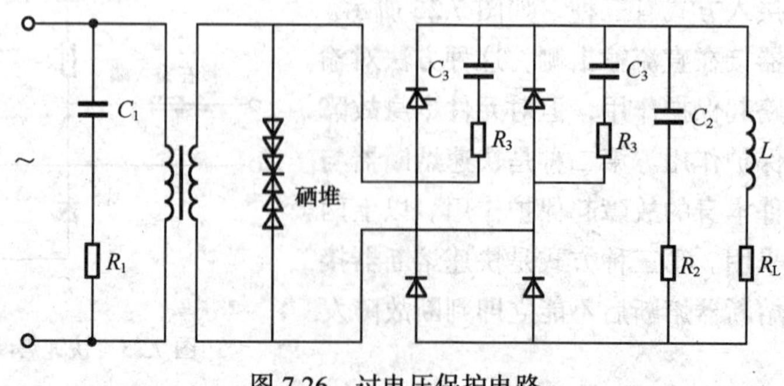

图 7.26 过电压保护电路

阻容保护装置电容和电阻数值的选择可参考“半导体变流技术”等其他资料。通常情况下，通过增大电容量能够降低作用于元件上的过电压和电压上升率，但电容量过大会增加晶闸管导通时的电流上升率，对元件不利并且使保护装置体积增大。增大电阻有利于抑制振荡，但电阻过大会影响电容抑制过电压的效果，一般希望电阻小一些。

2. 非线性电阻保护

阻容保护装置只能把操作过电压抑制在允许范围内，当发生雷击或从电网侵入更高的浪涌电压时，虽有阻容保护过电压仍会超过允许值。因此，在采用阻容保护的同时可再设置非线性电阻保护。

硒堆由硒整流片串联组成，它是一种非线性电阻元件，有接近稳压管较陡的反向特性。在正常工作电压下硒堆开路，对电路不起作用。当有过电压时硒堆被击穿，它的电阻迅速减小且通过很大的电流，把过电压能量消耗在非线性电阻上限制过电压上升，而硒堆本身并不损坏，当过电压消失后硒堆恢复常态。硒堆常并联在交流侧或直流侧，如图 7.26 所示。两组硒堆反向串联，在正常工作电压下硒堆开路，出现过电压时由硒堆吸收过电压，或某组硒堆击穿而将熔断器熔断使晶闸管得到保护。采用硒堆的优点是它能吸收较大的涌流能量，缺点是硒堆的体积大，长期不用时会发生储存老化，性能变差而失去效用。

金属氧化物压敏电阻是由氧化锌、氧化铋等制成的非线性电阻元件，它是一种新型的过电压保护元件。它具有很陡的正、反向伏安特性，正常工作时漏电流小，所以损耗小。金属氧化物压敏电阻对涌流电压的反应快，过电压时可以通过很大的电流，它抑制过电压的能力强，体积又小，所以可用来取代硒堆。它的缺点是持续平均功率小，工作电压一旦超过它的额定电压，短时间就会烧坏。金属氧化物压敏电阻接入电路的形式与硒堆相同。

7.5 直流调光台灯的制作

7.5.1 任 务 分 析

1. 工作任务电路整体结构图

直流调光台灯电路整体结构图如图 7.27 所示。

2. 电路分析

（1）电路工作过程

220V 交流电压经带开关电位器的开关 S，经变压器 T 变压输出交流 50V，然后由桥堆 VC 桥式整流成直流的脉动电压，最后经削波、稳压形成梯形波作为触发电路的电源。调节 R_P 电位器即改变了 C 的充电时间常数，使电容 C 的电压达到单结晶体管 VS 峰点电压的时间改变，调节了脉冲输出时刻，改变了 VT_1、VT_2 的导通角，即调节了灯的亮度，所以调节 R_P 可达到调光的目的。

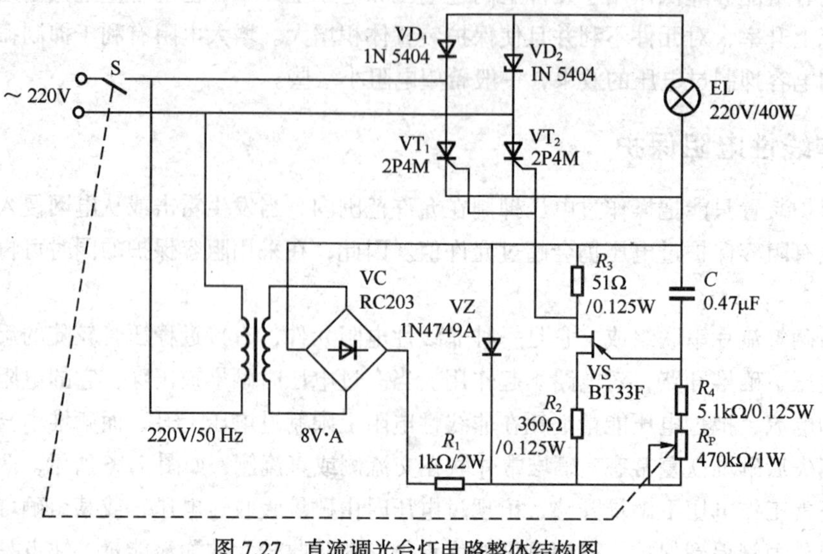

图 7.27 直流调光台灯电路整体结构图

（2）触发电路与晶闸管主电路的同步

晶闸管整流电路输出直流电压的大小取决于触发脉冲出现的时刻。当 $\alpha=0°$ 时，晶闸管全导通，输出电压最大，为全波整流；当 $\alpha=180°$ 时，晶闸管不导通，输出电压最小，为 0V。由晶闸管的特性可知，晶闸管一经触发就保持导通状态，不需要再触发，直到电源电压过零点晶闸管才关断。因此，晶闸管的导通取决于第一个脉冲出现的时刻。为了准确控制输出直流电压的大小，必须使主电路与触发电路同步。

① 单结晶体管振荡器要有零起点。

为了准确地控制第一个脉冲出现的时刻，单结晶体管振荡器应有一个零点，且此零点与可控整流的主电路的零点为同一个，为此电源采用梯形波电源。尽管在一个梯形波电源供电期间可能会输出几个触发脉冲，但对被触发的晶闸管而言只有第一个脉冲有效，第一个触发脉冲的充电起点即为电源零点。梯形波电源结束，电容电压全部放尽，保证下一个脉冲从零开始充电即可做到触发电路与主电路同步。

② 触发电路与主电路同步。

根据同步的要求，主电路的零点与触发电路的零点应是同一个，最简单的做法是采用同一相电源。主电路工作在高电压状态下，触发电路工作在低电压状态时应采用降压变压器。

③ 晶闸管整流输出电压的计算。

由晶闸管原理可知，晶闸管导通的条件不仅要求阳极对阴极加正向电压，同时还要求触发极有正触发脉冲。利用晶闸管构成桥式可控整流电路，其整流输出电压与触发脉冲到来的时刻有关，可表示为

$$U_o=\frac{1+\cos\alpha}{2}\times 0.9U_2$$

式中，U_2 为交流电压有效值；U_o 为整流后输出的平均电压；α 为晶闸管的控制角。

α 是电源电压的零点到触发脉冲出现时刻的电角度。可见，要获得可调的直流电压只要改变控制角 α 即可。

3. 电路主要技术参数与要求

（1）输入电压：交流 220V/50Hz ±10%

（2）输出电压：直流 0～190V

（3）输出电流：2A

（4）调光范围：0～800lx

（5）光效：不小于 80%

4. 电路元器件参数及功能

直流调光台灯电路元器件参数及功能如表 7.1 所示。

表 7.1 直流调光台灯电路元器件参数及功能表

序号	元器件代号	名　称	型号及参数	功　能
1	VD_1、VD_2	二极管	1N5404	可控整流电路：输出可调的直流脉动电压
2	VT_1、VT_2	晶闸管	2P4M	
3	EL	白炽灯	220V/40W	负载：能量转换
4	T	变压器	DB—10—50 220V/50V	变压：将 220V/50Hz 交流电变换为 50V/50Hz 交流电
5	VC	桥堆	RC203	整流：将 50V/50Hz 交流电变换为脉动直流电
6	VZ	稳压二极管	1N4749A	削波、稳压：展宽移相范围和稳定电压
7	R_1	电阻	RJ11—2W—1kΩ	
8	S、R_P	带开关电位器	WH111—1 470 kΩ/1W	开关：控制输入电源通断 移相调节：调节台灯亮度
9	VS	单结晶体管	BT33F	构成张弛振荡
10	R_2	电阻	RJ11—0.125W—360Ω	温度补偿
11	R_3	电阻	RJ11—0.125W—51Ω	脉冲形成
12	R_4	电阻	RJ11—0.125W—5.1kΩ	偏置电阻
13	C	电容	CBB—100V/0.47μF	充放电，产生锯齿波

7.5.2 电路装配准备

1. 制作工具与仪器设备

（1）电路焊接工具：电烙铁（20～35W）、烙铁架、焊锡丝和松香。

（2）机加工工具：剪刀、剥线钳、尖嘴钳、平口钳、螺丝刀、套筒扳手、镊子和电钻。

（3）测试仪器仪表：万用表和示波器。

2. 元器件识别与检测

一只好的单向晶闸管，应该是三个 PN 结良好，反向电压能阻断；阳极加正向电压情况下，当控制极开路时亦能阻断；当控制极施加正向电流时晶闸管导通，且在撤去控制极电流后仍维持导通。

① 极间电阻测量。

先通过测极间电阻检查 PN 结的好坏，由单向晶闸管可知，A、G，A、K 间正向电阻都很大，如果用万用表的任何电阻挡测试阻值都较小，表示被测管 PN 结已击穿，该晶闸管已损坏。当 A 极接红表笔，K 极接黑表笔，测得阻值越大，表示反向漏电流越小，晶闸管的反向阻断特性越好。应指出的是，测 G、K 极间的电阻，即为测一个 PN 结的正、反向阻值，宜用 R × 100Ω 或 R × 1kΩ挡进行。G、K 极间的反向阻值应较大，一般为 80kΩ左右，而正向阻值为 2kΩ左右。若测得正向电阻（G 极接黑表笔，K 极接红表笔）极大，甚至接近无穷大，表示被测管的 G、K 极间已被烧坏。

② 单向晶闸管导通性能试验。

利用万用表可以很方便地检测单向晶闸管的导通特性。将万用表置 R × 1Ω挡，红表笔接 K 极，黑表笔接 A 极，然后用黑表笔再同时接触一下 G 极并松开，这相当于给 G 极施加一个正向触发电压，此时应见到表针明显地向电阻值小的一侧偏转，当松开 G 极后，指针仍应保持不动，这就表明晶闸管的触发特性基本正常，否则就是触发特性不良或不能触发。这种方法仅适宜检查小功率晶闸管，对于大功率晶闸管，因其通态压降较大，并且 R × 1Ω挡提供的阳极电流低于维持电流 I_H，故晶闸管不能完全导通，在开关断开时晶闸管也随之关断。为此可把两块万用表的 R × 1Ω挡串联起来使用，获得 3V 的电源电压，也可在万用表 R × 1Ω挡的外部串联电池。

7.5.3 整机装配

该电路可以采用印制电路板或面包板进行安装，装配图由学生自己绘制。安装过程为

（1）元器件识别筛选。

（2）元器件引脚清洁。

（3）元器件成形。

（4）元器件安装焊接及引脚处理。

（5）组装焊接后的整体检查。

7.5.4 电路调试

1. 电路调试步骤

调试过程是：先调控制电路再调主电路。具体调试方法如下。

首先不接主电路，只接控制电路，然后通电（在通电前要求检查一遍是否连接正确），用万用表的 50V 直流电压挡测桥堆 VC 的直流输出端是否有 32V 直流电压，如果正常再测稳压管 VZ 两端的直流电压是否为稳压管的稳压值（正常为 19V 左右），如果正常调节再测电容 C 两端电压是否在 2～4V 范围内变化，如果正常，R_P 电位器再测电阻 R_3 两端电压是否在 0.2～0.4V 范围内变化，如果正常，表明控制电路工作基本正常。

其次断掉电源再接上主电路，但不接负载，然后通电调试（通电前一定要检查一遍是否连接正确），调节 R_P 电位器用万用表的 250V 直流电压挡测半控桥式输出电压是否在 0～190V 范围内变化，如果正常，表明电路工作已经正常，再接上负载即可。

2. 电路测试方法

电路测试一般有两种方法：万用表法和示波器法。万用表法的具体过程同电路调试过程，而示波器法测量的关键点跟万用表法大体相同，A 点测桥堆直流输出端电压波形；B 点测稳压管两端电压波形；C 点测电容两端电压波形；D 点测电阻 R_3 两端电压波形；E 点测负载 EL 两端电压波形。关键点波形图如图 7.28 所示。

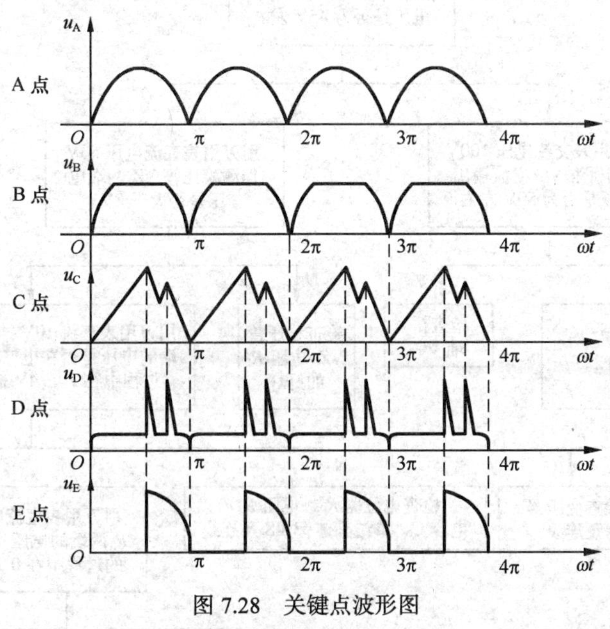

图 7.28　关键点波形图

7.5.5　故障分析与排除

该电路故障分析与排除可以采用万用表法，也可以采用示波器法，但考虑到实际实训设备的条件，以下采用较为常用的万用表法，但采用示波器法更直观明了。

（1）调节 R_P 电位器，白炽灯始终常亮故障现象。故障分析与检修流程图如图 7.29 所示。

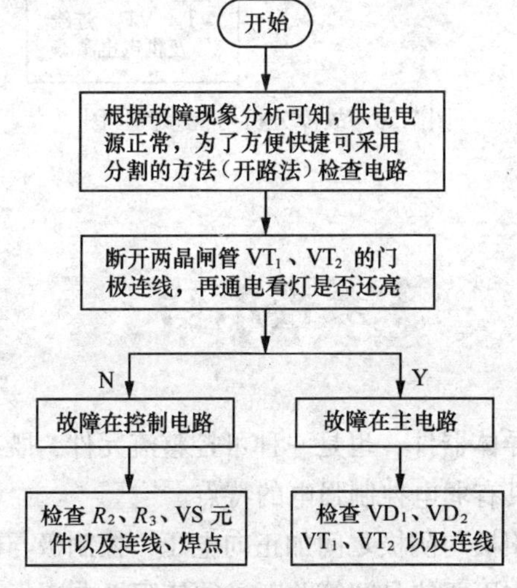

图 7.29　故障分析与检修流程图

（2）调节 R_P 电位器，白炽灯始终不亮故障现象。故障分析与检修流程图如图 7.30 所示。

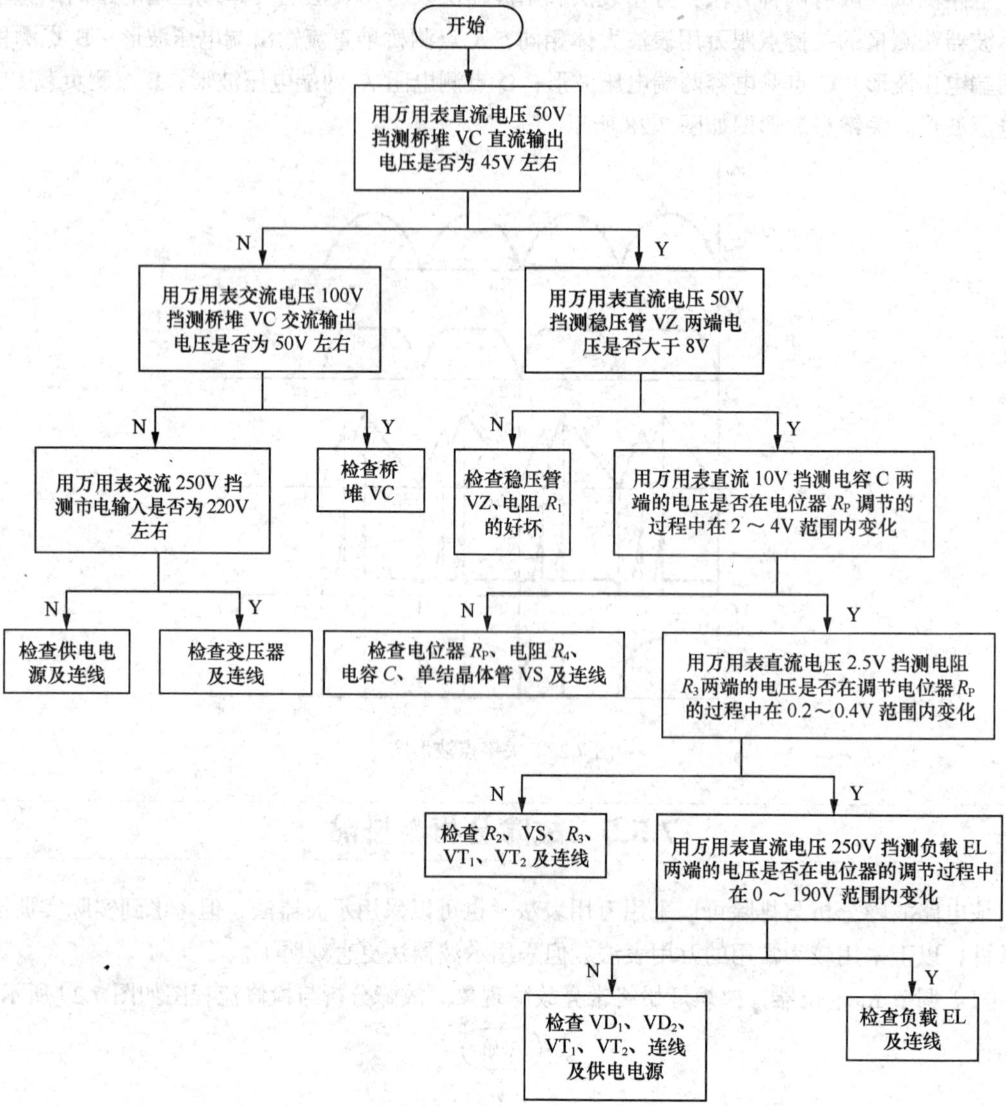

- 开始
- 用万用表直流电压 50V 挡测桥堆 VC 直流输出电压是否为 45V 左右
  - N：用万用表交流电压 100V 挡测桥堆 VC 交流输出电压是否为 50V 左右
    - N：用万用表交流 250V 挡测市电输入是否为 220V 左右
      - N：检查供电电源及连线
      - Y：检查变压器及连线
    - Y：检查桥堆 VC
  - Y：用万用表直流电压 50V 挡测稳压管 VZ 两端电压是否大于 8V
    - N：检查稳压管 VZ、电阻 R_1 的好坏
    - Y：用万用表直流 10V 挡测电容 C 两端的电压是否在电位器 R_P 调节的过程中在 2～4V 范围内变化
      - N：检查电位器 R_P、电阻 R_4、电容 C、单结晶体管 VS 及连线
      - Y：用万用表直流电压 2.5V 挡测电阻 R_3 两端的电压是否在调节电位器 R_P 的过程中在 0.2～0.4V 范围内变化
        - N：检查 R_2、VS、R_3、VT_1、VT_2 及连线
        - Y：用万用表直流电压 250V 挡测负载 EL 两端的电压是否在电位器的调节过程中在 0～190V 范围内变化
          - N：检查 VD_1、VD_2、VT_1、VT_2、连线及供电电源
          - Y：检查负载 EL 及连线

图 7.30　故障分析与检修流程图

本章小结

晶闸管是一种大功率半导体器件，也是一种可控整流元件，既有二极管单向导电的整流作用，又有可控的开关作用，具有弱电控制强电的特点。

晶闸管的工作条件是：阳极与阴极之间加正向电压，控制极与阴极之间加正向控制电压。晶闸管导通后控制极就失去作用要使晶闸管关断必须使阳极电流小于维持电流 I_H。

将二极管整流电路中的二极管用晶闸管替换就组成了晶闸管可控整流电路，它具有输出电流大、反向耐高压和输出电压可调等优点。通过触发脉冲的移相可调节输出电压的大小。对于感性负载，为防止感应电动势引起输出电压的下降以及晶闸管不能及时关断等问题，需在感性负载两端并联续流二极管。

单结晶体管的基本特征是负阻特性，利用该特性可以组成张弛振荡器，为晶闸管提供触发脉冲。

双向晶闸管具有对称的正、反向伏安特性，不管它的控制极电压的极性如何，都可能被触发导通，是理想的交流开关器件。

习 题

1. 某电阻性负载需要直流电压 60V、电流 20A，采用单相半波可控整流电路，直接由 220V 交流电源供电。试计算晶闸管的导通角，并选用晶闸管。

2. 单相半波可控整流电路的负载电阻 $R_1 = 10\Omega$，直接由 220V 电源供电，控制角 $\alpha = 60°$。试计算整流电压平均值和电流平均值。

3. 某电阻负载需要直流电压 $U_o = 0$～60V，电流 $I_o = 0$～10A。现采用单相半控桥式整流电路，计算变压器二次电压。

4. 单相半控桥式整流电路采用电阻性负载，控制角 $\alpha = 0°$，输出直流电压平均值 $U_o = 150$V，$I_o = 10$A。计算变压器二次电压，并选用晶闸管。若 $U_o = 100$V，则控制角 α =?

5. 单结晶体管振荡电路（如图 6.18 所示），已知单结晶体管的分压系数 $\eta = 0.7$，$U_V = 5$V，电源电压 $U = 20$V，$R = 17.7$kΩ，$C = 0.48$μF，$R_1 = 100\Omega$，求输出脉冲频率 f 及脉冲宽度。

6. 试分析图 7.31 所示的可控整流电路的工作情况，并求导通角 θ 的范围以及输出电压的平均值 U_o。

7. 试分析图 7.32 所示电路的工作情况，并说明各元件的作用。

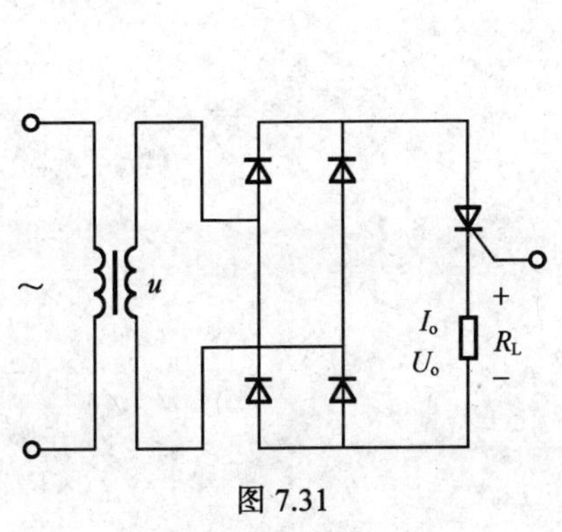

图 7.31

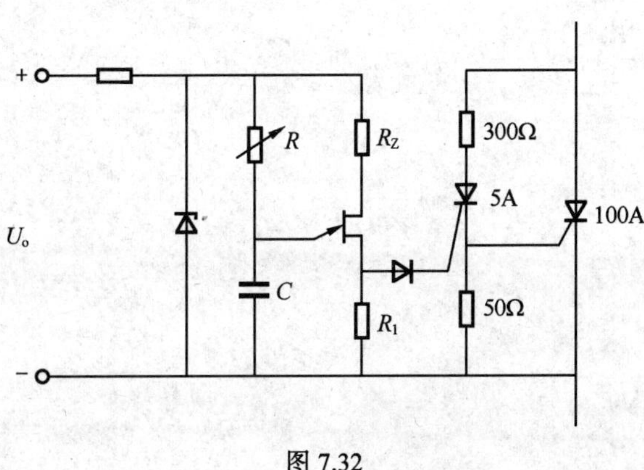

图 7.32

8. 图 7.33 所示电路为一种晶闸管时间继电器电路，此处晶闸管作为开关，试分析电路的工作情况。

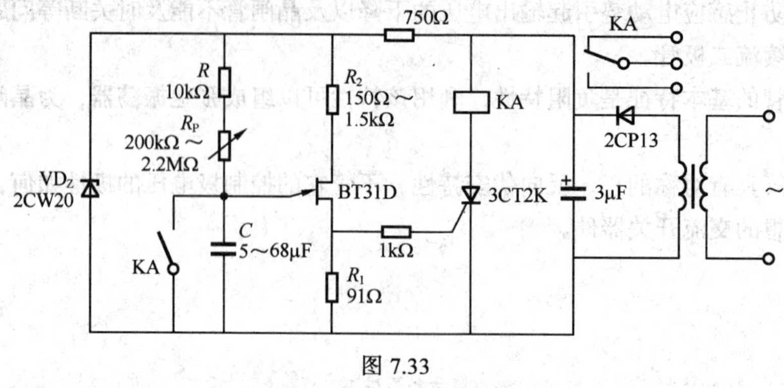

图 7.33

第8章 综合读图练习

读图就是在了解电路用途的基础上，要弄懂电路的工作原理、单元电路的组成以及电路主要元器件的作用。本章是在学完模拟电子技术单元电路的基础上选用由相应单元电路组成的实用综合电路。通过对电路的分析使学生把握知识的关联性，实现从单元电路到综合电路分析的过渡。学生通过学会使用所学知识分析综合电路的工作原理，从而提高综合读图的能力，也是对学生综合能力的训练。

8.1 用运算放大器构成的线性刻度欧姆表

一般万用表测量电阻的标尺是非线性的，先疏后密，电阻值越大读数越难准确。运用集成运放线性的“虚断”特点，可以做成线性刻度的欧姆表，使用起来就十分方便。

图 8.1 所示为线性欧姆表的电路原理图。电路由三部分组成：基准电压源、量程转换电路

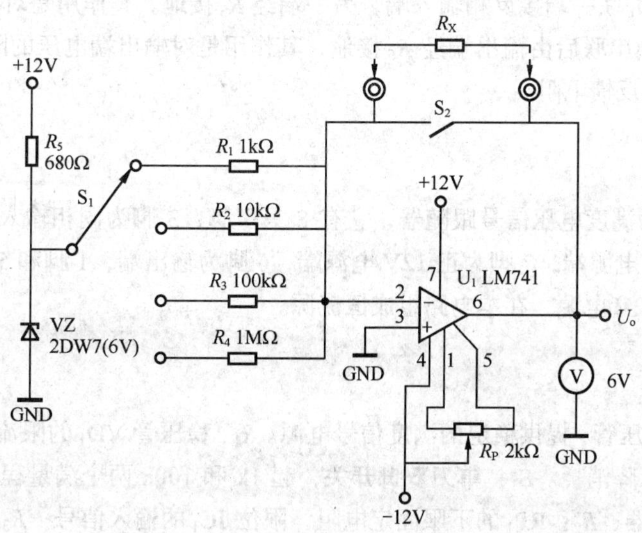

图 8.1 线性刻度欧姆表电路

和放大输出电路。基准电压源由稳压管 VZ 和限流电阻 R_5组成，基准电压为 6V；量程转换电路包括量程开关 S_1 和电阻 R_1～R_4；放大输出电路采用 LM741 运算放大器，LM741 接成反相比例运算并输出给显示表头（6V 直流电压表，接欧姆刻度）。

当量程开关 S_1 拨向第 1 挡（R_1=1kΩ）时，S_2 打开，接入被测电阻 R_X，根据反相比例运算，得出输出电压 $U_o=VZR_X/R_1=(VZ/R_1)\cdot R_X$，可见，输出电压与被测电阻 R_X 成正比，故输出刻度是线性的。

第 1 挡量程 $U_o=(VZ/R_1)\cdot R_X=(6/1)\times 1=6V$；$R_X$ 最大值为 1kΩ；S_1 拨向 R_2=10kΩ，当 R_X=10kΩ时满量程；S_1 拨向 R_3=100kΩ时，测量量程为 100kΩ；拨向 R_4=1MΩ时，测量量程为 1MΩ。

查运算放大器产品手册可知 LM741 是高阻型集成运放，差模输入电阻高达 10^6MΩ，几乎不吸收输入电流，所以被测电阻的示值误差与器件无关，仅决定于电阻比值（R_X/R_1，…，R_X/R_4）和表头刻度误差。R_1、R_2、R_3、R_4 是欧姆表的量程电阻，通过改变量程电阻可以得到不用的电阻量程。

8.2 欧姆/电压转换电路

欧姆/电压转换电路将被测电阻的欧姆数转换为对应的直流电压。其基本工作原理是：将被测电阻作为反相比例放大器的反馈电阻，当放大器的输入电阻不变，输入电压 U_{sr} 固定时，反馈电阻的大小反映了输出电压 U_{SC} 的大小，输出电压 U_{SC} 的大小正比于被测电阻。欧姆/电压转换电路组成如下。

1. 反相比例放大器

由 IC_2—LF356 型号单运放输入电阻 1k、100k、RP3 调零电位器和 R_6 为同相输入端接地电阻；VD_2、VD_3 反向并联一端接反相输入端，另一端经 R_5 接地。其作用是对反相输入信号电压的钳位。D_4、D_5 反向串联后由输出端经 R_5 接地，其作用是对输出端电压的限幅。R_X 是被测电阻作为比例放大器的反馈电阻。

2. 运放电路

单运放μA741 为满度电压信号跟随器，它有 8 只引脚：3 脚为同相输入端，2 脚为反相输入端，4 脚为负 12V 电源端，7 脚为正 12V 电源端，6 脚为输出端，1 脚和 5 脚为调零电位器，该电位器中心接负 12V 电源，在本电路组成恒流源。

3. 稳压电路

VD_1：5.1V 硅稳压管，提供稳定的满度信号电源。R_1：稳压管 VD_1 的限流电阻，作为正 12V 的电压波动部分的压降消耗。S_1：单刀双掷开关，起 1k 和 100k 两个满量程挡位的转换作用；RP_1：满度调节电位器；R_2：RP_1 的下限固定电阻，限位 IC_1 的输入信号；R_3：满量程 1kΩ时的输入电阻；R_4：满量程 100kΩ的输入电阻；R_5：VD_4、VD_5 稳压管的限流电阻；R_6：IC_2 的同相端接地电阻；VD_2、VD_3：反相并联后作为IC_2的反相输入端的保护钳位；VD_4、VD_5：稳压管，反串联后为IC_2输出端的限幅器，使输出电压不大于5.8V；RP_2：IC_2的调零电位器，在其2、3脚短路时使6脚输出为0V；C_1：输入电压滤波。

欧姆/电压转换电路转换原理：先由R_1稳压管VD_1将电压稳定为5.1V，再由RP_1及R_2组成可调的1V输入电压；当输入电压为1V时，IC_1经阻抗变换使输出电压为1V。

当S_1选在1kΩ挡时，IC_2的反相端输入电阻R_3为1kΩ，流过R_3和R_X的电流是相等的。因为R_3和Usr不变，则Usc正比于R_X。

S_1是两个挡位的量程电阻开关，如果还需要增加量程，可以在此增加电阻再增加开关以达到不同量程的目的。

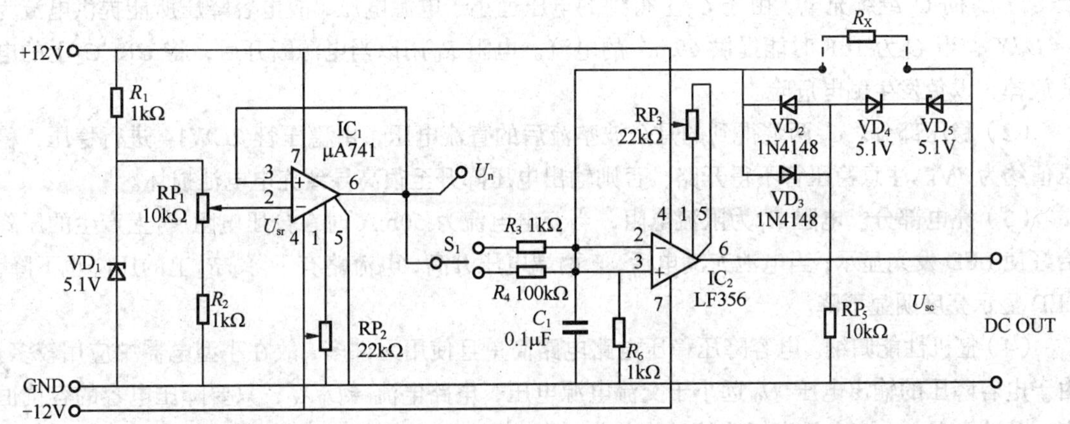

图8.2 欧姆/电压转换电路

8.3 镍镉电池充电电路

1. 电路特点和组成

图8.3所示为一种小型电器内附的5号镍镉电池充电器的电路图。充电器用来对小型电器内的两节5号镍镉电池进行充电，充电电流为50～60mA，起始充电电压约为2.2V，充电结束

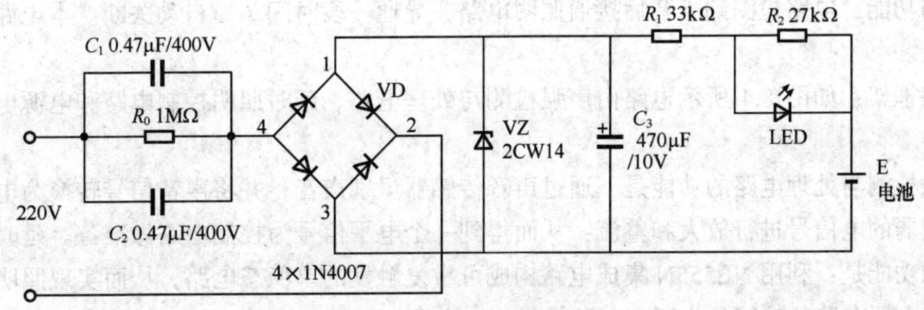

图8.3 镍镉电池充电电路

后约为 2.5V，充电时间控制在 14 左右。发光二极管 LED 起充电指示灯作用，当电池充满电后其亮度明显变暗。

图 8.3 电路所示的左边为 220V 交流电源，由 C_1、C_2 及 R_0 构成电容降压部分，得到的交流低压经 VD，VZ 及 C_3 整流、滤波、稳压后转换为低压直流向充电电路供电。充电电路由 R_1、R_2 分压限流电路、发光二极管显示电路和电池 E 组成。

2. 功能分析

（1）电容降压电路。电容降压是利用电容的容抗进行降压。当输入交流电源电压为正半周时，电源通过 C_1、C_2 及整流桥 VD 向 C_3 充电；当输入交流为负半周时，电源通过整流桥 VD 及 C_1、C_2 向 C_3 继续充电。由于 C_3 上得到的电压远小于电源电压，故电容降压所能提供电流为 $I \approx U_i/X_C$，当 C 为 1μF 时能提供 69mA 的电流。电阻 R_0 用以当电源断开后，将 C_1、C_2 上的电荷放掉，以免发生触电危险。

（2）稳压部分。C_3 两端得到的是全波整流后的直流电压，由稳压管 2CW14 进行稳压，稳压值约为 7V。注意稳压管不得开路，否则输出电压降升至很高导致充电电池损坏。

（3）充电部分。电阻 R_1 为限流电阻，当充电电流为 50mA 时在分压电阻 R_2 上产生的压降恰好使 LED 发光显示；当电池充满电后，E 两端电压升高，电流略有下降，R_2 上的压降也下降，LED 显示亮度明显下降。

（4）整机性能归纳。电容降压稳压电路电路简单且使用元件多，故在小型电器中应用较多。由于电容降压的输出电压 U_0 远小于交流电源电压，电路电流 $\approx U_i/X_C$，只要降压电容的容抗恒定，提供的充电电流也具有恒流特性（充电电流必须小于稳压管能提供的电流），这正符合镍镉电池的恒流特性的要求，所以充电器工作可靠，充电电池寿命长。如上所述，当电源为 220V 交流，降压电容为 1μF（C_1 和 C_2 的并联值）能提供的最大电流是 69mA，除去稳压管工作电流后，能提供的充电电流范围约为 50～60mA。

电容降压稳压电路的主要缺点是带负载能力差，当降压电容容量增大时，负载电流虽可以增加，但输出电压将提高，且恒流特性无法保证。

8.4 声控延时照明灯电路

电路功能：电路检测到声音后接通照明电路，导通一段时间 t 后自动关断。本电路用模拟电路设计。

电路框架：如图 8.4 所示电路由声强检测与处理电路、延时照明控制电路和电源电路三部分构成。

声强检测与处理电路的功能是：通过声音传感器识别声音，并将声音信号转换为电信号，通过对微弱的电信号进行放大和整流：从而得到一个电平信号为控制电路做准备。延时照明控制电路的功能是：利用 NE555N 集成电路构成可重复触发的单稳态电路，从而实现照明灯的延时控制。电源电路的功能是为所有电路提供直流电源。

压电式传声器的主要部件是压电陶瓷片。压电陶瓷是能够将机械能和电能互相转换的特殊陶瓷材料。所谓压电效应是指某些介质在受到机械压力时，即使压力像声波振动那样微小，都会产生压缩或伸长等形状变化而引起介质表面带电。压电陶瓷片的结构如图 8.5 所示。

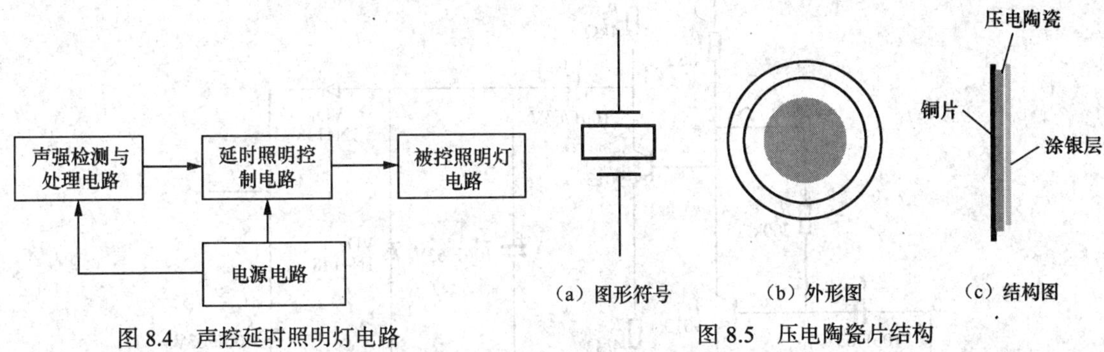

图 8.4　声控延时照明灯电路

图 8.5　压电陶瓷片结构

当电压作用于压电陶瓷时，压电陶瓷就会随着电压和频率的变化产生机械变形；另一方面，当振动压电陶瓷时，则会产生电荷。利用这一原理，当给由两片压电陶瓷或一片压电陶瓷和一个金属片构成的振荡器，即所谓的双压电晶片元件施加一个电信号时，就会因弯曲振动发射超声波。相反，当向双压电晶片元件施加超声波振动时，就会产生一个电信号。基于以上作用便可以将压电陶瓷用作超声波传感器。

声强检测与信号处理电路如图 8.6 所示，声强检测实际上就是一个压电陶瓷片，当压电陶瓷接收到足够的声强时电路产生谐振并输出一个微弱脉冲，从而将声音信号转换为电信号。声强检测与信号处理电路包括信号放大电路和整流电路两部分。压电陶瓷片的输出信号是一个十分微弱的信号，为了使后续电路能够对声强信号进行处理，因此必须加入信号放大电路。信号放大电路是由电阻 R_1、R_2、R_5、R_7、T_5、T_6、C_1、C_3 和 C_4 构成，电路采用了双三极管构成放大电路，这样就可以使电路的放大倍数比单管放大电路的放大倍数增加 β 倍，从而得到更合适的信号。R_1 和 R_2 为放大电路的集电极偏置电阻，C_1 和 C_3 为放大电路的滤波电容，R_5 和 R_7 为放大电路的反馈电阻，它们的功能是保证放大电路有一个稳定的静态工作点和稳定的输出电压。C_4 的作用是减小电路中加入反馈电阻对放大倍数的影响。电路中的延时控制电路一般采用电平信号触发，因此有必要对放大的交流信号进行整流。如图 8.6 所示电路采用了由 C_5、VD_1 和 VD_3 构成的倍压整流电路，它不但能够完成整流的任务，同时还可以将输出电压值增大 1 倍。这样，当压电陶瓷片接收到足够大的声强后，声强检测与信号处理电路通过放大和整流就输出了一个高电平信号 U_{out1}。

图 8.7 所示为延时照明灯控制电路，延时照明灯控制电路的核心部分是 NE555N 集成电路，它是一种非常有用的、应用十分灵活的集成电路。NE555N 集成电路的引脚图和功能表如图 8.8 所示。

延时照明控制电路包括三部分：第一部分是由三极管构成的触发信号产生电路；第二部分是由 NE555N 集成电路构成的可重复触发的单稳态电路；第三部分是控制电路和照明灯电路的弱强转换电路。

声强信号处理电路的输出信号 U_{out1} 接入三极管 T_7 基极，因为压电陶瓷片接到足够大的声

强后 U_{out1} 为高电平，则三极管饱和，使 T_7 集电极和发射极之间的电压 U_{CE} 约为 0.3V，U_{CE} 接入 NE555N 集成电路的 TRIG 端作为触发电平。

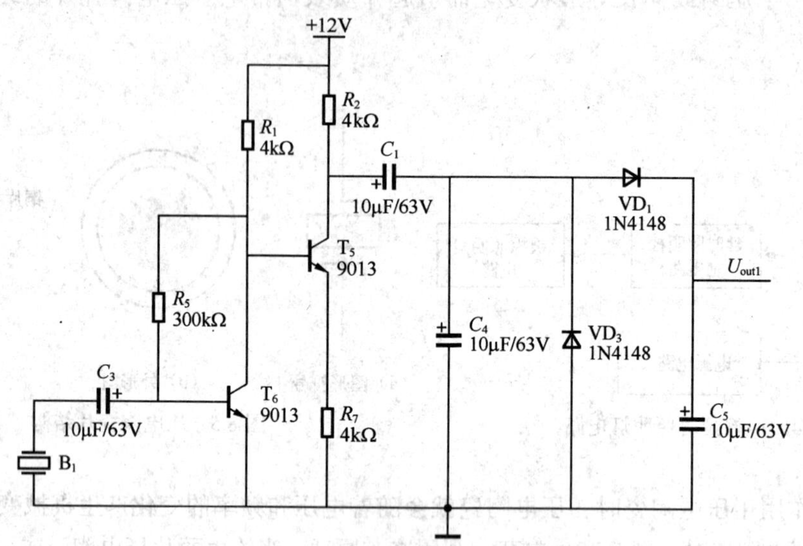

图 8.6　声强检测与信号处理电路

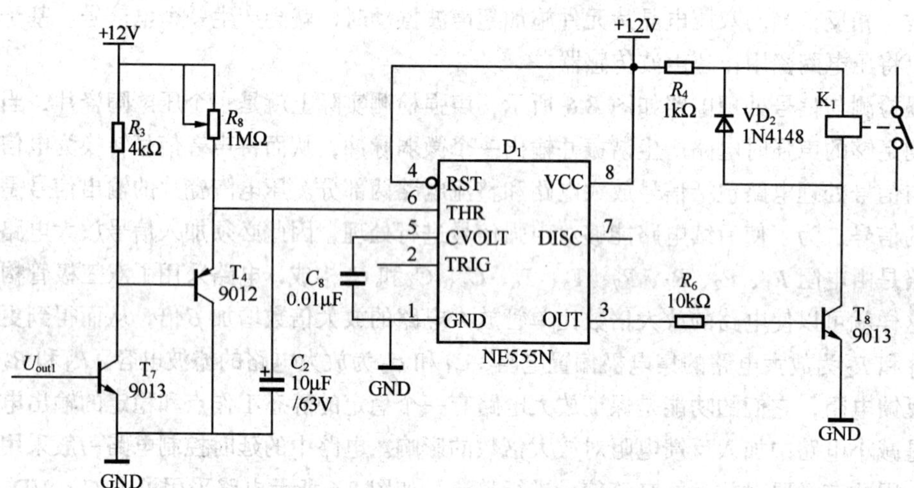

图 8.7　延时照明灯控制电路

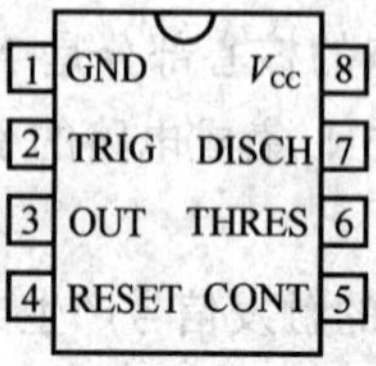

(a)

引脚	名称	名称	引脚
1	GND	V_{CC}	8
2	TRIG	DISCH	7
3	OUT	THRES	6
4	RESET	CONT	5

(b)

输入引脚			输出引脚	
阈值输入 THRES	触发输入 TRIG	复位端 RESET	输出端 OUT	放电端 DISCH
任意值	任意值	0	0	导通
$<(2/3)V_{CC}$	$<(1/3)V_{CC}$	1	1	截止
$>(2/3)V_{CC}$	$>(1/3)V_{CC}$	1	0	导通
$<(2/3)V_{CC}$	$<(1/3)V_{CC}$	1	不变	不变

图 8.8　NE555N 集成电路的引脚图和功能图

如图 8.7 所示，NE555N 集成电路构成的可重复触发的单稳态电路处于稳态时，$U_{THRES}<(2/3)V_{CC}$，$V_{TRIG}>$（1/3）V_{CC}，$Q=0$，放电管导通，当 $V_{TRIG}=U_{CE}=0.3V$ 时，电路进入暂稳态，此时 $Q=1$，放电管截止。同时，直流电源通过可变电阻 R_8 对电容 C_2 进行充电，使得 V_{THRES} 值慢慢升高，当 V_{THRES} 值升高到 $V_{THRES}>$（2/3）V_{CC} 时，电路重新进入稳态，$Q=0$，放电管导通。电路暂稳态的持续时间即 C_2 的充电时间取决于可变电阻 R_8 和电容 C_2 的数值，设可变电阻 $R_8=1M\Omega$，$C_2=50\mu F$，则 $T=T_W=1.1R_8C_2=1.1\times1\times106\times50\times10-6=55$ (s)。因此，手动改变 R_8 的阻值可以调节时间 t。

当压电陶瓷片持续接收到足够大的声强时，那么 U_{out1} 一直为高电平，T_7 始终饱和导通，U_{CE} 持续为 0.3V，这样就使得 T_4 始终导通，电容 C_2 就可以通过 T_4 进行放电，电路将无法对电容 C_2 进行充电。这样电路将一直保持为暂稳态，直到声强信号消失电路才可能重新进入稳态，从而满足设计要求。

照明灯一般需要交流供电，常采用继电器控制交流电路。而一般 NE555N 集成电路的输出电流无法驱动继电器，因此需要加入电流放大电路。如图 8.7 所示，三极管 T_8 构成的电流放大电路是一种比较典型的简单电路。其中 R_6 为限流电阻，防止输入电流过大烧毁三极管。T_8 接成共集电极电路，当输入电压为高电平时三极管导通并饱和，将输入电流放大 β 倍；当输入电压为低电平时，三极管截止，无电流通过。继电器连接 T_8 的发射极，当有电流驱动时触点吸合，照明灯通电；当无电流驱动时触点断开，照明灯不通电。在继电器两端并联反向二极管主要是起续流作用，避免继电器吸合、断开电路瞬间引起电流突变而损坏继电器。

稳压电源电路从电网供电，通过变压器、整流电路、滤波电路和稳压电路，将电网中的 220V 交流电转化为+12V 直流电。电路中的变压器采用常规的铁心变压器，整流电路采用二极管桥式整流，电容 C_6、C_7、C_9 和 C_{10} 完成滤波功能，稳压电路采用三端稳压集成电路 LM7812 来实现。

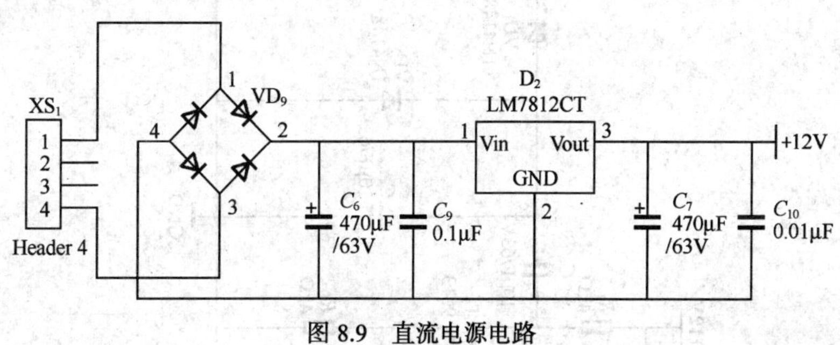

图 8.9 直流电源电路

简易声控延时照明电路的总电路原理图如图 8.10 所示。

此电路在制作时应注意：焊接压电陶瓷片时时间不能太长，以免烫坏压电陶瓷片的镀银层，小型开关和电池夹也通过导线与电路板连接。调试时应注意：电源端与接地端之间有一定电阻，若万用表测得为 0 表明电源与地之间有短路，这是不允许的。可能存在的问题：元器件损坏如电容击穿或者电容器两端引脚焊接在一起，一定要排除短路故障后才允许上电。三端稳压器的输入端和输出端的电压差应在 3V 左右才能正常工作。

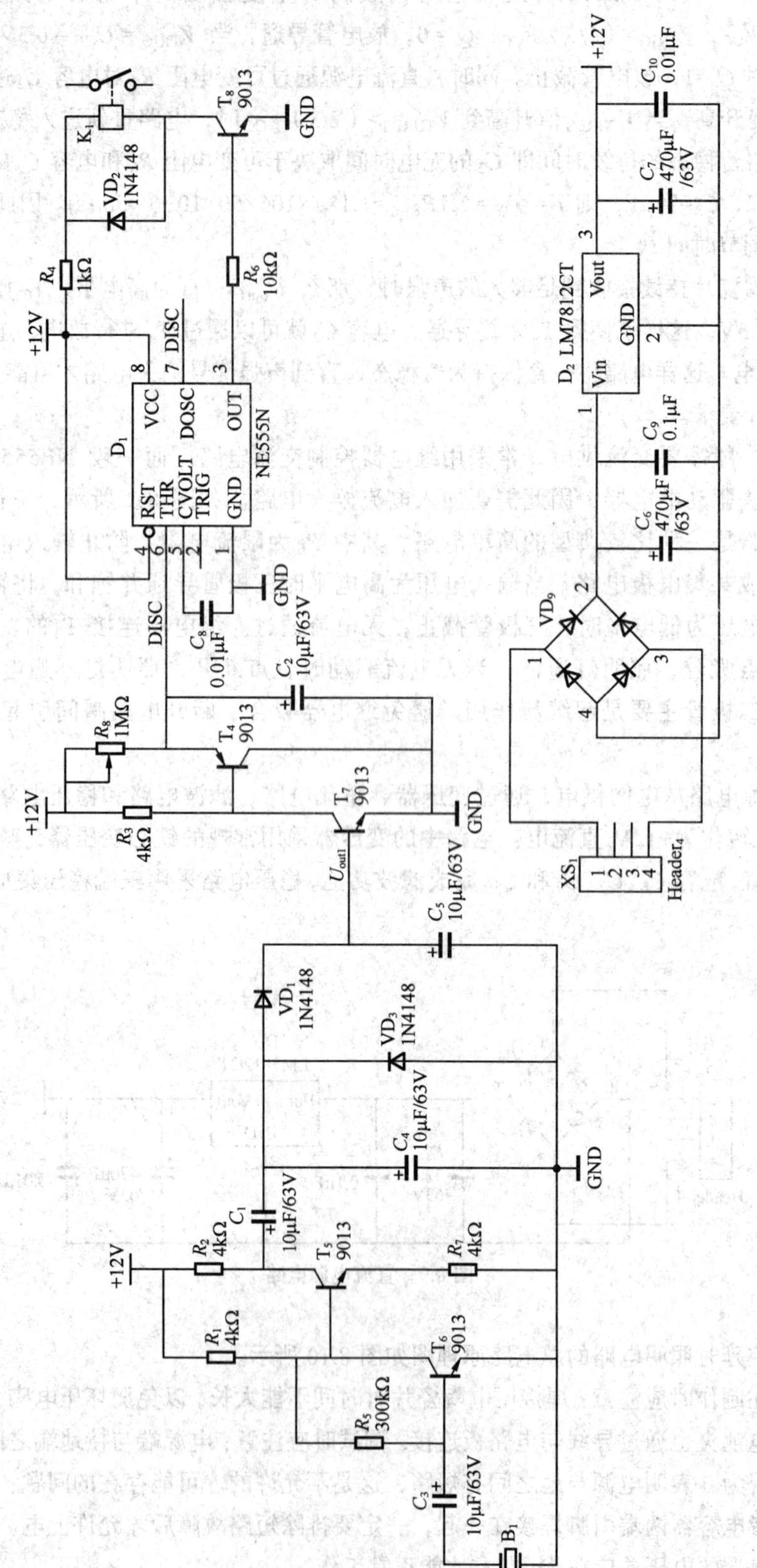

图 8.10 简易声控延时照明电路

8.5 门防盗报警器电路

本电路是为了防止小偷闯入居民家中进行偷盗。电路检测门的开关用传感器来实现。防盗报警器要在夜间工作而白天不工作，本电路利用光敏器件来实现。一般光敏器件在有光（白天）和无光（夜晚）情况下呈现不同的电阻值，因而能起到控制作用。另外，夜间从屋内开门出行，如果先打开灯后开门，蜂鸣器是不会报警的。可是，如果从外面开门进屋就不能解除报警，所以要安装一个报警解除开关。报警解除电路是用 RC 电路来实现的。

电路组成：此报警电路由三部分组成：门开闭检测电路、白天/黑夜控制电路和报警解除计时电路。门防盗报警电路框图如图 8.11 所示。

1. 门开闭检测电路

（1）反射型

门关闭的时候，受光部分的光敏三极管接受光电元件 LED 的反射光线，处于导通（ON）的状态，这时流过光敏三极管的集电极电路 I_c 与流过光电元件 LED 的电流 I_F 基本成比例，在电路中提高性能的关键并非以尽可能小的 I_F 取出大的 I_c，而是在于它们的比值 I_c/I_F，这个比值称为变换效率。

根据 GT2S22 光电开关手册可知，集电极与发射极之间的电压为 2.2V 时，光电开关的变换效率最小为 0.5，因此图 8.12 中光电元件 LED 流过约 10mA 的电流，所以光敏三极管的 ON/OFF 电流为 5mA。

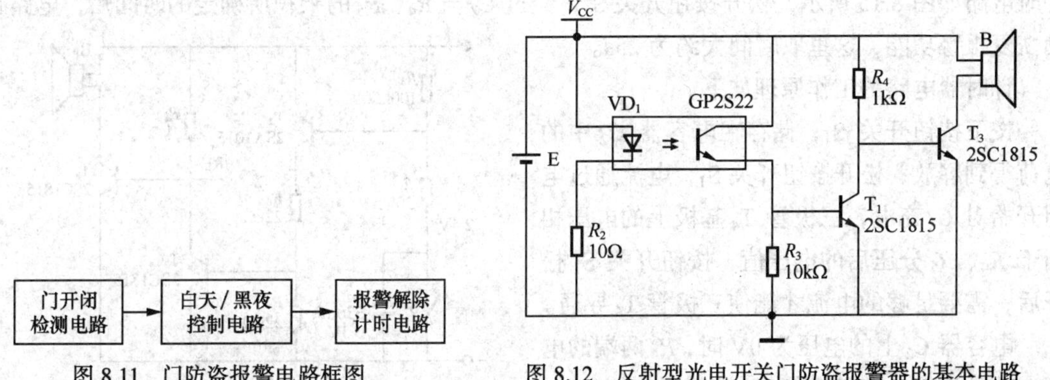

图 8.11 门防盗报警电路框图

图 8.12 反射型光电开关门防盗报警器的基本电路

门一被打开，反射光就被遮断，光敏三极管处于截止（OFF）状态。这样，三极管 T_1 就变为截止（OFF）状态，T_3 的基极电压上升，因此，T_3 变为导通（ON）状态，集电极电流流入压电蜂鸣器，发出报警声。

（2）透光型

图 8.13 所示为透光型光电开关门防盗报警电路，此电路光电开关在门开闭时，透光型光电开关中光敏三极管的 ON/OFF 情况与反射型光电开关的情况正好相反。图 8.13 以 PNP 三极管

作为驱动，光敏三极管导通（ON）时蜂鸣器报警。

2. 白天/黑夜控制电路

光敏电阻器能根据光线改变电阻的阻值，在黑暗的环境中它的阻值高达几兆欧，一经光线照射就下降到几千欧左右。光敏电阻的优点是未经放大也可使用，缺点是响应速度慢。

门防盗报警器仅仅在夜间工作，为此，只要给光电开关的光敏三极管并联一个 CdS 光敏电阻就可以。在白天，CdS 光敏电阻器的阻值低，电流可以通过，三极管 T_1 会变为导通状态，三极管 T_3 会变为截止状态，压电蜂鸣器就不会报警发声。白天/黑夜控制电路如图 8.5.4 所示。

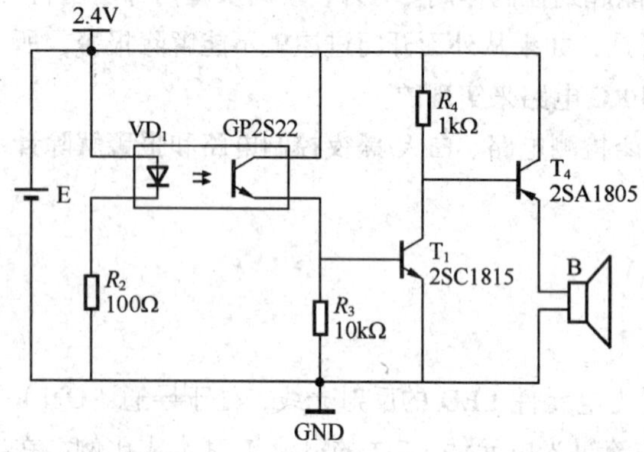

图 8.13　透光型光电开关门防盗报警器的基本电路

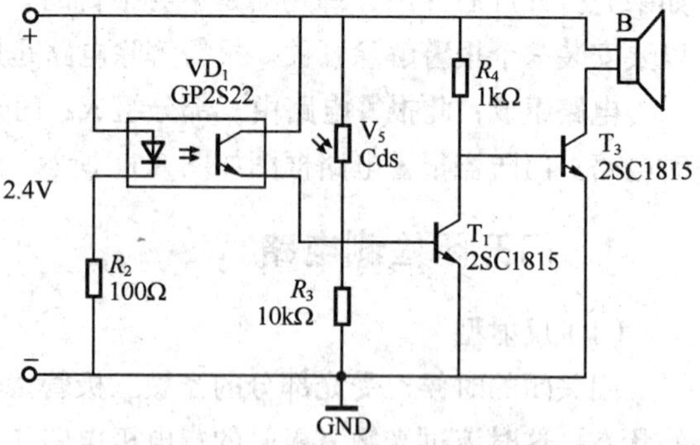

图 8.14　白天/黑夜控制电路

3. 报警解除计时电路

报警解除装置可以像呼叫门铃那样，按下按钮可以解除报警，还可以当作真正的门铃用。为了避免因忘记解除报警而产生的隐患，要在报警解除电路中加上一个计时器电路。报警解除计时电路如图 8.15 所示，松开按钮开关 S_1，经过 C_2 与 R_4、R_5 的乘积所确定的时间后，电路自动恢复报警功能，这里取时间大约为 25s。

计时器电路的工作原理如下。

按下按钮开关 S_1，储存在电容器 C_2 中的电荷得到释放；松开按钮开关 S_1，电流通过电阻开始对 C_2 充电，三极管 T_4 基极上的电压相当于 R_4、R_5 分压后的电压值，按钮开关 S_1 松开后，需要足够的电流才能使三极管 T_4 导通。

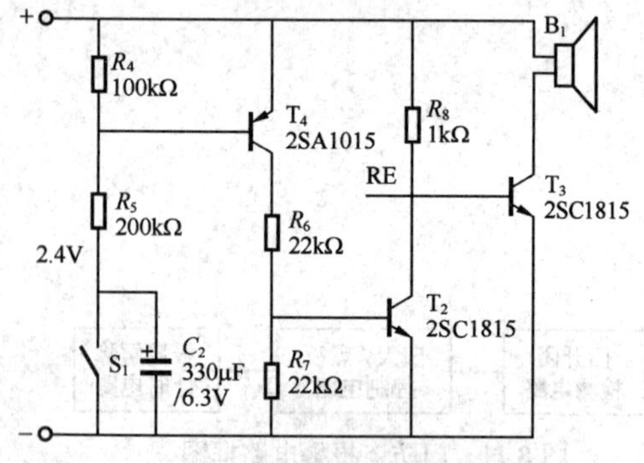

图 8.15　报警解计时电路

电容器 C_2 上的电压为 0V 时，R_4 两端的电压有两种情况：在三极管 T_4 截止时为 0.8V，与基极连接时为 0.6V，这个 0.2V 的差值是由基极电流流动造成的。在充电的过程中，电容器 C_2 两端电压上升，若达到 0.6V 以上，R_4 两端的电压就小于 0.6V（此时 R_4 两端电压为 $(2.4-0.6)/3=0.6$V），三极管 T_4 截止，警报解除状态恢复为原状态。电容器 C_2 两端的电压此后仍继续上升，最后达到与电源电压相同的 2.4V。

电容器 C_2 两端的电压与流入电流的累积值成正比，流入电流最多的瞬间是将按钮开关 S_1 释放开的那一瞬间。其后，随着电容器 C_2 两端电压的上升，加在 R_4 两端的电压慢慢下降，流

入电容器 C_2 的电流也就相应减小。最后，当电容器 C_2 两端的电压与电源电压相同时，电流停止流入。R_5 的阻值越小，电压上升的速度越快；电容器容量越大，电压上升的速度越慢。

计时器的动作时间由 C 的 R 的乘积确定。若要改变动作时间，原则上改变 C 和 R 都行，不过改变 R 时涉及三极管的电流放大系数。如图 8.15 中的 R_4、R_5 的求解，按照电路从后往前的顺序加以说明。

三极管 T_4 的负载 R_8 为 1kΩ。为了让它两端的电压达到 2V 以上，需要 2mA 以上的电流。设三极管 T_4 的电流放大系数的最小值为 50，需要的基极电流为 40μA，设电源电压为 2.4V，那么三极管 T_2 的基极电阻 R_6 的最大值为（2.4−0.6）/（40×10−6）=45kΩ。考虑到三极管 T_4 的电压下降，以及流入三极管 T_2 基极—发射极之间的电阻 R_7 的电流需要，实际上 R_6 取 22kΩ。

三极管 V_4 处于导通（ON）状态时，设 R_6 两端电压为 1.7V，流入 R_6 的电流为 77.27μA。若取电流放大系数为 50，那么流入基极和电流必须为 1.545μA。电容器 C_2 的充电开始时三极管 V_4 必须处于导通（ON）状态，由于电容器 C_2 两端的电压是 1.8V，所以与基极连接的电阻的最大值为 1.16MΩ，实际上这个值是有富余。考虑到简化计算的难度，可以将它取成 100kΩ和 200kΩ。当定时时间 t 确定，定时电阻 R 已知时，根据公式 $t=CR$,可以求出定时电容 C 的大小。

4. 电源电路

警报装置需要连续工作，若使用交流电源。停电时就将被迫停止，所以它们大多数以干电池作为电源，缺点是需要经常检查电池是否仍有电。所以决定选用充电电池，充电电池可以边充电边工作，不过经常检测充电是否过量仍很麻烦，所以选用镍铬电池（简称镍电池）或镍氢电池，因为它们抗过充电性能很强。因此，本电路的电源可选择以下三种。

（1）两只普通干电池为 3V，串联二极管 1S1588 后约为 2.4V。

（2）AC 适配器加两节镍氢充电电池。

（3）可调稳压电源。

采用第二种方案，即两节 AAA 型、容量 1 000mA · h 的镍电池，充电电流大约为容量的 1/50，即 20mA。门防盗报警电路的整体电路如图 8.16 所示。

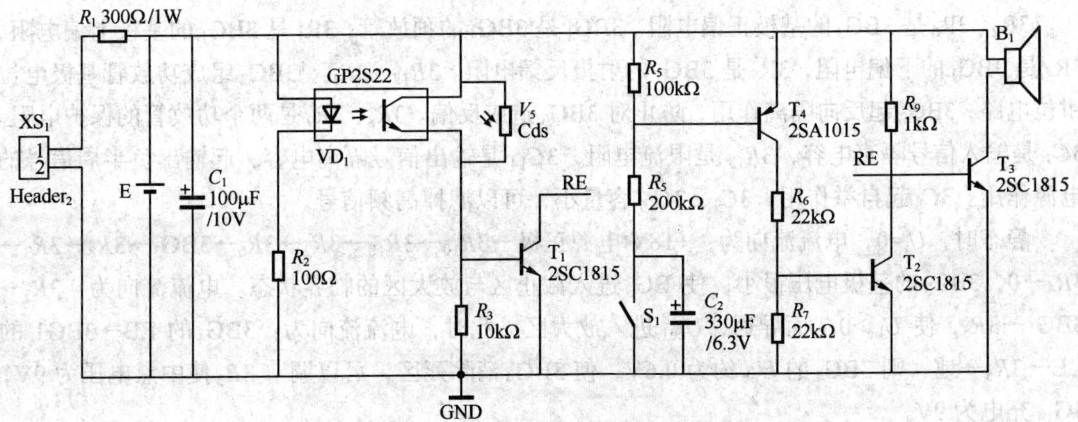

图 8.16 门防盗报警电路的整体电路

8.6 OTL 功率放大器

OTL 功率放大器将正弦伴音小信号进行功率放大后不失真地输出至喇叭，如图 8.17 所示，$3R_0$、$3C_{13}$、$3R_{18}$、$3C_8$ 组成二截滤波电路；RC 为阻容滤波，容抗 $X_C=1/(2\pi fC)$，设 $X_C=1\Omega$，即 $f=1/2\pi X_C C=720$Hz；$3C_{13}$ 可以滤掉 $f>1\,000$Hz 信号，$3C_{18}$ 可以滤掉 $f>500$Hz 信号。$3BG_3$、$3BG_4$ 称为推换功放，$3BG_3$ 输出正半周信号，$3BG_4$ 输出负半周信号。功率放大分三类：①甲类放大：Q 在静态工作点状态。②乙类放大：Q 下移，$I_C\approx0$。③甲乙类：克服交越失真。

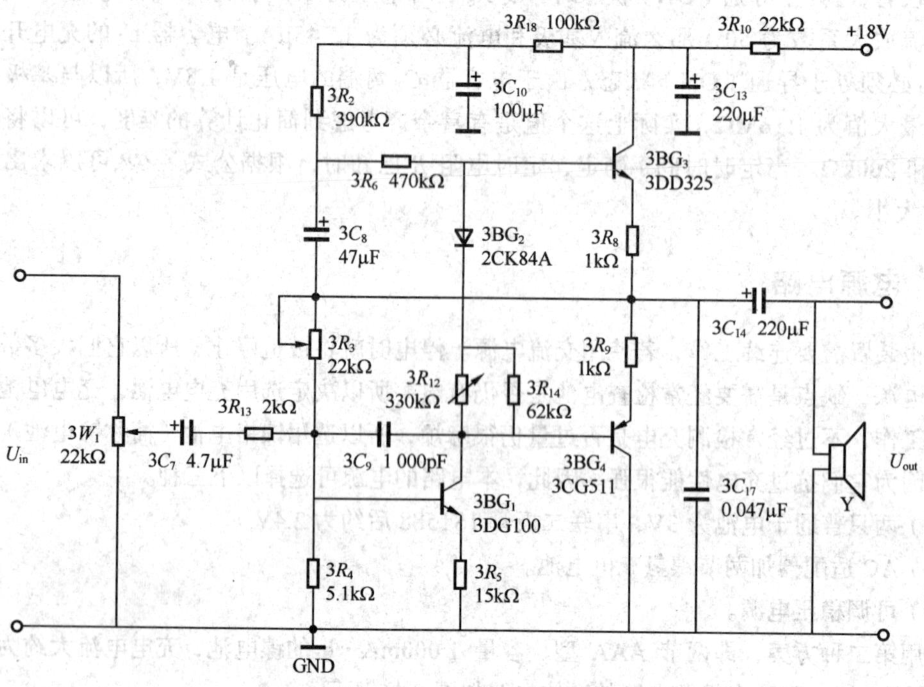

图 8.17 输出 1W OTL 功率放大电路

$3R_2$、$3R_6$ 是 $3BG_3$ 的基极正偏电阻。$3BG_1$ 是 $3BG_4$ 的预放管，$3R_1$ 是 $3BG_1$ 的基极上偏电阻，$3R_4$ 是 $3BG_1$ 的下偏电阻，$3R_5$ 是 $3BG_1$ 的射极反馈电阻。$3R_{12}$、$3R_{14}$、$3BG_2$ 组成功放管基极电位钳位电路，$3BG_2$ 起反向隔离作用，防止对 $3BG_3$ 造成反偏。$3R_8$、$3R_9$ 是两个功放管的保护电阻。$3C_7$ 是输入信号隔直电容，$3R_{13}$ 是限流电阻，$3C_{14}$ 是输出信号隔离电容，起输出负半周信号的电源作用。$3C_8$ 起自举作用，$3C_9$、$3C_{17}$ 容量小，可以滤掉高频信号。

静态时，$U_i=0$，电流流向为：+18V 电源正极→$3R_{10}$→$3R_{18}$→$3R_2$→$3R_6$→$3BG_3$→$3R_8$→$3R_3$→$3R_4$→0，$3BG_3$ 的基极电压很小，使 BG_3 进入截止区与放大区的临界状态。电流流向为：$3R_3$→$3BG_1$→$3R_5$，使 $U_{be}>0.7$ 而导通，U_{ce1} 进入放大区，此时，电流流向为：$3BG_4$ 的 EB→3BG1 的 CE→$3R_5$→地，则 $3BG_4$ 的 U_{eb} 约为 0.6V，使 $3BG_4$ 消除死区，可以调节 $3R_3$ 使中点电压为 9V，$3G_{14}$ 充电为 9V。

动态时，$U_i\neq0$。输入信号在负半周加到 $3C_7$ 正极，使得 $3BG_1$ 反偏截止，$3BG_4$ 截止，使得 $3BG_3$

射极电位下降，电流流向为：+18V→$3R_{10}$→$3R_{18}$→$3R_{12}$→R_6→$3R_8$→$3C_{14}$→地。当输入正半周信号时，$3BG_1$导通，$3BG_4$导通，由 $3C_{14}$的正极供电→$3R_9$→$3BG_4$的 CE→地。输出信号的正半周信号由 $3BG_3$导通形成，负半周信号由 $3BG_4$导通形成，电压由 $3C_{14}$供给，输出与输入是倒相的。

8.7 脉宽调制实现调光、调速电路

脉宽调制电路利用对直流电进行通/断脉冲调制，并通过改变其导通时间占每个周期中的时间比例来控制电压的平均值，即用调制脉宽来进行直流电的调压，它是一种交-直变换的调压控制电路。为了使调制后的直流电压能时通时断，但要使直流电流比较连续不是用晶闸管对 100Hz 低频调制，而是将调制频率提高到 1kHz。为了使脉宽可调，需要一个直流电压可调的给定信号，范围为±4V，并且需要有一个频率为 1kHz 的载波调制信号，V_{p-p}为±3V。为了产生三角波要设置一个方波发生电路，还要设置脉宽可调的比较电路产生 PWM 信号，PWM 信号控制功率晶体管还要设置放大信号的驱动电路。功率晶体管使用场效应功率管实现对主电路的调压控制。

1. 电路方波及三角波发生电路

如图 8.18 所示，由 ICLF347 的 A、D 二只运算放大器及输入电阻 R_{12}、R_{17}/10kΩ，R_{13}与 R_{14}分别是 5.1kΩ和 1kΩ反馈电阻 R_{15}/1kΩ输出电阻；Z_1、Z_2二只 5.1kΩ稳压二极管；W_1/10kΩ及 W_2/50kΩ电位器及 R_{16}/10kΩ、C_1/0.022U_f积分电阻与电容组成。IC 的 D 运放构成滞后比较器：当运放的反相端经 R_{12}接地作为比较器的基准电压 0V，而同相端是由输出电压经 R_{13}反馈信号，它的工作原理是：当 $V_+>V_-$时+V 输出，而 $V_+<V_-$时−V 输出，为了使输出端 V_0能在+V 和−V 间变化，在后级运放组成了反相积分放大器，当从前级输出正电压时，经 R_{16}和运放放电并反相充电，使 8 脚电平由−3V 逐渐上升，形成三角波的上升沿，经 W_3、R_{14}与 R_{13}的分压，V 由−3V 向+3V 上升，当大于 0V 时，比较器又翻转，输出高电平，这样不断地反复在 E 点形成被限幅的方波。为使每次积分时信号电压一致，使积分斜率一致，能形成等边三角波，V_{p-p}在±3V 间变化，振荡频率 f 可调，W_2使 f= 1kHz。则在 8 脚就能产生 1kHz 的等腰三角波，要求使三角波的 V_{p-p}为±3V，其波形如图 8.19 所示。

2. 给定电路

如图 8.18 所示，由 R_1、R_2及 W_1/4.7kΩ，电压跟随器 IC:B 及 R_3构成，由±12V 电源供电，则 W_1的中心 A 点的电平可在−4～4V 变化，A 点为一个可随 W_1调节变化的直流电压，I_C：B 运放构成跟随器使 B 点电压的大小与 A 点同步等值，但其带负载的能力得到放大。

3. 脉宽调制发生电路

如图 8.18 所示，脉宽调制发生电路由 IC：C 及 R_4/10kΩ、R_5/10kΩ组成的电压比较器构成。工作原理：在反相输入端 13 脚加频率为 1kHz 的等腰三角波，在同相输入端 12 脚加在−4～4V 范围内变化的给定信号电压。当输入端两个电压大小进行比较，在 $V_+<V_-$时输出为高电平+12V，

$V_+<V_-$时输出为低电平−12V，当给定电压高时，输出的信号高电平时间长，被调制的直流电压平均值高；当给定电压低时，输出高电平时间短，即占空比小，则被调制的直流电压平均值就低，实现了由调制直流电压脉冲宽度来调光、调压的目的。

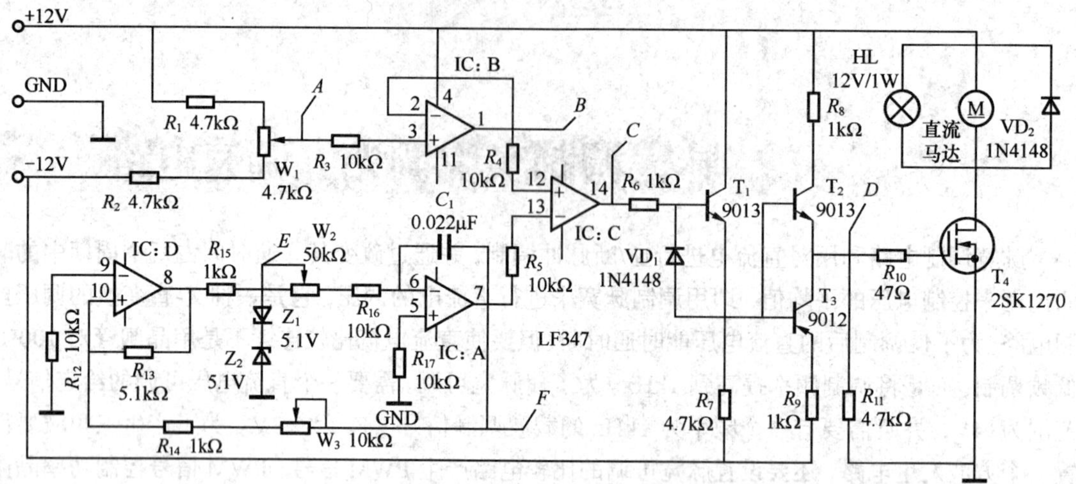

图 8.18　脉宽调制调光、调压电路

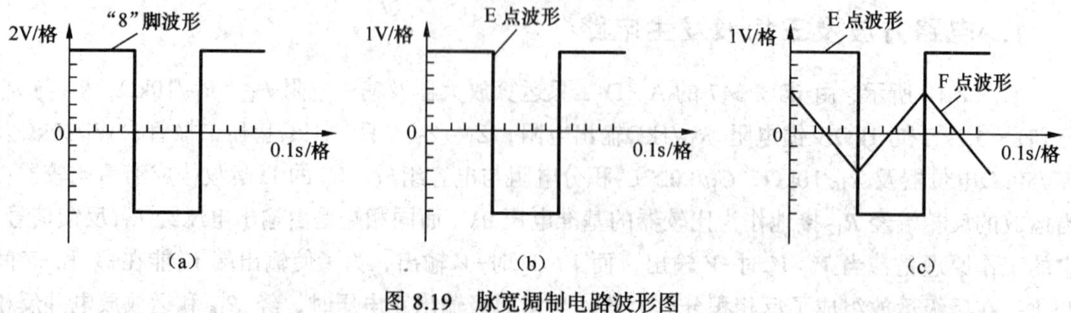

图 8.19　脉宽调制电路波形图

4. 驱动电路

如图 8.18 所示，从 PWM 发生电路产生的脉宽调制信号太小，不能直接控制功率负载的直流电压，需要由功率器件将所控电流放大，而大功率器件的控制也需要足够的电压和驱动电流。驱动电路是把调制信号进行功率放大和整形的推挽放大电路，用方波来驱动场效应管。

5. 大功率开关电路

如图 8.18 所示，将调制信号放大为直接控制负载的大功率开关器件，由 T4/25K1270 及 R_{10}/47Ω限流电阻组成。

本章小结

本章节是一个综合读图的章节。本章节精选用了 7 个实用电路，涵盖了基本放大电路、直流电源电路、振荡电路、反馈电路、功率放大电路、集成运放电路和信号产生电路等知识点，通过对各个实际电路的分析培养学生综合读图的能力，锻炼学生从工程的角度全面分析综合电路的能力。把单元电路用模块的方法进行综合，逐步培养学生从分立电路、模块电路过渡到综合电路的分析和解决问题的能力。

习题

1. 如图 8.1 所示，当 S1 置 1k 挡时，测得输出电压为 4.5V，问被测电阻 R_X 应该是多大？
2. 如图 8.1 所示，当 S1 置 1M 挡时，如果指示为 0.6M，问输出电压应该为多少？
3. 如图 8.2 所示，如要扩展量程为 1M，如何改电路？为什么？
4. 如图 8.2 所示，如果 V_n 调不到 1V，分析可能的原因是什么？
5. 如图 8.3 所示的充电电路，分析为什么具有恒流充电特性，即使被充电电池接近短路，也不容易损坏充电器？
6. 如图 8.6 所示电路中，分析用两个三极管 T_5、T_6 连接有什么好处？
7. 如图 8.6 所示电路中，分析 C_4 的作用。
8. 如图 8.7 所示电路中，分析 R_8 的作用 V_2 的作用。
9. 如图 8.8 所示，直流稳压电路中分析 C_6、C_7 和 C_9、C_{10} 分别起什么作用？
10. 说明图 8.13 电路的报警工作过程。
11. 图 8.17 电路中，$3BG_2$、$3R_{12}$、$3R_{14}$ 在电路中的作用是什么？$3C_{14}$ 的作用是什么？
12. 图 8.17 电路中，分析 $3R_8$ 和 $3R_9$ 如果值变大会对电路有什么影响？
13. 图 8.18 电路，试分析 E 点和 F 点的波形？W_2 和 W_3 分别是调节什么参数的？
14. 图 8.18 电路，分析 C 点波形和 D 点波形，W_1 变化对 D 点的波形有什么影响？
15. 图 8.18 电路中，分析如果 Z_1 或 Z_2 其中一个装反了会造成什么结果？

参考文献

[1] 胡宴如. 模拟电子技术［M］. 北京：高等教育出版社，2000.

[2] 孙肖子. 模拟电子技术基础［M］. 西安：西安电子科技大学出版社，2001.

[3] 刘树林. 低频电子线路［M］. 北京：电子工业出版社，2003.

[4] 童诗白. 模拟电子技术基础［M］. 北京：人民教育出版社，1983.

[5] 陈大钦. 模拟电子技术基础［M］. 北京：高等教育出版社，2000.

[6] 杨素行. 模拟电子电路［M］. 北京：中央广播电视大学出版社，1994.

[7] 华永平. 模拟电子线路［M］. 北京：电子工业出版社，2005.

[8] 薛文. 电子技术基础（模拟部分）［M］. 北京：高等教育出版社，2001.

[9] 周雪. 模拟电子技术［M］. 西安：西安电子科技大学出版社，2002.

[10] 邓木生，周红兵. 模拟电子电路分析与应用［M］. 北京：高等教育出版社，2009.